INSTALAÇÕES HIDRÁULICAS PREDIAIS

Blucher

Manoel Henrique Campos Botelho
Geraldo de Andrade Ribeiro Jr.

INSTALAÇÕES HIDRÁULICAS PREDIAIS

UTILIZANDO TUBOS PLÁSTICOS

4.ª edição
revisada e ampliada

Instalações hidráulicas prediais utilizando tubos plásticos

4.ª edição revisada e ampliada

© 2014 Manoel Henrique Campos Botelho

      Geraldo de Andrade Ribeiro Jr.

4ª edição revisada e ampliada

4ª reimpressão – 2019

Editora Edgard Blücher Ltda.

Imagem da capa: iStockphoto

Blucher

Rua Pedroso Alvarenga, 1245, 4º andar
04531-934 – São Paulo – SP – Brasil
Tel.: 55 11 3078-5366
contato@blucher.com.br
www.blucher.com.br

Segundo o Novo Acordo Ortográfico, conforme 5. ed. do *Vocabulário Ortográfico da Língua Portuguesa*, Academia Brasileira de Letras, março de 2009.

É proibida a reprodução total ou parcial por quaisquer meios sem autorização escrita da editora.

Todos os direitos reservados pela Editora Edgard Blücher Ltda.

FICHA CATALOGRÁFICA

Botelho, Manoel Henrique Campos
  Instalações hidráulicas prediais utilizando tubos plásticos / Manoel Henrique Campos Botelho, Geraldo de Andrade Ribeiro Jr. – 4ª ed. – São Paulo: Blucher, 2014.

Bibliografia
ISBN 978-85-212-0823-5 (impresso)
ISBN 978-85-212-1816-6 (e-book)

1. Instalações hidráulicas e sanitárias 2. Plásticos em instalações hidráulicas e sanitárias I. Título. II. Ribeiro Jr., Geraldo de Andrade.

14-0109   CDD 696.1

Índice para catálogo sistemático:
1. Instalações hidráulicas e sanitárias

Agradecimentos

Chegamos à 4.ª edição do livro "Instalações hidráulicas prediais"

Com o apoio da Amanco, aceitação muito boa dos leitores e professores da matéria, chegamos a esta 4.ª edição, ano de 2014.

O livro foi revisto e nele se incluem dados de novos produtos Amanco, referentes a seus equipamentos e materiais relacionados com as instalações hidráulicas prediais.

Um bom livro técnico tem de ser dinâmico e, para isso, ele deve contar com a colaboração dos leitores, contando suas experiências práticas de projeto, uso e manutenção das instalações hidráulicas prediais. Até termos regionais interessam aos autores, pois "bombeiro" em certos estados tem o significado de ser o profissional que faz instalações e manutenção destas instalações. Em outros estados o termo é "encanador". Ainda em outros estados o termo é "instalador". Um livro para atender a toda a nação deve considerar e respeitar, usando, esses termos regionais, fruto de um país tão grande. Os autores contam com essa participação dos leitores.

Ficamos, pois, à disposição

Manoel Henrique Campos Botelho
email: <manoelbotelho@terra.com.br>

Geraldo de Andrade Ribeiro Jr.
email <gerarib52@gmail.com>

NOTA

Bombeiro, ou encanador, ou instalador, esse profissional tem o seu dia, dia 27 de setembro de cada ano. A eles a homenagem dos autores.

Introdução

4.ª edição

Esta é uma publicação dirigida a todos os profissionais que trabalham com instalações prediais usando tubos de PVC e mais recentemente tubos e conexões de PPR (polipropileno).

O convite da Amanco para que fosse produzida a quarta edição deste livro veio ao encontro de um desejo nosso, induzido por muitas cartas de leitores de livros de um dos autores, que indicavam a oportunidade do trabalho e também pela introdução do capítulo de Água Quente.

Introduzimos o capítulo de Água Quente face à disponibilidade no mercado dos tubos e conexões do tipo PPR (polipropileno), particularmente os produzidos pela Amanco. Esses tubos permitem soluções extremamente adequadas para o uso de água quente nas instalações. Prova disso é o seu uso em inúmeros países desenvolvidos. Agradecemos à Amanco a autorização do uso de suas informações técnicas e de referências.

Embora existam no mercado livros muito bons sobre o tema, concluímos que sempre há coisas novas e particulares para serem desenvolvidas. Cremos que juntamos com felicidade dois tipos de autores (MHCB e GAR), um ligado à Hidráulica, Saneamento e à preparação de livros técnicos e outro ligado a projetos e construção.

Também os autores trabalham ou já trabalharam com manutenção de edifícios públicos, e procurou-se retratar no livro toda a difícil e riquíssima experiência nesse campo.

O trabalho trata das instalações prediais de água fria e quente, esgotos sanitários e águas pluviais, que podem ser plenamente atendidas por sistemas em PVC e PPR, instalações estas típicas da grande maioria das edificações do país.

Os autores desejam receber dos colegas leitores não só comentários sobre o livro, como relatos de casos e soluções empregadas. É fundamental que as experiências vividas sejam relatadas a todos os colegas e, principalmente, aos colegas mais jovens e aos que estão morando e trabalhando nos mais diferentes pontos do país, para que todos ganhem com a experiência comum.

Que a troca de experiências dos leitores deste trabalho se transforme num ponto de encontro entre todos os que fazem instalações hidráulico-prediais, para que estas sejam as melhores possíveis.

fevereiro 2014
Manoel Henrique Campos Botelho
email: manoelbotelho@terra.com.br
Geraldo de Andrade Ribeiro Jr.
email: gerarib52@gmail.com

Apresentação

As instalações hidráulicas prediais passaram por muitas evoluções tecnológicas nos últimos anos. Desde os diferentes tipos de produtos até as maneiras de instalação são diversificadas e inovadoras.

A substituição dos materiais metálicos, cerâmicos e de fibrocimento pelos materiais plásticos foi um dos maiores avanços e trouxe muitas vantagens às obras, como maior facilidade de execução, menores custos, menor ferramental necessário, menor tempo de instalação, maior disponibilidade de peças e componentes e os benefícios resultantes.

Essa substituição proporcionou melhorias aos projetos, à execução das instalações nas obras, e deu aos projetistas opções de materiais a serem instalados. Neste livro, os autores abordam conceitos hidráulicos utilizando tubos plásticos, desde a fase de dimensionamento, projeto e execução.

Entre os materiais explorados nesta edição do livro, estão o PVC (policloreto de vinila), CPVC (policloreto de vinila clorado) e Pex (polietileno reticulado). Além disso, são apresentados os diversos acessórios que completam as instalações prediais e fazem o acabamentos dessas instalações.

Aproveitem ao máximo seu conteúdo!

Boa leitura!
Patrícia Medeiros de Godoy
AMANCO
Março, 2014.

Conteúdo

1 O Sistema Predial de Água Fria 17
    1.1   Fontes de abastecimento 17
    1.2   Sistemas de distribuição.. 19
           1.2.1   Direto (da rede pública até os pontos de utilização,
                    sem reservatório).. 19
           1.2.2   Indireto (com reservatório) 20
           1.2.3   Indireto hidropneumático... 21
           1.2.4   Misto.. 23
           1.2.5   Caso particular de edifícios altos 24
    1.3   Componentes e características de um sistema predial de água fria 27
           1.3.1   Ramal predial ou ramal de entrada predial (ramal externo) 27
           1.3.2   Alimentador predial (ramal interno) 30
           1.3.3   Reservatório.. 30
           1.3.4   Barrilete 33
           1.3.5   Colunas de distribuição 34
           1.3.6   Ramais e sub-ramais 36
           1.3.7   Peças de utilização e aparelhos sanitários 38
           1.3.8   Instalação elevatória 38
    1.4   Projetos.. 38
           1.4.1   Considerações gerais 38
           1.4.2   Etapas do projeto 39
           1.4.3   Tipo e características da edificação 39
           1.4.4   Consumo 40
           1.4.5   Fonte de abastecimento 40
           1.4.6   Sistema de distribuição 41
           1.4.7   Reservação/Reservatórios.. 41
           1.4.8   Tubulações 54
    1.5   Dimensionamento.. 55
           1.5.1   Consumo 55
           1.5.2   Ramal predial... 57
           1.5.3   Hidrômetro... 58
           1.5.4   Alimentador predial... 58
           1.5.5   Reservatórios 58
           1.5.6   Tubulações 62
           1.5.7   Sub-ramal 70
           1.5.8   Ramal 71
           1.5.9   Coluna 77
           1.5.10 Barrilete 79
           1.5.11 Verificação da pressão 81

1.6	Cuidados de execução	91
	1.6.1 Tubulações e acessórios em geral	91
	1.6.2 Recomendações gerais	93
	1.6.3 Manuseio e estocagem	95
	1.6.4 Transposição de juntas de dilatação da edificação	97
	1.6.5 Apoio de tubulações	97
	1.6.6 Alimentador predial	100
	1.6.7 Ligação de aparelhos	101
	1.6.8 Caixa de descarga	103
	1.6.9 Colunas	103
	1.6.10 Barrilete	103
	1.6.11 Peças de utilização	103

2 Projeto e Execução de Instalações de Água Quente 107

2.1	Conceitos gerais	107
2.2	Equipamentos, materiais e fontes de energia	108
2.3	Critérios de projeto de instalação de sistema de distribuição de água quente	109
2.4	Exemplo de dimensionamento de ramais principais de um sistema de água quente para uma clínica, usando o critério de pesos	115
2.5	O uso do material PPR (tubos e conexões)	117
	2.5.1 Método de instalação	124
	2.5.2 Recomendações de projeto	130
	2.5.3 Tabelas de dimensionamento de sistemas hidráulicos para tubos PPR	132
	2.5.4 Dilatação térmica	150
2.6	Problemas resolvidos	156
2.7	Manutenção de um sistema de água quente	160
2.8	Notas técnicas complementares	161
	2.8.1 Queimaduras	161
	2.8.2 Água quente para uso termal	161
	2.8.3 O paradoxo da água quente de poços profundos e seu uso em sistemas de abastecimento público	161
	2.8.4 Curiosidade – chuveiro elétrico	162
	2.8.5 Anos 1960	162
	2.8.6 Dispositivo criativo em hospital público de São Paulo	163
	2.8.7 Prédios	163
	2.8.8 Curiosidades	163
	2.8.9 Sistema de recirculação de água quente	164
2.9	O uso do material PEX – tubos e conexões	164
	2.9.1 O Sistema Amanco PEX	164
	2.9.2 Vantagens da utilização do Sistema PEX	165
	2.9.3 Características técnicas	165
	2.9.4 Instalação	166
	2.9.5 Transporte e estocagem	171
	2.9.6 Produtos	172
2.10	O uso do material CPVC – tubos e conexões	176
	2.10.1 A linha Amanco CPVC	176

	2.10.2	Vantagens da utilização da linha CPVC	176
	2.10.3	Características	177
	2.10.4	Instalação	179
	2.10.5	Produtos Amanco Ultratemp CPVC	190

3 O Sistema Predial de Esgotos Sanitários ... 195

3.1	Conceitos gerais		195
3.2	Componentes e características do sistema predial de esgotos		195
	3.2.1	Desconectores, sifões e caixas	196
	3.2.2	Aparelho sanitário	200
	3.2.3	Ramal de descarga	200
	3.2.4	Ramal de esgoto	200
	3.2.5	Tubo de queda	200
	3.2.6	Caixa de gordura	200
	3.2.7	Caixa de inspeção	202
	3.2.8	Subcoletor e coletor predial	203
	3.2.9	Ventilação	204
	3.2.10	Disposição final	206
	3.2.11	Instalações abaixo do nível da rua	206
3.3	Critérios e especificações para projeto		206
	3.3.1	Considerações gerais	206
	3.3.2	Etapas do projeto	207
	3.3.3	Tipos e características da edificação	207
	3.3.4	Recomendações gerais para projetos	208
3.4	Dimensionamento		223
	3.4.1	Generalidades	223
	3.4.2	Ramal de descarga	223
	3.4.3	Ramal de esgoto	224
	3.4.4	Tubo de queda	226
	3.4.5	Coletor predial (e subcoletor)	228
	3.4.6	Ventilação	230
	3.4.7	Elementos acessórios	231
3.5	Fossa séptica		234
	3.5.1	Considerações gerais	234
	3.5.2	Definição	234
	3.5.3	Recomendações gerais para projeto	236
	3.5.4	Dimensionamento	240
3.6	Cuidados de execução		243
	3.6.1	Recomendações gerais	243
	3.6.2	Tubulações	243
	3.6.3	Caixas de inspeção	244
	3.6.4	Caixas de gordura	245
	3.6.5	Caixas sifonadas/ralos	245
	3.6.6	Ventilação	245
	3.6.7	Tubo de queda	246
	3.6.8	Coletor predial	246
	3.6.9	Ligação de esgoto	246
	3.6.10	Assentamento de tubulações	248

4 O Sistema de Águas Pluviais ... 251

4.1 Amplitude do estudo ... 252

    4.1.1 Definições ... 253

4.2 Elementos de hidrologia ... 254

4.3 A NBR 10844/89 e os elementos hidrológicos ... 254

    4.3.1 Calhas ... 260

    4.3.2 Condutores ... 263

    4.3.3 Utilização de águas pluviais para uso doméstico a partir de cisternas ... 265

4.4 Águas pluviais em marquises e terraços – buzinotes ... 266

    4.4.1 Materiais a usar ... 267

4.5 Particularidades dos sistemas pluviais ... 269

    4.5.1 Água para frente ou para trás ... 269

    4.5.2 Jogando água de telhado em telhado ... 269

    4.5.3 Água despejada em transeunte ... 270

    4.5.4 Água levada para local indevido ... 270

    4.5.5 Uma solução, algo precária (mas criativa), quando chega a inundação ... 271

    4.5.6 Um microssistema pluvial predial ... 271

    4.5.7 Mau destino das águas de um coletor pluvial ... 272

    4.5.8 Águas pluviais carreiam areia ... 272

    4.5.9 Calhas a meia-encosta ... 272

5 PVC. O Material e os Tubos ... 273

5.1 Características e usos ... 273

    5.1.1 Pressões ... 274

5.2 Juntas ... 275

    5.2.1 Água fria ... 275

    5.2.2 Esgoto ... 276

    5.2.3 Execução das juntas ... 277

    5.2.4 Junta rosqueada ... 284

    5.2.5 Junta elástica ... 285

5.3 Cores ... 289

5.4 Diâmetros ... 289

5.5 Normas ... 290

5.6 O PVC e o meio ambiente ... 294

5.7 Tubo de plástico Amanco PPR ... 296

5.8 Tubulações plásticas, vida útil e custo benefício ... 296

6 Sistemas Elevatórios ... 299

6.1 Introdução ... 299

6.2 Tipos ... 299

    6.2.1 Sistema com bombas centrífugas ... 299

    6.2.2 Sistema hidropneumático ... 302

6.3 Projetos ... 302

    6.3.1 Critérios e especificações para projeto ... 302

6.4 Dimensionamento ... 306

    6.4.1 Sistema com bomba centrífuga ... 306

    6.4.2 Sistema hidropneumático ... 316

6.5	Sistema de bombeamento de esgotos	316
	6.5.1 Caixa coletora	316
	6.5.2 Bombas	317
6.6	Sistema de bombeamento de águas pluviais	318
	6.6.1 Caixa coletora	318
6.7	Cuidados de execução	320

7 A Arquitetura e os Sistemas Hidráulicos 321

7.1	Interferências arquitetônicas	321
7.2	Arquitetura de sanitários	323
7.3	Ruídos no sistema hidráulico	328
7.4	Adaptações para deficientes físicos	331
7.5	As águas pluviais e a beleza da arquitetura	337
7.6	Arquitetura e funcionamento de sanitários públicos	338

8 Qualidade das Instalações 341

8.1	Considerações gerais (planejamento, projeto, execução e manutenção)	341
8.2	Execução	342
	8.2.1 Considerações gerais	342
	8.2.2 Controle e fiscalização de execução	343
	8.2.3 Testes de recebimento	343
	8.2.4 Água fria	344
	8.2.5 Esgotos sanitários	344
	8.2.6 Águas pluviais	345

9 Lista de Materiais, Orçamento 347

9.1	Lista de materiais	347
9.2	Custos	348
	9.2.1 Considerações gerais	348
9.3	Orçamentos	348

10 Manutenção e Cuidados de Uso 353

10.1	Considerações gerais	353
10.2	Tipos	354
	10.2.1 Manutenção preventiva	354
	10.2.2 Manutenção corretiva	356
10.3	Verificação de vazamentos	356
	10.3.1 Como verificar vazamentos	356
10.4	Procedimentos de manutenção	360
	10.4.1 Água fria	360
	10.4.2 Esgotos sanitários	363
	10.4.3 Águas pluviais	364
	10.4.4 Manual de operação e manutenção	365

11 Apresentação de Projetos 367

11.1	Memorial descritivo	367
11.2	Memorial de cálculo	369
11.3	Especificações de materiais e equipamentos	369

	11.3.1	Relação de materiais e equipamentos	370
11.4		Desenhos	370
	11.4.1	Água fria	371
	11.4.2	Esgoto	371
	11.4.3	Águas pluviais	372

Anexos

A1		A água: da natureza até os usuários	379
	A1.1	Conceitos	379
	A1.2	Água potável	381
A2		Esclarecendo questões de Hidráulica	383
	A2.1	Pressão atmosférica	383
	A2.2	Pressão estática	384
	A2.3	Pressão dinâmica	385
	A2.4	Exercícios numéricos para ajudar a entender os conceitos	387
	A2.5	Curiosidades hidráulicas	389
A3		Normas e legislações complementares	391
	A3.1	Normas Técnicas da ABNT	391
	A3.2	Legislações federais, estaduais e municipais	391
A4		Unidades e conversões	405
	A4.1	Informações adicionais	407
A5		Odores nos banheiros	409
A6		Declaração universal dos direitos da água	411
A7		Dia do instalador hidráulico	413

Bibliografia 415

Comunicação Com os Autores 416

1 O SISTEMA PREDIAL DE ÁGUA FRIA

Ao abrir uma torneira, a população não se conscientiza dos crescentes custos e dificuldades técnicas que a obtenção desse produto apresenta. A água está cada vez mais rara e sua busca cada vez mais distante. Este simples gesto tem, em seus bastidores, uma enorme gama de operações, equipamentos e trabalhos envolvidos para nos proporcionar um conforto que deve ser preservado.

As instalações prediais de água fria, para uso e consumo humano, regem-se pela NBR 5626/98 – Instalações Prediais de Água Fria, a qual fixa as condições mínimas e as exigências referentes ao projeto, execução e manutenção destas instalações, de modo a atender a higiene (garantia de potabilidade), a segurança e o conforto dos usuários e a economia das instalações.

Água fria é a água à temperatura proporcionada pelas condições do ambiente.

1.1 FONTES DE ABASTECIMENTO

O abastecimento de uma instalação predial de água fria pode ser realizado pela rede pública ou por fonte particular.

Quando não há condições de atendimento pela rede pública ou a edificação situa-se em área não urbanizada, é preciso recorrer à captação em nascentes ou no lençol subterrâneo, havendo necessidade de periódica verificação da potabilidade, em ambos os casos.

No caso das nascentes, a água é captada, armazenada em reservatórios e, em alguns casos, sofre um tratamento com cloração.

No caso do lençol subterrâneo, utilizam-se poços, dos quais a água é bombeada para a superfície.

A utilização da rede pública é sempre preferencial em função da água ser potável, o que pode não ocorrer em relação a outras fontes, como poços ou mesmo rede privada de água (como no caso de grandes indústrias). O padrão de potabilidade é estabelecido pela Portaria n. 2914 de 12/12/2001 do Ministério da Saúde (critérios de potabilidade da água (ver "A água, da natureza até o usuário", Anexo 1 deste trabalho).

A água não potável pode também abastecer parcialmente um sistema de água fria, desde que sejam tomadas precauções de modo que as duas redes não se conectem, evitando-se a chamada conexão cruzada. Esta água, geralmente de menor custo, pode atender a pontos de limpeza de bacias e mictórios, combate a incêndios, uso industrial, lavagem de pisos etc., nos quais não se fizer necessário o requisito de potabilidade. Este sistema deve se constituir totalmente independente e caracterizado, de maneira a alertar contra eventual uso potável

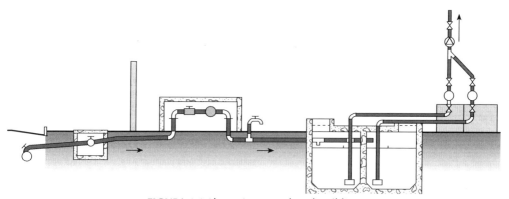

FIGURA 1.1 Abastecimento pela rede pública.

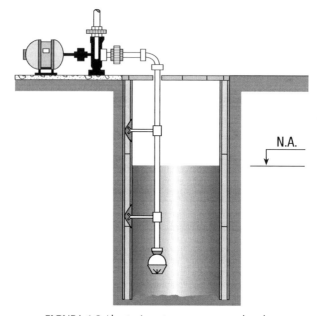

FIGURA 1.2 Abastecimento por poço com bomba.

1.2 SISTEMAS DE DISTRIBUIÇÃO

Apresentam-se as várias formas da água chegar até o seu ponto final de utilização.

1.2.1 Direto (da rede pública até os pontos de utilização, sem reservatório)

Este tipo de abastecimento efetuado diretamente da rede pública e, portanto, sem reservatórios, somente deve ser utilizado quando houver garantias de sua regularidade e atendimento de vazão e pressão. Estas garantias são difíceis de serem obtidas, simultaneamente, em nosso país, tornando pouco comum este tipo de abastecimento. Observe-se que o sistema direto é uma continuidade da rede pública, sendo a distribuição ascendente.

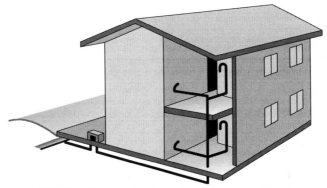

FIGURA 1.3 Sistema de distribuição direta em residência.

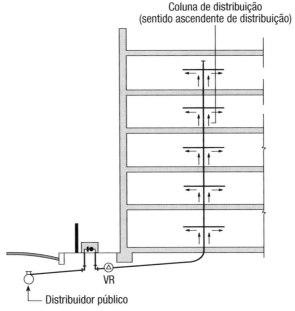

FIGURA 1.4 Sistema de distribuição direta em prédio de cinco pavimentos.

Apesar deste sistema ser aparentemente mais econômico (não necessita de reservatórios), a economia é muito pequena e perigosa, pois fica-se exposto às eventuais deficiências da rede pública, as quais comprometerão diretamente a instalação, particularmente em uma eventual falta de água. Quanto à segurança do sistema, é obrigatória a colocação de dispositivo de proteção da rede pública contra um eventual refluxo (retrossifonagem ou pressão negativa), tipo válvula de retenção, precavendo-se contra contaminação da mesma. Outro aspecto importante a se considerar é a questão da fadiga da tubulação, pois neste sistema as grandes e constantes variações de pressão da rede pública agem diretamente na tubulação interna (ramal predial).

1.2.2 Indireto (com reservatório)

A regra geral é se empregar o sistema indireto, por meio de reservatórios internos, comuns ou pressurizados, de modo a garantir a regularidade do abastecimento. A utilização de reservação é sempre desejável, sob todos as aspectos (econômicos, técnicos etc.), e preconizada pela NBR 5626/98 e por vários Códigos Sanitários Estaduais.

> NOTA: O Código Sanitário do Estado de São Paulo – Decreto n. 12.342 de 27/03/78, no seu Art. 10, observa: sempre que o abastecimento de água não puder ser feito com continuidade e sempre que for necessário para o bom funcionamento das instalações prediais, será obrigatória a existência de reservatórios prediais.

1.2.2.1 Indireto sem bombeamento

Quando há pressão suficiente na rede pública, independentemente da continuidade de fornecimento, pode-se adotar apenas um reservatório superior. A alimentação da instalação então ocorre por gravidade, a partir deste reservatório. Via de regra, a pressão na rede pública permite atingir, no máximo, o reservatório localizado na parte mais alta de um sobrado (dois pavimentos), em um total de 0,50 m + 2,50 m + 2,50 m + 1,50 m = 7,0 m. Todavia, esta pressão é variável em cada cidade e em uma mesma cidade existem pressões diferentes até no mesmo bairro, podendo ser menor do que a anterior citada. Caso a pressão seja maior, poderá abastecer uma edificação mais elevada e, se for menor, passa-se ao sistema indireto com bombeamento. O sistema direto sem bombeamento é o mais utilizado em residências (um ou dois pavimentos).

1.2.2.2 Indireto com bombeamento

Quando não houver pressão suficiente ou ocorrerem descontinuidades no abastecimento, deve-se adotar reservatório inferior, abastecido pela rede pública e reservatório superior abastecido pelo inferior, por meio de bombeamento. É o caso usual de edifícios e indústrias.

Caso a fonte de abastecimento seja por intermédio de poço, a adoção do sistema é obrigatória, pois, caso contrário, os pontos de utilização somente seriam abastecidos quando a bomba estivesse em funcionamento.

NOTA: A utilização de bombas para sucção diretamente da rede é proibida pelas concessionárias locais e pelos códigos sanitários estaduais (quando existem) e somente autorizada em casos particulares, em razão da interferência que causam na rede pública. No caso de lava a jato ou equipamentos que necessitem grandes vazões, esta autorização pode ser solicitada, mas note-se a necessidade de dispositivo de proteção (válvula de retenção), para evitar o contrafluxo.

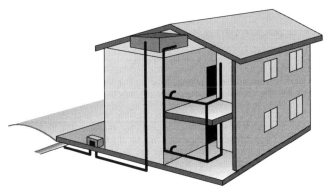

FIGURA 1.5 Sistema de distribuição indireto, sem bombeamento.

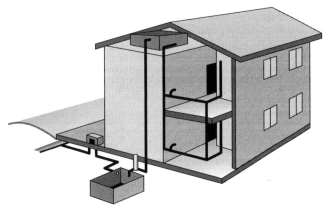

FIGURA 1.6 Sistema de distribuição indireto, com bombeamento.

1.2.3 Indireto hidropneumático

O sistema hidropneumático consiste na adoção de um equipamento para pressurização da água a partir de um reservatório inferior, abastecido pela rede pública. A sua adoção é imperiosa somente quando há necessidade de pressão em determinado ponto da rede, que não pode ser obtida pelo sistema convencional (pressão por gravidade). É o caso de pontos no último pavimento, logo abaixo do reservatório ou pressão específica para determinados equipamentos industriais, ou, ainda, quando não convém (técnica ou economicamente), construir um reservatório superior.

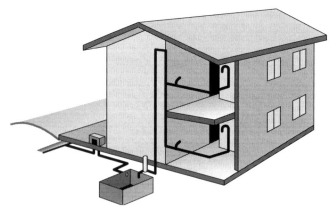

FIGURA 1.7 Sistema de distribuição indireto hidropneumático em residências.

Este sistema tem custo elevado, exige manutenção e deve ser evitado. Observe-se que o sistema fica inoperante em caso de falta de energia elétrica, necessitando gerador alternativo, para não haver falta de água.

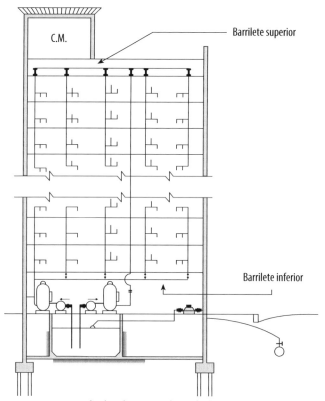

FIGURA 1.8 Sistema de distribuição indireto hidropneumático em edifício.

1.2.4 Misto

É o sistema utilizado em mais de um dos sistemas existentes, geralmente o indireto por gravidade em conjunto com o direto. Considera-se mais conveniente para as condições médias brasileiras, o sistema indireto por gravidade, admitindo o sistema misto (indireto por gravidade com direto), desde que apenas alguns pontos de utilização, como torneiras de jardim, torneiras de pia de cozinha e de tanques, situadas no pavimento térreo, sejam abastecidas no sistema direto. Além desses, também para o ponto do filtro de água é desejável o abastecimento direto, observando-se que esta sistemática previne eventual contaminação proveniente dos reservatórios.

Estigma brasileiro: nossas caixas de água sempre têm acesso difícil e nunca são lavadas. No modelar serviço de água de Penápolis/SP, o próprio serviço público de água lava uma vez por ano cada caixa de água residencial.

Considerando-se que a pressão na rede pública é, normalmente, superior àquela obtida a partir do reservatório superior, no caso de residências térreas, os pontos de utilização ligados diretamente à rede pública terão maior pressão.

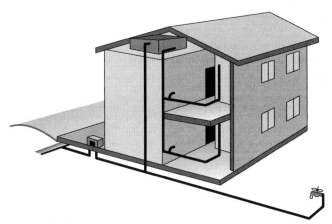

FIGURA 1.9 Sistema de distribuição misto em residência.

Outra questão a se considerar é que este sistema propicia não somente uma redução do volume de água a ser reservada, como também do consumo proveniente do reservatório superior, o que é útil em situações de baixa pressão na rede pública ou descontinuidade do abastecimento.

Este é o sistema mais utilizado em residências, em função das características de nossas redes públicas de água, pela sua conveniência técnica e econômica, além de melhor atender às instalações.

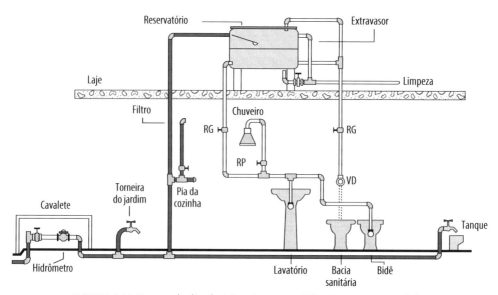

FIGURA 1.10 Sistema de distribuição misto em residência – pontos atendidos.

1.2.5 Caso particular de edifícios altos

No caso de edifícios de grande altura devem ser tomadas precauções especiais para limitação da pressão e da velocidade da água em função de: ruído, sobrepressões provenientes de golpe de aríete, manutenção e limite de pressão nas tubulações e nos aparelhos de consumo, limitada pela NBR 5626/98 em 40 m.c.a. Portanto, não se pode ter mais de 13 pavimentos convencionais (pé-direito de 3,00 m × 13 = 39,0 m), abastecidos diretamente pelo reservatório superior, sem a necessária proteção da instalação.

Nos esquemas a seguir podem ser vistas soluções para o caso, com a utilização de válvulas redutoras de pressão ou de reservatórios intermediários.

Em virtude das dificuldades executivas, à necessidade de manutenção e às concepções arquitetônicas e econômicas, não é desejável utilizar áreas no interior da edificação para colocação de válvulas de quebra-pressão e, geralmente, opta-se pela utilização destas válvulas no subsolo do edifício.

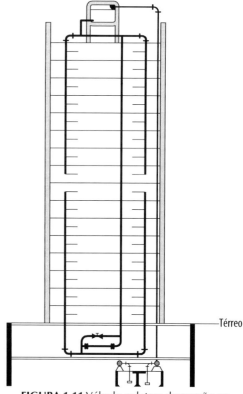

FIGURA 1.11 Válvula redutora de pressão no pavimento térreo.

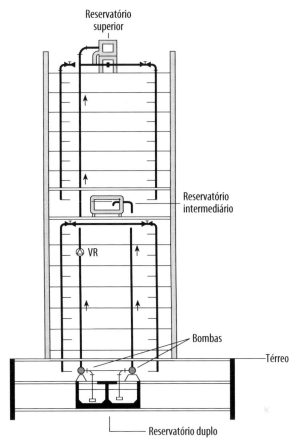

FIGURA 1.12 Reservatórios intermediários.

NOTA: Válvula Redutora de Pressão (VRP ou VR)

A válvula redutora de pressão é um dispositivo que reduz a pressão da rede predial a valores especificados em projeto. A VRP consiste de uma câmara hidráulica instalada na tubulação em que está presente um diafragma com um sistema de molas. Existe uma comporta que abre e fecha o acesso desta câmara, a montante, sendo que a jusante a saída é livre. Esta comporta é acionada pelo sistema de molas do diafragma. Deve-se (sempre) ter, na saída da VRP, um manômetro que indicará a pressão de saída com a qual será regulada a mola do diafragma. No início do processo, com a comporta aberta, a pressão da câmara é imediatamente aumentada (aumento da pressão no diafragma), em razão da coluna de água a montante. Quando a pressão atingir o valor de regulagem da mola do diafragma (40 m.c.a.), a comporta se fecha e, imediatamente, a pressão tende a cair em virtude da desconexão da perda da coluna de água a montante e o sistema está em uso a jusante, ocasionando sua reabertura (redução da pressão no diafragma), gerando um processo dinâmico e contínuo, no qual a pressão tende a se manter próxima à pressão de regulagem da VRP. Esta variação de pressão é tão pequena (manômetros usuais não acusam a variação), que assume-se que a pressão de saída é constante.

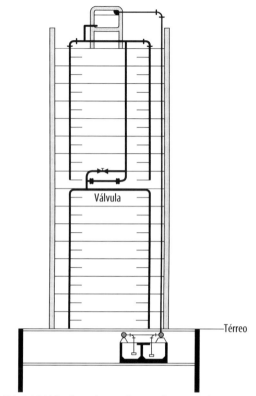

FIGURA 1.13 Válvula redutora de pressão em andar intermediário.

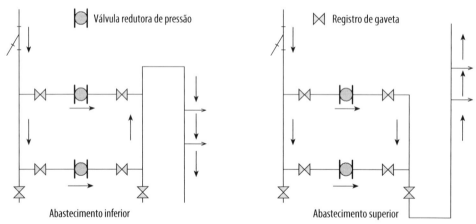

FIGURA 1.14 Desenhos esquemáticos de funcionamento da válvula redutora de pressão.

A NBR 7198:1993 – Projeto e Execução de Instalações Prediais de Água Quente, quando de eventual necessidade de instalação de VRP, preconiza a necessidade de instalação de duas válvulas redutoras de pressão, em paralelo, sendo uma reserva da outra, sendo vedada a instalação de desvio (*by pass*), no caso de válvulas que alimentam aquecedores.

1.3 COMPONENTES E CARACTERÍSTICAS DE UM SISTEMA PREDIAL DE ÁGUA FRIA

A instalação predial de água fria compreende o conjunto de tubulações, reservatórios, equipamentos e demais elementos necessários ao abastecimento de água em uma edificação, em quantidade e qualidade suficientes. Esta instalação inicia-se a partir da tomada inicial de água, geralmente o ramal predial, estendendo-se até as peças de utilização de água fria. Nos desenhos a seguir podem ser vistas instalações em seu conjunto, com a indicação dos seus trechos.

1.3.1 Ramal predial ou ramal de entrada predial (ramal externo)

É o trecho executado pela concessionária pública ou privada, ligando a rede até o cavalete, mediante requerimento do proprietário da edificação. Quando do início da obra, solicita-se a ligação provisória, a qual, se já estiver definitivamente locada, poderá ser a ligação definitiva.

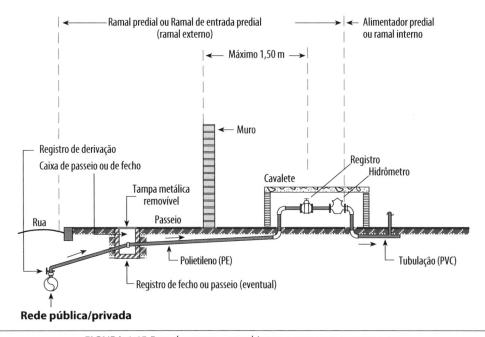

FIGURA 1.15 Ramal externo e ramal interno com seus componentes.

A tubulação é em propileno, nas cores azul ou preta, junta soldável ou mecânica, normatizada pelas NBR 8417/97 – Sistemas de ramais prediais de água – Tubos de Polietileno PE – Requisitos (especificações para tubos na cor Preta) e NTS 048 – Tubos de Polietileno para ramais prediais de água (especificações para tubos na cor Azul. A Amanco disponibiliza o produto Amanco *Ramalfort*, nos diâmetros 20 e 32 mm, cuja leveza e grande flexibilidade facilita muito a instalação, adequando-se à ligação e absorvendo tensões provocadas por esforços externos (acomodação do solo e carga de tráfego de veículos). Além disto, reduz a perda de carga, é mais durável, facilita eventuais manutenções, bem como resiste a 1 Mpa de pressão.

1.3.1.1 Cavalete/hidrômetro

A NBR 10925/89 – Cavalete de PVC DN 20 para Ramais prediais define cavalete como: conjunto de tubo, conexões e registros do ramal predial, destinado a instalação do hidrômetro e respectivos tubetes, ou limitador de consumo, em posição afastada do piso.

O hidrômetro é o aparelho que mede o consumo de água, totalizando volumes, tendo vários tipos, caracterizados pela NBR 8193/97 – Hidrômetros Taquimétricos para Água Fria até 15 m³/hora de Vazão Nominal. Pela definição, nota-se que o cavalete pode conter o hidrômetro, caso mais comum, ou o limitador de consumo (ou "suplemento", ou, ainda, "pena-d'água"), utilizados na falta do hidrômetro ou provisoriamente até sua instalação, localizados no espaço destinado ao hidrômetro.

O cavalete deve ser instalado em abrigo próprio para proteção contra o sol e intempéries (de alvenaria ou concreto), contendo um registro, para o caso comum de ramais prediais, com diâmetro de 20 mm. Cada concessionária adota um modelo, na prática, muito parecidos entre si. Usualmente, devem ser colocados, no máximo, a 1,50 m da divisa frontal do terreno, de modo a facilitar a leitura do hidrômetro pela concessionária.

Exemplo de esquema de leitura padrão Sabesp (SP).

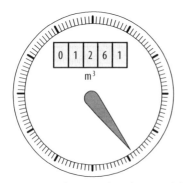

FIGURA 1.16 Hidrômetro digital, no qual deve-se ler os algarismos pretos. Exemplo: a leitura do mostrador acima é de 126 m³.

FIGURA 1.17 Hidrômetro de ponteiros, no qual se notam os números indicados pelos quatro ponteiros pretos dos círculos menores, da esquerda para a direta. Exemplo: a leitura do mostrador da figura é de 1.485 m³.

Os hidrômetros mais comuns para residências e edifícios são de DN 25, para 5 m³/hora, podendo ser de maiores dimensões, sendo definidos e fornecidos pela concessionária em função da previsão de vazão de alimentação da edificação, conforme tabela inserida na seção 1.5.2.

Atualmente, os novos edifícios e condomínios possuem ligações individualizadas, com vantagens econômicas de água (em até 40%), de energia (redução do volume bombeado para o reservatório superior), reduz a inadimplência, além de facilitar a identificação de vazamentos e fazer justiça com a conta de água, pois cada um pagará o que realmente usar.

Algumas cidades tornaram obrigatória esta prática, inclusive São Paulo. Para imóveis existentes, também é possível a individualização, porém em alguns casos de edifícios antigos a instalação gera um razoável custo inicial de implantação.

A Amanco disponibiliza o seu Kit Cavalete, já montado, nas medidas e diâmetros normatizados, facilitando e agilizando a montagem, evitando erros de ligação. Lembramos que o hidrômetro é um equipamento normatizado e fornecido pela concessionária, o qual será acoplado ao kit.

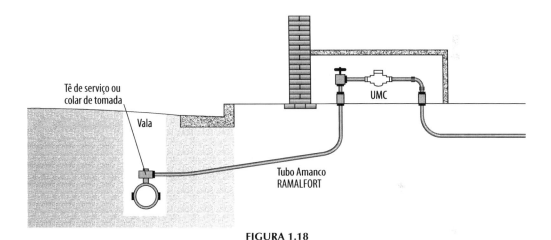

FIGURA 1.18

Está se generalizando a prática de instalar um filtro de água (grau de filtração 25 micra), logo após o cavalete de entrada, de modo a reter eventuais impurezas, reduzindo-se o acúmulo de resíduos sólidos nos reservatórios.

A Amanco dispõe do Amanco Filtro d'água, certificado pelo Inmetro.

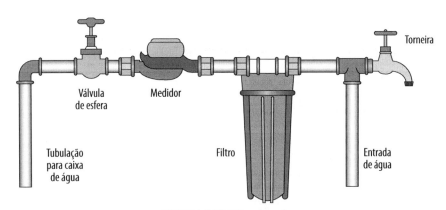

FIGURA 1.19 Filtro de rede.

1.3.1.2 Registro de passeio

Usualmente, as concessionárias adotam a colocação de um registro de passeio (ou registro de fecho), na calçada externa (veja a Figura 1.15), de modo que possam interromper o abastecimento à edificação.

1.3.2 Alimentador predial (ramal interno)

É o trecho a partir do final do ramal predial até a desconexão (saída de água), junto ao reservatório inferior ou superior, se for o caso. Este ponto é denominado ponto de suprimento.

O local exato do final do ramal predial e do início do alimentador predial sofre pequenas alterações, de estado para estado, sendo determinado pela concessionária local. O alimentador predial é provido de torneira de boia em sua extremidade final, com registro de fechamento, visando facilitar sua operação e manutenção, localizado fora do reservatório.

O alimentador predial pode ser enterrado, aparente ou embutido. Caso esteja enterrado, deve ser afastado de fontes poluidoras e havendo lençol freático próximo, deve localizar-se em cota superior ao mesmo.

A proteção da rede pública contra refluxo (retrossifonagem ou pressão negativa), da rede predial pode ser obtida, no caso de alimentação direta da rede pública, somente pela instalação de uma válvula de retenção para uma edificação e, no caso de um conjunto de edificações, uma válvula para cada edificação. Caso o sistema de abastecimento seja indireto, a separação atmosférica na entrada de água do reservatório é suficiente e, no caso do sistema misto, são desejáveis ambas as soluções.

Recomenda-se, também, o uso da produto Amanco *Ramalfort* para a rede de alimentação predial, pelas razões apresentadas na Seção 1.3.1, principalmente em caso de condomínios e locais sujeitos a tráfego de veículos.

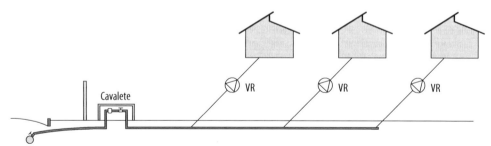

FIGURA 1.20 Esquema de ligações múltiplas a um mesmo cavalete, com proteção individual (válvula de retenção), contra retrossifonagem.

1.3.3 Reservatório

O abastecimento pelo sistema indireto, com ou sem bombeamento, necessita de reservatórios para garantia da sua regularidade.

Nas residências, sem bombeamento, que é o sistema mais comum, é necessário apenas o reservatório superior. Em função do volume necessário, adotam-se várias unidades, no caso de reservatórios pré-fabricados assim como de grandes reservatórios, a partir de 3.000 L, os mesmos devem ser divididos em duas ou mais câmaras comunicantes entre si, facilitando a operação e manutenção do sistema.

Os reservatórios (caixas d'água) da Amanco possuem uma boa estética e dimensões apropriadas para uso externo ou sob cobertura, não possuem emendas, facilitando o seu uso e evitando eventuais erros ao se construir um reservatório convencional.

A Amanco caixa d'água é leve, resistente e fácil de transportar, com capacidade de 310, 500 ou 1.000 litros. Ela tem as paredes internas lisas e brancas, de forma a facilitar a limpeza e contribuir na manutenção da temperatura da água.

São instalados com facilidade e rapidez, contam com kit completo para isso, bem como linha completa de acessórios (torneira de boia etc.), normatizados pela NBR 14799:2011 – Reservatório com corpo em polietileno, com tampa em polietileno ou em polipropileno, para água potável, de volume nominal até 2.000 L (inclusive) – Requisitos e métodos de ensaio, sendo ideais para esta faixa de volume de reserva. Ver maiores detalhes na seção 1.4.7.2 – item q) Vantagens das Caixas Amanco.

FIGURA 1.21

1.3.3.1 Localização

A adequada localização dos reservatórios deve ser estudada, de modo a ser otimizada a sua utilização, face suas características funcionais, tais como ventilação, iluminação, garantia da potabilidade da água, operação e manutenção.

Estas características são vitais para a garantia da qualidade do sistema, tendo em vista que os reservatórios, pela sua natureza, são focos potenciais de problemas de potabilidade da água, devendo ser cuidadosamente projetados.

No caso de edifícios altos ou edificações de maior vulto, a reservação inferior é imprescindível, tendo em vista o volume de água necessário. Esta reserva inferior se justifica, também, pelos critérios técnicos e econômicos (área ocupada, peso adicional na estrutura).

1.3.3.2 Capacidade

A NBR 5626:1998 determina que a reserva total não pode ser inferior ao consumo diário (garantindo-se um mínimo de abastecimento) e recomenda que não deve ser maior que o triplo do consumo diário, valor este plenamente aceitável e somente em casos muito especiais será necessária uma reserva de maior volume. Caso ocorra, deve ser, preferencialmente, localizada no reservatório inferior. Esta reserva visa atender às interrupções do abastecimento público, seja por manutenção na rede, seja por falta de energia elétrica e deve garantir a potabilidade da água no período de armazenamento médio da mesma e obedecer a eventuais disposições legais quanto ao volume máximo armazenável.

Considerando que o reservatório superior atua como regulador de distribuição, sendo alimentado diretamente pelo alimentador predial ou pela instalação elevatória, ele deve ter condições de atender às demandas variáveis de distribuição.

1.3.3.3 Elementos complementares

a) *Extravasor*

O extravasor (ladrão) é uma tubulação destinada a escoar os eventuais excessos de água do reservatório, evitando o seu transbordamento. Ele evidencia falha na torneira de boia ou dispositivo de interrupção do abastecimento.

b) *Dispositivo de controle de nível*

Todo reservatório necessita de um dispositivo controlador da entrada de água e manutenção do nível operacional desejado, além de prevenir contra eventuais contaminações do ramal de alimentação do reservatório.

c) *Torneira de boia*

A NBR 14.534:2000 – Torneira de boia para reservatórios prediais de água potável – Requisitos e métodos de ensaio, define torneira de boia como: "Aparelho para controlar o nível operacional de água em reservatórios prediais, com ciclo de abertura e fechamento automáticos." É obrigatoriamente utilizada na parte final da alimentação do reservatório predial, interrompendo a entrada de água, quando esta atingir o nível operacional máximo previsto do reservatório, dispositivo este usualmente utilizado quando o abastecimento se dá por gravidade, ou seja, não se tem recalque, possuindo balão plástico ou metálico.

Deve-se atentar para a necessidade de desconexão da rede predial na alimentação do reservatório, prevenindo eventuais refluxos (retrossifonagens ou pressões negativas), que poderiam contaminar a água da rede pública com a água eventualmente poluída de reservatórios particulares, por conseguinte, é necessária uma distância mínima entre a cota do extravasor e a cota da torneira de boia.

A torneira de boia Amanco atende às faixas de pressão usuais, tem as bitolas e dimensões apropriadas, sendo de plástico, com maior vida útil.

d) *Automático de boia*

Quando se tem recalque, adotam-se automáticos de boia (eletronível automático) que são dispositivos de comando automático, pelo próprio nível da água. Localiza-

1 – O Sistema Predial de Água Fria   33

dos em ambos os reservatórios, em cotas convenientes, fazem com que contatos elétricos sejam acionados ligando o motor da bomba tão logo o nível da água atinja o nível mínimo determinado, no reservatório superior, desligando-se ao atingir o nível máximo do reservatório. Desta maneira, o sistema funciona por si mesmo, o que ocorre várias vezes ao longo do dia, não necessitando intervenção humana. Devem permitir o acionamento manual, quando de manutenção. Ver detalhes na Seção Sistemas Elevatórios.

e) *Tomada de água (saída)*

A tubulação de saída deve, preferencialmente, ser localizada na parede oposta à parede da alimentação, no caso de reservatórios de grande comprimento, visando-se evitar a estagnação da água, bem como situar-se em cota apropriada, elevada em relação ao fundo do reservatório. Ver detalhes na Seção específica de reservatórios, em 1.4.7.2 – Critérios de Projeto, item f).

f) *Tubulação de limpeza*

Uma tubulação de limpeza, com registro de fechamento, é obrigatória não só para esta finalidade periódica, como para total esvaziamento em caso de manutenção, posicionada em um dos cantos do reservatório. Para grandes reservatórios, prever declividade do fundo na direção desta tubulação.

No caso de reservatórios inferiores, a retirada da água poderá ser efetuada, até o nível da válvula de pé, pela bomba de sucção, com a devida manobra dos registros, retirando-se a água para um local apropriado, caso não haja possibilidade de escoamento por gravidade.

1.3.4 Barrilete

Caso haja muitos pontos a abastecer, deve ser instalado um barrilete (também denominado colar de distribuição), a partir do reservatório superior, abastecendo as colunas de distribuição.

Caso todas as colunas se ligassem diretamente ao reservatório ocorreria uma série de problemas, a saber: o excesso de perfurações no reservatório, com comprometimento da eventual impermeabilização, seria antieconômico (excesso de registros, tubulações e serviços), bem como, em princípio, cada coluna se ligaria a apenas uma seção do reservatório e não às duas. Para eliminar estes inconvenientes, adota-se o barrilete, que pode ser de dois tipos: o concentrado (unificado ou central) e o ramificado. A diferença entre ambos é pequena, como se pode observar nas figuras a seguir, sendo que o tipo ramificado é mais econômico e possibilita uma menor quantidade de tubulações junto ao reservatório.

O tipo concentrado permite que os registros de operação se localizem em uma área restrita, embora de maiores dimensões, facilitando a segurança e controle do sistema, possibilitando a criação de um local fechado, ao passo que o tipo ramificado espaça um pouco mais a colocação dos registros. Nos reservatórios elevados, externos à edificação (castelos de água), por economia e facilidade de operação, o barrilete deve ter os registros em sua base e não imediatamente abaixo do tanque.

Observar o posicionamento dos registros (observar figuras), permitindo a total flexibilidade de utilização dos reservatórios.

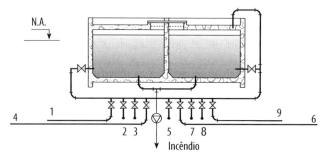

FIGURA 1.22 Barrilete concentrado.

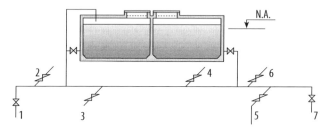

FIGURA 1.23 Barrilete ramificado.

1.3.5 Colunas de distribuição

São as tubulações que partindo do barrilete desenvolvem-se verticalmente alimentando os ramais.

De acordo com a NBR 5626:1998, caso abasteçam aparelhos passíveis de retrossifonagem (pressão negativa ou refluxo, como as válvulas de descarga), devem dispor de proteção conforme indicado, para sistemas de distribuição indireta por gravidade:

a) é desejável que os aparelhos passíveis de retrossifonagem estejam em uma coluna independente;

b) os aparelhos passíveis de provocar retrossifonagem podem ser instalados em coluna, barrilete e reservatório independentes, previstos com finalidade exclusiva de abastecê-los;

c) os aparelhos passíveis de provocar retrossifonagem, podem ser instalados em coluna, barrilete e reservatórios comuns a outros aparelhos ou peças, desde que seu sub-ramal esteja protegido por dispositivo quebrador de vácuo, nas condições previstas na sua instalação;

d) os aparelhos passíveis de provocar retrossifonagem podem ser instalados em coluna, barrilete e reservatórios comuns a outros aparelhos ou peças, desde que a coluna seja dotada de tubulação de ventilação, executada de acordo com as características a seguir, e conforme a ilustração respectiva:

- ter diâmetro igual ao da coluna, da qual deriva;
- ser ligada à coluna a jusante do registro de passagem existente;
- haver uma para cada coluna que serve a aparelho possível de provocar retrossifonagem;

- ter sua extremidade livre acima do nível máximo admissível do reservatório superior.

Considerando que qualquer uma das alternativas satisfaz à Norma, o item "c", sendo o de mais fácil e econômica execução, é o normalmente adotado. O ponto de ligação da tubulação da ventilação com a coluna de distribuição será sempre localizada a jusante do registro da coluna, garantindo-se a continuidade da ventilação, desde o ramal de alimentação dos pontos de utilização. Caso as válvulas de descarga adotadas comprovem a eliminação do risco de retrossifonagem, podem ser dispensadas as precauções recomendadas.

No caso do sistema de distribuição direta ou da indireta hidropneumática, os aparelhos passíveis de provocar retrossifonagem só podem ser instalados com o seu sub--ramal devidamente protegido.

A NBR 5626:98 recomenda a instalação de ventilação nas colunas que contenham válvulas de descarga, mas é desejável que todas as colunas sejam ventiladas, pois o acesso de ar nas mesmas provém de várias fontes. Apresenta as vantagens adicionais:

a) reduz os ruídos, pois evita a permanente recirculação do ar quando da utilização do sistema;

b) constitui-se de uma simples tubulação vertical acoplada à coluna de distribuição, ou ao próprio barrilete, logo depois do registro do barrilete, com diâmetro igual à coluna;

c) a extremidade superior deste tubo deve ficar acima do nível máximo de água no reservatório, sendo aberta, mas devidamente protegida;

d) a tubulação de ventilação deve ser devidamente protegida na sua extremidade superior, com tela plástica fina (0,5 mm, no máximo, de espaçamento), evitando-se a entrada de insetos;

Cada coluna deverá conter um registro de fechamento, posicionado a montante do primeiro ramal, conforme as Figuras 1.24 a 1.26.

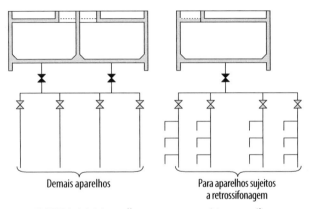

FIGURA 1.24 Aparelhos com reservatório específico.

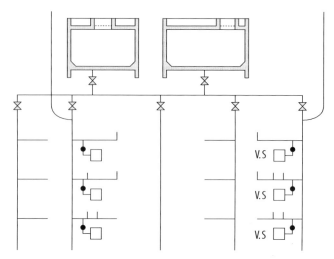

FIGURA 1.25 Aparelhos com ventilação da coluna.

1.3.6 Ramais e sub-ramais

Ramais são as tubulações derivadas das colunas de distribuição e destinadas a alimentar os sub-ramais, os quais, por sua vez, ligam os ramais aos pontos de utilização (pontos de utilização e aparelhos sanitários).

Observar o posicionamento do registro de fechamento, a montante do primeiro sub-ramal.

Em caso de aparelhos passíveis de sofrer retrossifonagem (refluxo ou pressão negativa), a tomada de água do sub-ramal deve ser feita em um ponto da coluna a 0,40 m, no mínimo acima da borda de transbordamento deste aparelho.

FIGURA 1.26 Mangueira mergulhada em tanque com possibilidade de retrossifonagem.

1 – O Sistema Predial de Água Fria

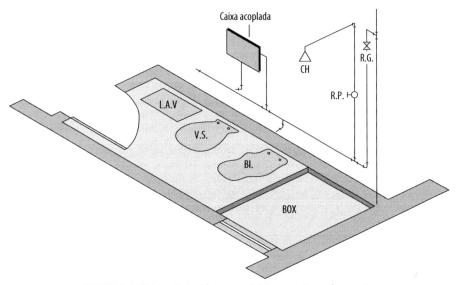

FIGURA 1.27 Isométrico de um sanitário, ramais e sub-ramais.

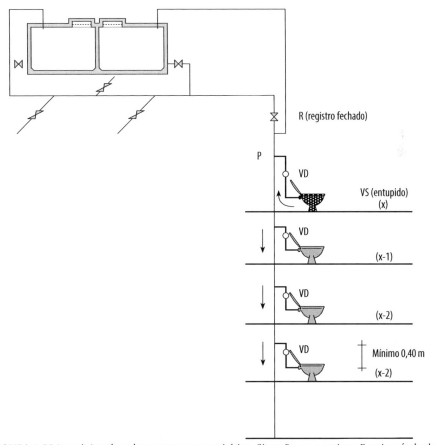

FIGURA 1.28 Isométrico de coluna com vasos sanitários. Situação: se o registro R estiver fechado e o vaso sanitário do pavimento estiver entupido, quando do uso das válvulas dos andares inferiores, poderá ocorrer retrossifonagem.

1.3.7 Peças de utilização e aparelhos sanitários

Peças de utilização são os dispositivos ligados aos sub-ramais destinados a utilização de água, como as torneiras, chuveiros etc. Devem ser locadas atentando-se às exigências dos usuários quanto ao conforto e ao padrão da edificação, aspectos ergonômicos e de segurança. Em alguns casos permitem também o ajuste da vazão.

Aparelhos sanitários são aqueles cujos fins são higiênicos ou para receber dejetos e/ou águas servidas, como as bacias sanitárias, bidês etc. Os chuveiros elétricos e demais aparelhos elétricos que utilizam água devem ter sua localização analisada e atender as exigências da NBR 5410/97 – Instalações Elétricas de Baixa Tensão.

1.3.8 Instalação elevatória

Caso o sistema conte com instalação elevatória, a mesma pode ser de dois tipos, a convencional com bombas centrífugas ou a hidropneumática. O Capítulo 5 apresenta os detalhes e figuras destas instalações.

1.4 PROJETOS

1.4.1 Considerações gerais

A fase de projeto é muito importante e não deve ser relegada a um plano secundário, devendo ser conduzida por projetista com formação profissional de nível superior, legalmente habilitado para este fim, com fiel observância das normas pertinentes. A observância da NBR 5626/98 não exclui a observância, também, dos regulamentos federais (Normas Regulamentadoras da Segurança do Trabalho – NR 23 – Proteção Contra Incêndios e NR 24 – Condições Sanitárias dos Locais de Trabalho, ambas do Ministério do Trabalho), da Lei n. 6514 de 28/12/1977, da Consolidação das Leis do Trabalho, de regulamentos estaduais (Código Sanitário Estadual, regulamentos de concessionária de água e esgoto) e posturas municipais (Código de Edificações Municipal e eventuais posturas municipais sobre o assunto), bem como de possíveis normas e especificações determinadas pelo cliente, notadamente de grandes empresas, particulares ou estatais. No Anexo A3 – Normas e Legislações Complementares, poderá ser vista uma relação de alguns tópicos da regulamentação pertinente ao assunto.

As instalações devem ser projetadas de modo a:

a) preservar a potabilidade da água do sistema de abastecimento e do sistema de distribuição;

b) garantir o fornecimento de água de forma contínua, em quantidade suficiente, com pressões e velocidades adequadas e compatíveis com o perfeito funcionamento dos aparelhos, das peças de utilização etc.;

c) promover conforto aos usuários (níveis de ruído aceitáveis e peças convenientemente adotadas);

d) proporcionar facilidade de manutenção, operação e futuros acréscimos;

e) possibilitar economia de água, energia e de manutenção.

O projeto completo, via de regra, compreende:

- Memorial Descritivo e Justificativo;
- Memorial de Cálculo;
- Normas adotadas;
- Especificações de materiais e equipamentos;
- Relação de materiais, equipamentos e orçamento;
- Plantas, isométricos, esquemas (detalhes construtivos), enfim, todos os detalhes necessários ao perfeito entendimento do projeto.

1.4.2 Etapas do projeto

O projeto se divide em três etapas distintas: o Planejamento, o Dimensionamento propriamente dito e os Desenhos e Memoriais Descritivos. No Planejamento devem ser observadas todas as recomendações das Normas, bem como as constantes da Seção 1.3, deste capítulo, na Seção 1.5 e no Capítulo 10.

A maior dificuldade de um projeto de água fria acha-se na concepção do mesmo, a qual deve levar em conta os diversos fatores intervenientes, não só de ordem técnica, mas os de ordem econômica e, principalmente, os de ordem prática, executiva, de modo a facilitar a execução e não comprometer o cronograma físico da obra.

1.4.3 Tipo e características da edificação

O tipo da edificação é um fator a ser analisado: para o tipo residencial térreo, dada a pequena complexidade e a uniformização dos projetos, o planejamento é imediato, tornando-se simplificado e rápido, mas, para uma edificação residencial em sobrado, já há cuidados a serem observados. Para os demais tipos, o planejamento é mais complexo e detalhado, sendo necessário analisar detidamente, caso a caso.

O projeto arquitetônico elaborado é outro item importante para o planejamento, pois para um mesmo tipo de edificação podem haver diversas soluções arquitetônicas e hidráulicas. Ver os exemplos de sistemas de distribuição, que são significativos para entender o exposto.

No caso de grandes edifícios ou de edificações especiais são necessárias reuniões com o futuro usuário, visando à observação de suas particularidades de utilização e definição de suas necessidades. A análise de edifícios semelhantes já em operação é outro fator a considerar, eliminando-se a possibilidade de ocorrência de repetição de falhas.

No caso de edifícios comerciais e industriais, em face dos elevados consumos de água, bem como das características próprias de cada tipo, é necessária uma análise econômica dos processos a serem adotados, levando-se em conta as folgas necessárias e as futuras ampliações, bem como as utilizações simultâneas de água.

Em projetos para edificações específicas, devem ser levadas em consideração as particularidades técnicas e ergonométricas de cada uma e dos usuários específicos, por exemplo:

- escolas: para o caso de escolas primárias, as bacias são menores, os pontos de utilização têm posição inferior ao convencional, as válvulas de descarga devem ter acionador do tipo alavanca (de fácil manejo) e não o usual botão de pressão, os quais dificultam e até mesmo impossibilitam o acionamento da válvula por crianças de pouca idade;
- hospitais: como se trata de edifício que não pode ter sua operação interrompida, devem-se adotar alternativas como, por exemplo, a adução de água para reservatórios superiores em caso de falta de energia elétrica, utilizando-se geradores para os motores das bombas;
- estádios e sanitários públicos: proteção das instalações com prevenção contra os possíveis atos de vandalismo dos usuários.

Para sanitários de locais públicos e hospitais, principalmente, vem se generalizando a utilização de torneiras programadas para, ao término de seu uso, fecharem-se sozinhas eliminando o contato destas com as mãos recém-limpas. Igualmente, a automação de sanitários, parcial ou total, em particular aqueles destinados a deficientes físicos, também ganha espaço em nosso meio. Os sistemas anteriormente citados, apresentam a vantagem adicional de proporcionarem economia de água.

A necessidade da instalação de água para proteção e combate a incêndios, vai influir muito na questão dos reservatórios (localização, dimensionamento etc.), devendo ser verificadas as disposições do Corpo de Bombeiros do local do projeto.

1.4.4 Consumo

O consumo está diretamente relacionado com as características da atividade da edificação (comercial, industrial, residencial etc.), os usos específicos e com o número de ocupantes da edificação. O Memorial Descritivo de Arquitetura e as plantas devem ser estudadas, para se verificar o tipo de atividade básica e as complementares que influem no consumo (piscinas, lavanderia, garagens etc.)

A utilização de tabelas apropriadas permite uma imediata definição do consumo. Observe-se que estas tabelas são genéricas e, para casos de usos específicos, deve ser verificada a experiência prática com o referido uso.

Na Seção 1.4.1, acham-se listados os regulamentos, em todos os níveis, concernentes ao assunto. Nesta etapa, atentar para eventuais alterações de ocupação, mais frequentes do que se imagina, bem como futuras ampliações da edificação. A concessionária local deve ser consultada obrigatoriamente, tendo em vista que algumas cidades, em razão de características locais (padrão de vida etc.), podem apresentar consumo diferenciado.

1.4.5 Fonte de abastecimento

Caso seja utilizada água proveniente de poços, deve-se consultar o órgão gestor de recursos hídricos da região, o qual, via de regra, não é a concessionária local, bem como precaver-se quanto à posição do nível do lençol subterrâneo, riscos de contaminação e características da água.

1 – O Sistema Predial de Água Fria

41

Quando há duplicidade de fonte (pública e particular), é necessário tomar as devidas precauções, de modo a impedir o refluxo de água (retrossifonagem ou pressão negativa) da rede particular para a rede pública. A concessionária local deve ser informada desta situação.

Deve ser efetuada uma consulta prévia à concessionária do local do projeto, com vistas às características do fornecimento de água (eventuais limitações de fornecimento, como variação e limitação da pressão disponível, interrupções do abastecimento etc.), itens extremamente importantes para o projeto.

1.4.6 Sistema de distribuição

Em função da pressão na rede, das características arquitetônicas da edificação, do projeto de combate a incêndio e da necessidade de reservações complementares (ar-condicionado, combate a incêndios etc.), adota-se o tipo de sistema de abastecimento, geralmente o indireto, com reservatório, pelas razões expostas na Seção 1.2.

1.4.7 Reservação/Reservatórios

1.4.7.1 Reservação

- a capacidade total de reservação (R_t) não pode ser inferior ao consumo diário, de acordo com a NBR 5626:1998, sendo que alguns Códigos Sanitários Estaduais ou Concessionárias fixam uma reservação mínima, além de que uma prática usual é adotar uma reserva para um período de 24 horas. Portanto, a reservação mínima é de 500 litros, considerando-se uma residência mínima (1 quarto ou 2 pessoas);

- a capacidade total de reservação deve ser inferior a três vezes o consumo diário, observando-se que para volumes de grande monta há necessidade da garantia da potabilidade, em razão do período de armazenamento médio da água no reservatório, bem como verificar disposições legais quanto ao volume máximo a armazenar;

- reservas para outras finalidades (combate a incêndios, sistema de ar-condicionado, sistema de água gelada, piscinas etc.), podem ser feitas nos mesmos reservatórios da instalação predial de água fria, devendo estes volumes adicionais serem acrescidos às previsões de consumo de água fria, devidamente localizados nos reservatórios, em função dos projetos específicos para aquelas finalidades. Deve ser observado que os volumes destinados a reserva para combate a incêndios são elevados, não podendo ser omitidos;

- o volume da reserva para combate a incêndios é definido pela NB-00024 – Instalações Hidráulicas Prediais contra Incêndios sob Comando, por Normas específicas do Corpo de Bombeiros de cada localidade;

- para os casos comuns, de reservatórios domiciliares e de edifícios altos (prédios), indica-se a seguinte distribuição, a partir da reservação total (R_T):

  a) reservatório inferior: 0,60 da reservação total – Ri = 0,60 R_T;
  b) reservatório superior: 0,40 da reservação total – Rs = 0,40 R_T;

- observe-se que esta distribuição é uma indicação prática, devendo, sempre, ter em mente, a capacidade de alimentação do sistema de recalque, pois este item é decisivo na garantia da continuidade do sistema. Ainda neste particular, observar que a manutenção e operação do sistema, com a situação de interrupção de uma das câmaras, também é um fator a ser considerado;

- para casos especiais (hospitais, indústrias etc.), cuja garantia de continuidade do sistema é imprescindível, analisar a questão como um caso particular;

- a reservação a ser feita nos reservatórios inferiores é obtida a partir da diferença entre a reservação total e a necessária para os reservatórios superiores.

1.4.7.2 Reservatórios – Recomendações

- a localização deve ser em cota compatível com as necessidades de projeto. Caso o volume a armazenar seja muito grande, (acima de 4 m³) ou por razões de ordem arquitetônica, ou estrutural ou, ainda, por necessidade de obter pressões elevadas, o reservatório pode constituir uma estrutura independente, isolada, externa à edificação, denominada castelo d'água ou tanque. Mesmo nesta situação é um reservatório e a ele se aplicam todas as presentes condições;

- deve-se eliminar os reservatórios inferiores, sempre que haja possibilidade de alimentação contínua pela rede pública, abastecendo diretamente o reservatório superior;

- o nível máximo da superfície da água no interior do reservatório deve ser considerado no mesmo nível da geratriz inferior da tubulação do extravasor.

a) Reservatórios superiores

- os reservatórios superiores, alimentados pela instalação elevatória ou diretamente pelo alimentador predial, atuam como reguladores de distribuição, devendo ter capacidade adequada para esta finalidade (alimentação sempre capaz de suportar a vazão requerida);

- para seu dimensionamento considerar as seguintes vazões de projeto:
    vazão de dimensionamento da instalação elevatória;
    vazão de dimensionamento do barrilete e colunas de distribuição;

- a reservação a ser feita nos reservatórios superiores será calculada com base nas indicações anteriores;

- da recomendação prática – $R_s = 0,40 R_T$;

- o próprio barrilete é utilizado para efetuar a interligação entre os reservatórios ou as diversas câmaras dos mesmos, não necessitando outra ligação;

- caso haja sistema de água quente, este deve ter saída própria, posicionada independentemente, em cota superior à saída da água fria. Desta forma, em caso de falta de água, evita-se que o abastecimento seja feito apenas ao aquecedor, impedindo, com tal providência possíveis queimaduras nos usuários.

b) Reservatórios inferiores

As condições ideais apontam para sua execução isolada, não apoiado no solo nem no terreno lateral, tendo em vista eventuais vazamentos ou riscos de contaminações pelas paredes, pela permeabilidade das mesmas ou alguma trinca no mesmo. Tal objetivo nem sempre é possível, no todo ou parcialmente e caso seja possível um afastamento lateral do terreno, recomenda-se projetá-lo dentro de um compartimento com folga de, no mínimo, 0,80 m entre suas paredes e qualquer obstáculo lateral, sendo desejável 1,0 m para facilitar o acesso em caso de inspeção ou manutenção;

- caso seja construído enterrado, este deve ter drenagem mecânica permanente, por meio de bomba hidráulica, instalada em poço próprio e com alarme em caso de falha da bomba;

- não podem ser apoiados diretamente no solo, necessitando apoio sobre base plana, nivelada e com capacidade de sustentação, em função do peso da água e da caixa.

A caixa Amanco *Cisterna*, com capacidade de 2.100, 3.300, 6.000 ou 10.000 litros, pode ser apoiada no solo, com as precauções anteriormente citadas ou mesmo enterrada, possuindo tripla camada protetora. Resiste a pressões internas e externas, ou seja, da água e do terreno. Os reservatórios convencionais, em alvenaria ou concreto, devem ser projetados com estas premissas, o que se torna desnecessário com a Amanco *Cisterna*, a qual também conta com as demais vantagens da caixa d'água Amanco, particularmente na questão de estanqueidade e manutenção da potabilidade, atendendo e superando os requisitos da NBR 5626:1998 – Instalações Prediais de Água Fria e da NBR 14799:2011 – Reservatório com corpo em polietileno, com tampa em polietileno ou em polipropileno, para água potável, de volume nominal até 2.000 L (inclusive) – Requisitos e métodos de ensaio.

FIGURA 1.29 Caixas Amanco *Cisterna*.

c) Materiais

- os pequenos reservatórios domiciliares, de fabricação normalizada, devem satisfazer às seguintes condições:

  a) serem providos, obrigatoriamente, de tampa adequada que impeça a entrada de animais e corpos estranhos, águas pluviais e passagem de luz solar para o interior do reservatório;

  b) preservem os padrões de higiene e segurança;

  c) devem apresentar superfície interna lisa, visando evitar a aderência de corpos estranhos;

  d) terem especificação para recebimento relativa a cada tipo de material, inclusive métodos de ensaio;

  e) ter material resistente à corrosão ou ser provido internamente de revestimento anticorrosivo.

- os reservatórios domiciliares fabricados em poliéster reforçado com fibra de vidro, utilizados nas instalações prediais de água fria, devem obedecer às NBR 8220:1983 – Reservatório de poliéster reforçado com fibra de vidro para água potável para abastecimento de comunidades de pequeno porte e NBR 10355:1988 – Reservatório de poliéster reforçado com fibra de vidro – Capacidades nominais – Diâmetros internos – Padronização;

- os reservatórios domiciliares de fibro-cimento devem obedecer à NBR 5649: 2006 – Reservatórios de Cimento-Amianto para Água Potável - Requisitos, tomando-se cuidados especiais quando de cortes ou furações, que podem gerar suspensão aérea de fibras de amianto, as quais podem ser danosas à saúde, caso aspiradas. Observar que diversos municípios restringem ou proíbem a utilização de componentes em cimento amianto, como o município de São Paulo (Lei n. 13.103 de 2001);

- os reservatórios poliolefínicos devem obedecer à NBR 14.799: 2002 – Reservatório poliolefínico para água potável – Requisitos e à NBR 14.800: 2011 – Reservatório com corpo em polietileno, com tampa em polietileno ou em polipropileno, para água potável, de volume nominal até 2.000 L (inclusive) – Instalação em obra;

- os reservatórios domiciliares de concreto devem ser executados de acordo com a NBR 6118:2004 – Cálculo e Execução de Obras de Concreto Armado;

- existindo a possibilidade de condensação da água nas superfícies internas do reservatório, nas partes não em contato direto e permanente com a água, deve-se tomar cuidado com os materiais a serem utilizados, em face da possível contaminação.

d) Estrutura de apoio

- atentar para a colocação dos mesmos em locais com estrutura suficientemente dimensionada para suporte, ou seja, o apoio do reservatório deve estar sobre elemento resistente que transfira as cargas para as paredes ou a estrutura;

- ao instalar um reservatório, deve-se atentar para o peso que o mesmo vai ocasionar naquele ponto específico da edificação. Ele tem um peso próprio, facilmente calculado em função do seu tipo ou informado pelo fabricante, caso seja pré-moldado. Mas, não esquecer que um litro de água pesa 1 quilograma, logo um reservatório de 1.000 ou 2.000 litros pesará 1 ou 2 toneladas, mais o peso próprio do reservatório;

- o reservatório deve ser apoiado em superfície plana e nivelada, com área superior a sua base, prevista para suportar o seu peso (viga ou laje de concreto, estrutura de madeira etc.);

- no caso de estrutura de residências, o peso do reservatório superior é significativo e deve haver uma análise do apoio e distribuição desta carga sobre a estrutura (vigas) ou paredes de alvenaria, evitando-se a concentração de cargas sobre lajes de concreto já existentes ou sobre forros. Normalmente, usa-se estrutura de madeira com vigas de peroba 6 × 12 cm ou 6 × 16 cm, servindo de apoio, nunca apenas sobre duas vigas;

- caso prédios: para obras em edifícios a caixa d'água deve ser protegida por paredes de contenção com uma plataforma superior para evitar peso sobre o reservatório e facilitar a manutenção e inspeção, Figura 1.31:

FIGURA 1.30 Distâncias de afastamento – Caixas Amanco.

e) Ventilação

- o reservatório deve ser instalado em local com ventilação adequada;
- em reservatórios instalados sob telhados, deve-se garantir a renovação e circulação do ar sob os mesmos, evitando-se formação de massas de ar quente e úmido. Tais massas, em contato com as paredes do reservatório, acabam por

provocar condensação da umidade existente no ar e o consequente acúmulo de água no entorno e na base do reservatório, causando danos em forros de madeira e outros locais;

- esta ventilação é obtida facilmente com a execução de aberturas para este fim situadas na cobertura ou no forro;

- não confundir esta ventilação do reservatório com a ventilação da coluna de distribuição, vista na Seção 1.3.5.

f) Manutenção da potabilidade

- a NBR 5626:1998 – Instalação Predial de Água Fria, estabelece: "5.2.4.1 Os reservatórios de água potável constituem uma parte crítica da instalação predial de água fria no que diz respeito à manutenção do padrão de potabilidade. Por este motivo, atenção especial deve ser dedicada na fase de projeto para a escolha de materiais, para a definição da forma e das dimensões e para o estabelecimento do modo de instalação e operação desses reservatórios";

- devem ser construídos com material adequado (plástico, polietileno, concreto armado, alvenaria etc.), de modo a não comprometer a potabilidade da água, devendo preservar o padrão de potabilidade, não transmitindo gosto, cor, odor ou toxicidade à água nem gerar condições de crescimento de micro-organismos;

- deve ser um recipiente estanque, facilmente inspecionável e limpo, possuindo tampa ou porta de acesso opaca, de modo a vedá-la e impedir a entrada de líquidos, poeiras, insetos etc.;

- caso esteja colocado fora da cobertura da edificação, deve ser fixado à sua base e ter dispositivo de travamento da tampa, pois está sujeito à ação dos ventos;

- a fixação das tampas ou portas dos reservatórios deve ser eficaz, com parafusos ou assemelhados, atentando que estas fixações podem provocar perfurações nos mesmos, as quais devem ser vedadas;

- o reservatório deve ser totalmente vedado, aplicando-se borracha esponjosa ou similar em toda a extensão de contato da tampa com o reservatório;

- caso impermeabilizados, devem obedecer a NBR 9575:2010 – Impermeabilização – Seleção e Projeto e NBR 9574:2008 – Execução de Impermeabilização, garantindo a potabilidade da água. Notar que a utilização de betume é terminantemente proibida e o material da impermeabilização não deve comprometer a qualidade da água;

- a proteção dos reservatórios inferior e superior contra o acesso de águas de chuva, com tampa apropriada, pois vários casos foram constatados de entrada de águas de chuva, as quais transportam materiais diversos poluindo uma água potável;

- a superfície superior externa deve ser impermeável e com caimento mínimo de 1:100 (1% pelo menos) no sentido das bordas, evitando-se o acúmulo de águas de lavagem ou pluviais em sua superfície;

1 – O Sistema Predial de Água Fria   47

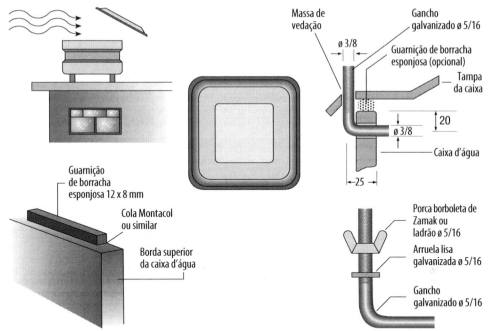

FIGURA 1.31 Fixação de tampas em caixas d'água.

- devem estar localizados convenientemente afastados de redes de esgotos, águas pluviais e outras fontes poluidoras. Nenhuma tubulação de esgoto ou águas pluviais poderá passar sobre a cobertura do reservatório. Por incrível que pareça esta situação absurda já foi encontrada, mais de uma vez. Qualquer vazamento significa poluir a água de consumo;
- nenhum depósito de lixo poderá se localizar sobre o reservatório.

g) Instalação
- para furar reservatórios domiciliares (PVC, polietileno etc.), utilizar sempre furadeira com serra copo, evitando outras práticas, como o uso de broca ou furação com percussão;
- em caso de furação, verificar catálogo do fabricante, de modo a se localizar os furos nos pontos possíveis, nem sempre os pontos necessários. Uma furação errada fragiliza o reservatório, principalmente quando efetuada na sua parte inferior;
- a ligação dos tubos ao reservatório deve ser feita com adaptadores longos, com flange;
- os flanges devem ser apertados, após a instalação da tubulação;
- os tubos instalados nas caixas não devem transmitir esforços nas paredes dos reservatórios, portanto, devem estar corretamente instalados, sendo importante prever certa flexibilidade nas tubulações instaladas;

- caso as tubulações passem por paredes de concreto ou alvenaria (estejam encravadas nas paredes), devem ser previstas aberturas ou instalar as mesmas em "tubos camisa" para que possam trabalhar de modo flexível, em face das deformações que as paredes possam apresentar;
- quando das ligações das tubulações, deve ser considerada a eventual movimentação ou deformação do reservatório quando cheio de água, para se evitar as tensões decorrentes disto;

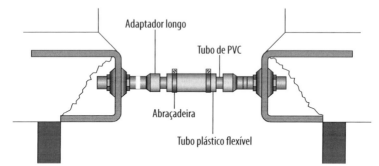

FIGURA 1.32 Ligação entre caixas – Detalhe.

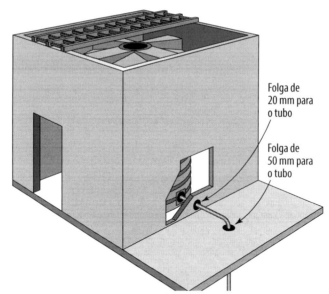

FIGURA 1.33 Caixa Amanco – Saídas tubulações – Estruturas vizinhas.

- antes da instalação, proceder a inspeção visual no corpo e na tampa do reservatório, com a finalidade de:
    a) verificar a existência de imperfeições de fabricação;
    b) verificar furos não previstos para colocação das tubulações;
    c) o nome ou a marca do fabricante, na tampa e no corpo do mesmo;
    d) a data de fabricação;

e) volume nominal;

f) especificação do material utilizado;

g) norma a qual está referenciado;

- verificar o posicionamento do reservatório em função dos elementos de cobertura (estrutura e telhas), de modo que se possa garantir um espaço mínimo para efetuar a manutenção e limpeza do mesmo. Se ele estiver sob uma cobertura, com pouco ou nenhum espaço, esta tarefa torna-se extremamente difícil e até mesmo impossível, além de colocar em risco o executor da tarefa;

h) Testes

- o teste (ensaio) de estanqueidade deve ser realizado, após a completa instalação do reservatório e seus acessórios, por meio do enchimento com água até o nível operacional, garantindo as condições normais de uso;

- caso não seja detectado vazamentos no reservatório ou suas conexões, pós 24 horas em teste, poderá ser considerados estanque. No caso de ser detectado vazamento, este deve ser reparado e repetido o procedimento;

i) Manutenção

- os reservatórios devem ser instalados em locais que propiciem fácil acesso para inspeção e limpeza de seu interior, de modo a garantir sua efetiva manutenção, da forma simples, rápida e a mais econômica possível.

- o espaço ao redor do reservatório deve ser adequado, permitindo as atividades de manutenção e limpeza, com a movimentação segura do pessoal encarregado destas tarefas. A dimensão mais conveniente é de 1,0 m livre ao redor, apesar de recomendação mínima da NBR 5626:1998 – Instalações Prediais de Água Fria – ser 0,45 m livre. Lembrar que as dimensões da tampa devem ser consideradas quando da instalação, pois deverá ser removida e recolocada;

- o(s) reservatório(s) superior(es) devem se situar com uma altura suficiente entre seu fundo e a superfície em que estejam apoiados, de modo a poder instalar as tubulações do barrilete e de saída, operar os registros etc., devendo ser convenientemente analisada, caso a caso;

- lembrar que estas atividades são diversas e serão frequentemente realizadas, incluindo: verificação do nível de água, regulagem da torneira de boia, manobra de registros, remoção e recolocação da tampa, limpeza interna e externa etc.;

- prever facilidade de acesso (escada), a qualquer reservatório, lembrando-se de manutenções e da limpeza periódica;

- em grandes reservatórios, deve-se prever uma escada interna. A escada interna em metal oxida facilmente, sendo preferível a utilização de escada de corda plástica ou similar, com degraus de plástico. Esta deve permanecer enrolada e protegida (coberta), do lado de fora do reservatório, somente sendo desenrolada quando for utilizada;

50   Instalações Hidráulicas Prediais

j) Limpeza

- a limpeza deve ser efetuada de acordo com as recomendações do fabricante, em função do material utilizado, em reservatórios vazios e fora de operação;

- não devem ser utilizados escovas ou outros objetos abrasivos que possam tornar ásperas as paredes internas do reservatório;

- a eventual utilização de produtos químicos é um item a ser analisado, desde que recomendada pelo fabricante, tomando-se os cuidados de não haver acesso dos mesmos à rede de distribuição;

- a limpeza do reservatório poliolefínico deve ser feita com a utilização de água limpa e pano ou esponja macia;

- a NBR 5626:1998 – Instalações Prediais de Água Fria, recomenda a limpeza periódica do reservatório a cada seis meses ou observar especificação da companhia de saneamento local.

k) Tubulação de saída do reservatório

- a colocação da tubulação de saída deve ser em parede oposta à da tubulação de alimentação, preferencialmente. Tal prática visa evitar o surgimento de zonas de estagnação dentro do reservatório, particularmente, em casos de reservatórios muito compridos (neste caso, devem ser colocados em paredes opostas em relação à dimensão predominante), bem como em reservatórios com reserva para incêndio;

- a extremidade da tubulação de saída do reservatório deve situar-se, preferencialmente, na parte lateral e no ponto mais baixo possível, elevada em relação ao fundo do mesmo;

- a rigor, a extremidade, em relação ao fundo do reservatório, deve ser relacionada com o diâmetro da tubulação de tomada e com a forma de limpeza que será adotada ao longo da vida do reservatório;

- caso a tubulação de saída esteja localizada no fundo do reservatório, a entrada da tubulação deve estar elevada em relação à região mais profunda do reservatório. Esta elevação em relação ao funcho é necessária para evitar a entrada na rede de distribuição de eventuais resíduos depositados no fundo do reservatório;

- para reservatórios de pequenas dimensões, como os residenciais e de pequenos prédios comerciais, recomenda-se 2 cm. Para reservatórios de cimento amianto (até 1.500 litros) esta altura mínima é de 3 cm, de acordo com a NBR 5649:2006 – Reservatórios de fibro-cimento para água potável – Requisitos;

- no caso dos reservatórios inferiores, a saída se dá por meio da tubulação da bomba de recalque, uma para cada câmara. É recomendável, caso seja possível, a previsão de um poço de sucção no fundo do reservatório. Como este é de difícil execução na parte interna, pode-se localizá-lo no lado externo;

  Para evitar os efeitos da formação do vórtice na entrada da tubulação de sucção, bem como para proteger a bomba de eventuais resíduos, deve ser instalada uma válvula de pé com crivo.

l) Tubulação de limpeza

- deve ser posicionada na parte mais baixa do reservatório, para esvaziá-lo completamente. No caso de grandes reservatórios, recomenda-se inclinação do fundo na direção desta tubulação, para facilitar o escoamento e a remoção de detritos remanescentes. No caso de grandes reservatórios, verificar necessidade de adoção de bitola especial em função do tempo necessário para esvaziamento, tendo em vista necessidades operacionais (hospitais, indústrias etc.);

- caso instalada na parte lateral, localizá-la no ponto mais baixo possível;

- posicionar o registro da tubulação de limpeza em local de fácil acesso e operação;

- a descarga da água da tubulação de limpeza deve se dar em local visível e que não prejudique a operação normal do edifício (em calhas etc.)

m) Tubulação do extravasor

- o extravasor deve escoar livremente, em local visível, de modo a indicar rapidamente a existência de falha no abastecimento;

- a tubulação de extravasão de água deve escoar em local visível, pois uma extravasão indo direto e sem aviso para o sistema de água pluvial ou caixas de inspeção é um erro de projeto ou construção e acontece frequentemente em instalações prediais. Não há sentido em escoá-la para um local em que dificilmente será notada a avaria. Esta avaria deve ser evidenciada claramente, de forma altamente visual, para alertar rapidamente o responsável (zelador ou morador), de modo que se possa rapidamente corrigir o problema e evitar o desperdício de água;

- em residências, recomenda-se que seja direcionado para o box do chuveiro ou que escoe livremente caindo na lateral da edificação, de modo a facilmente ser percebido pelo responsável (morador, funcionário etc.). No caso de prédios, deve ser direcionado para o box do zelador ou local de melhor visualização por ele;

- por razões arquitetônicas ou no caso de grandes reservatórios, poderá ser necessária a adoção de uma tubulação auxiliar (aviso), que escoará parte do volume extravasado em local de fácil visualização, enquanto o restante (com maior vazão) irá para outro local de fácil escoamento: canaleta ou ralo de águas pluviais, de modo a não causar transtorno às atividades da edificação;

- a tubulação de "aviso" deve se ligar à tubulação de extravasão em trecho horizontal e a montante da ligação com a tubulação de limpeza, para que não haja possibilidade de escoamento para ele de água suja proveniente da limpeza do reservatório, pois entope-se facilmente, perdendo a sua função, face ao seu reduzido diâmetro;

- a cota do extravasor deve localizar-se em cota tal que não possibilite a penetração de água externa no reservatório e, caso ocorra, deve ser colocada válvula de retenção, no seu trecho horizontal;

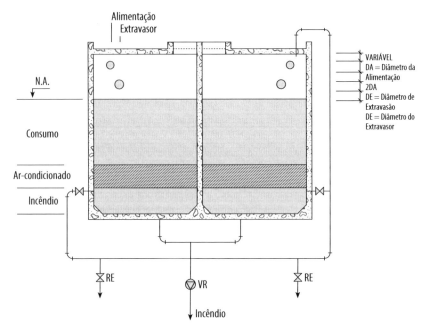

FIGURA 1.34 Reservatório superior, detalhes.

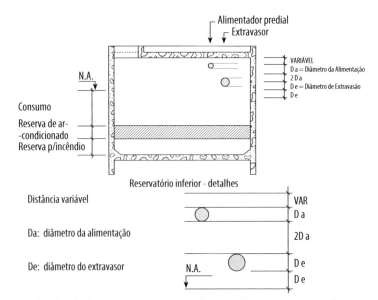

FIGURA 1.35 Detalhe das distâncias mínimas entre a alimentação e o extravasor e deste até o nível máximo da água. As distâncias são função do diâmetro das tubulações, de modo a garantir a separação atmosférica.

- para aproveitamento máximo da capacidade do reservatório, recomenda-se que o nível máximo de água no seu interior esteja situado praticamente no mesmo nível da geratriz inferior da tubulação de extravasão;

- a tubulação do extravasor deve ser dotada, na sua extremidade externa, com crivo, ou seja, uma tela plástica fina (0,5 mm, no máximo, de espaçamento),

1 – O Sistema Predial de Água Fria   53

com área total superior a seis vezes a seção reta do extravasor. Esta proteção deve se estender a qualquer outra abertura do reservatório que se comunique com o meio exterior, direta ou indiretamente (por meio de tubulação), situada entre a linha d'água e a sua cobertura e visa evitar a entrada de insetos. No esquema a seguir podem-se ver as distâncias recomendadas.

n) **Torneira de boia (ou dispositivo similar)**

- a torneira de boia deve estar de acordo com a NBR 14.534:2000 – Torneira de boia para reservatórios prediais de água potável – Requisitos e métodos de ensaio;

- a torneira de boia (ou dispositivo similar) deve ser adequada às faixas de pressão de abastecimento, devendo ser observados os catálogos dos fabricantes e a pressão de abastecimento, fornecida pela concessionária;

- observar se a torneira de boia atende à garantia de proteção contra o refluxo de água (retrossifonagem ou pressão negativa);

- deve-se sempre verificar a colocação de registro, na tubulação de alimentação, junto e externamente ao reservatório, visando o fechamento da alimentação, quando de manutenções;

- o posicionamento correto do automático de boia;

- quanto aos ruídos na entrada do reservatório, verificar Seção 7.3.

o) **Reservatórios hidropneumáticos**

- em caso de utilização do sistema hidropneumático, o volume do reservatório hidropneumático não deve ser considerado no cálculo, devendo os reservatórios inferiores terem capacidade igual ao consumo diário.

p) **Vantagens das Amanco Caixas d'água**

- As caixas Amanco obedecem e até mesmo superam as recomendações técnicas da NBR 5626:1998 – Instalações Prediais de Água Fria, tendo uma série de vantagens, a saber:

  p1) Estão de acordo com a NBR 14799:2011 – Reservatório com corpo em polietileno, com tampa em polietileno ou em polipropileno, para água potável, de volume nominal até 2.000 L (inclusive) – Requisitos e métodos de ensaio, com duas versões, com dupla camada protetora;

  p2) leveza, resistência, facilidade de transporte e volumes adequados ao consumo convencional;

  p3) rapidez e facilidade de instalação, contando com kit completo para montagem, com adaptadores auto-ajustáveis, dispensando massa de vedação, boia com dimensão apropriada, eletronível etc.;

  p4) já vem com os furos de entrada, saída e extravasor, para posicionamento destas tubulações, havendo locais apropriados para furação, nas abas reforçadas, para eventuais novos furos;

p5) são de polietileno, com proteção anti-UV (contra raios solares), material atóxico certificado pelos órgãos responsáveis, podendo ser instaladas em qualquer local, não necessariamente locais cobertos, tendo em vista sua maior resistência mecânica e maior durabilidade, resistindo a ação de chuvas e raios solares;

p6) tampa com rosca, com vedação rápida e segura, vedando completamente a caixa, evitando a formação de musgos, colônias de bactérias e incrustações em suas paredes, não sujeita à ação dos ventos e não necessitando fixação;

p7) não necessitam impermeabilização;

p8) paredes internas lisas e brancas, de forma a facilitar a limpeza e contribuir na manutenção da temperatura da água;

p9) garantia de 10 (dez) anos.

A Amanco caixa d'água é pré-fabricada com materiais e características corretas não necessita projeto, é rápida e facilmente fiscalizada, conferida e instalada, evitando-se eventuais erros de execução. Na prática, estes erros são mais comuns do que se imagina e nem sempre são corrigidos, perpetuando problemas nas instalações.

1.4.8 Tubulações

As tubulações de água fria, em razão de seus pequenos diâmetros, comparados aos diâmetros das tubulações de esgoto, não apresentam maiores problemas de locação, podendo ser embutidas ou aparentes, e, preferencialmente inspecionáveis. Nestes casos, devem ser localizadas em locais apropriados que, em um caso de avaria, possam ser rapidamente percebidas e facilmente reparadas.

Especial atenção deve ser dada ao locais de passagem de tubulações, evitando-se a passagem em locais diferenciados, que possam vir a causar interferências ou serem avariados em futuras manutenções. O ideal é que corram, na parte vertical, em "dentes", junto aos cantos dos sanitários, facilitando a sua execução e futura manutenção. Devem-se localizar a, no mínimo, 0,50 m de qualquer estrutura de fundação. O Capítulo 6 apresenta uma série de comentários relativos à questão.

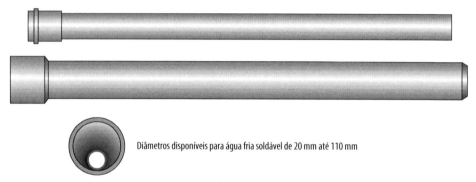

Diâmetros disponíveis para água fria soldável de 20 mm até 110 mm

FIGURA 1.36 Diâmetros disponíveis de 20 mm até 110 mm.

Aconselha-se a utilização de tubulações e conexões e peças de utilização de reconhecida qualidade e em obediências às Normas. Atentar para as bitolas comerciais e para os tipos de conexões disponíveis. Observar o tipo da tubulação e sua adequação à rede em que será instalada. Em instalações prediais de água fria utiliza-se a tubulação exigida pela NBR 5648/99 – Tubo de PVC Rígido para Instalações Prediais de Água Fria, com resistência igual a 75 kPa (75 m.c.a.), mas existem situações (recalques, com grande altura, por exemplo), nos quais é necessário ser observada a pressão máxima admissível, incorporando as eventuais pressões dinâmicas.

1.5 DIMENSIONAMENTO

1.5.1 Consumo

- define-se o tipo e o padrão da edificação, a partir da Tabela de Consumo Predial Diário;
- calcula-se o número de ocupantes em função das características da edificação;
- verifica-se a Tabela de Consumo Predial Diário;
- calcula-se o consumo diário pela fórmula:

$$Cd = Cp \times n$$

em que:

Cd = consumo diário;

Cp = consumo *per capita*;

n   = número de ocupantes;

Exemplos:

a) residência:

- tipo e padrão: residência (padrão luxo);
- características: 2 quartos + 1 edícula;
- critério adotado: 2 ocupantes por quarto e 1 na edícula;
- n = número total de ocupantes: $2 \times 2 + 1 = 5$ ocupantes;
- verificando-se a Tabela: residência padrão luxo = 300 litros/dia;
- Cd = 5 × 300 = 1.500 litros/dia.

b) prédio

- tipo e padrão: residência (padrão médio);
- características: 8 pavimentos/2 apartamentos por pavimento/3 quartos por apartamento;
- critério adotado: 2 ocupantes para 2 quartos e 1 no terceiro quarto;
- n = número de ocupantes : $(2 \times 2 + 1) \times 2 \times 8 = 80$ ocupantes;
- verificando-se a Tabela: apartamento padrão médio = 250 litros/dia;
- Cd = 250 × 80 = 20.000 litros/dia.

CONSUMO PREDIAL DIÁRIO		
Tipo de edificação	Consumo (litros/dia)	
Alojamentos provisórios	80	per capita
Ambulatórios	25	per capita
Apartamento de padrão médio	250	per capita
Apartamentos de padrão luxo	300	per capita
Cavalariças	100	por cavalo
Cinemas e teatros	2	por lugar
Creches	50	per capita
Edifícios públicos ou comerciais	80	per capita
Escolas – externatos	50	per capita
Escolas – internatos	150	per capita
Escolas – semi-internatos	100	per capita
Escritórios	50	per capita
Garagens e postos de serviço	150	por automóvel
Garagens e postos de serviço	200	por caminhão
Hotéis (sem cozinha e sem lavanderia)	120	por hóspede
Hotéis (com cozinha e com lavanderia)	250	por hóspede
Hospitais	250	por leito
Indústrias – uso pessoal	80	por operário
Indústrias – com restaurante	100	por operário
Jardins (rega)	1,5	por m^2
Lavanderias	30	por kg de roupa seca
Matadouros – animais de grande porte	300	por animal abatido
Matadouros – animais de pequeno porte	150	por animal abatido
Mercados	5	por m^2 de área
Oficinas de costura	50	per capita
Orfanatos, asilos, berçários	150	per capita
Postos de serviços para automóveis	150	por veículo
Piscinas – lâmina de água	2,5	cm por dia
Quartéis	150	per capita
Residência popular	150	per capita
Residência de padrão médio	250	per capita
Residência de padrão luxo	300	per capita
Restaurante e similares	25	por refeição
Templos	2	por lugar

Observação: Os valores são apenas indicativos, devendo ser verificada a experiência local com os consumos reais.

1.5.2 Ramal predial

a) premissas:

- admite-se que o abastecimento da rede seja contínuo;

- a vazão é suficiente para suprir o consumo diário por 24 horas (apesar do consumo dos aparelhos variar ao longo deste período).

b) definições e fórmulas

$$Q_{min} = \frac{Cd}{86.400}$$

em que,

Cd = consumo diário (em litros)
$Q_{mín}$ = vazão mínima em L/s
1 hora = 60 minutos
1 minuto = 60 segundos
1 hora = 3.600 segundos
24 horas = 24 × 3.600 = 86.400 segundos

Ex.: Cd = 20.000 litros = 20 m³

$$Q_{mín} = \frac{Cd}{86.400} = \frac{20.000}{86.400} \text{ L/s} = 0,23 \text{ L/s} = 0,000231481 \text{ m}^3/\text{s}$$

$$S = \frac{\Pi D^2}{4} \qquad D_{mín} = \sqrt{\frac{4\, Q_{mín}}{\Pi \cdot V}}$$

- das fórmulas fundamentais da Hidráulica, têm-se:

Q = S · V = vazão
S = seção
V = velocidade

- adota-se velocidade na faixa:

0,60 m/s < V < 1,0 m/s

$$D_{mín} = \sqrt{\frac{4 \cdot 0,000231481}{\Pi \cdot 0,6}} = 0,022 \text{ m} = 22,17 \text{ mm} \therefore D = 25 \text{ mm}$$

NOTAS:

1. adotou-se a hipótese mais desfavorável: baixa velocidade na rede, na qual v = 0,6 m/s. Caso adotado v = 0,7 m/s, teríamos D = 20,52 mm → D = 25 mm;

2. o diâmetro calculado é o diâmetro útil podendo apresentar pequena variação, em função da faixa de velocidade adotada. Deve-se, então, adotar o diâmetro imediatamente superior, ou seja arredonda-se "para cima", ou seja, D = 25 mm;

3. a maioria das concessionárias adota o diâmetro 20 mm (3/4") para residências;

4. por intermédio do ábaco de perda de carga (item a ser visto mais adiante, ainda neste capítulo), também pode ser calculado o diâmetro de alimentação, visto ser conhecida a vazão e fixada a velocidade, podendo-se extrair do ábaco o diâmetro correspondente;

5. algumas concessionárias adotam tabelas, em função do número de usuários, o que, na prática, representa o mesmo critério;

6. deve-se consultar a concessionária para se estabelecer o diâmetro (D) do ramal predial, particularmente no caso de instalações especiais (clubes, escolas, etc.), com maior consumo e calculo diferenciado;

7. O diâmetro calculado é o diâmetro mínimo. A determinação deste diâmetro é importante em razão do tempo de enchimento do reservatório, pois, se mal calculado, pode provocar uma grande demora no enchimento dos reservatórios (seja inferior ou superior); a consequente morosidade na reposição do suprimento de água gasta em horários de pico pode provocar o colapso do sistema. Admite-se que o enchimento de reservatórios domiciliares, de pequenas dimensões, deve ser inferior a 1 hora e para os grandes reservatórios, este tempo pode demorar bem mais, chegando a 5 ou 6 horas.

1.5.3 Hidrômetro

As concessionárias adotam tabelas para adoção do tipo de hidrômetro, em função da vazão prevista, como a mostrada a seguir.

TABELA DE RAMAIS PREDIAIS E HIDRÔMETROS E ABRIGOS				
Ramal predial diâmetro D (mm)	Hidrômetro		Cavalete diâmetro D (mm)	Abrigo dimensões: altura, largura e profundidade (m)
	Consumo provável (m^3/dia)	Vazão característica (m^3/hora)		
20	5	3	20	0,85 × 0,65 × 0,30
25	8	5	25	0,85 × 0,65 × 0,30
25	16	10	32	0,85 × 0,65 × 0,30
25	30	20	40	0,85 × 0,65 × 0,30
50	50	30	50	2,00 × 0,90 × 0,40

1.5.4 Alimentador predial

- O dimensionamento é automático, adotando-se o valor calculado para o ramal predial.

- No caso do sistema de abastecimento direto, o alimentador predial tem também a função de sistema de distribuição, devendo ser calculado como barrilete, cujo cálculo será visto mais à frente.

- No caso de alimentação por poço, a alimentação dependerá apenas da vazão da bomba do poço, a qual deve ser verificada.

1.5.5 Reservatórios

O reservatório é o item central em um sistema predial e o seu correto dimensionamento fundamental para a correta operação e manutenção do sistema predial.

O item 5.2.5.1 da NBR 5626:1998 – Instalações Prediais de Água Fria, estabelece:

"A capacidade dos reservatórios de uma instalação predial de água fria deve ser estabelecida levando-se em consideração o padrão de consumo de água no edifício e, onde for possível obter informações, a frequência e duração de interrupções do abastecimento."

O padrão é estabelecido por tabelas de consumo ou pela concessionária local.

- A reservação total (R_T) deve ser maior que o consumo diário (C_d): $R_T > C_d$.

- Na prática, para edificações convencionais, adota-se uma reservação para um período de um dia (24 horas), admitindo-se uma interrupção no abastecimento por este período.

- O reservatório mínimo previsto pela NBR 5626:1998 – Instalações Prediais de Água Fria, para residências unifamiliares: $R_{mín} = 500$ L.

- A reserva total deve ser menor que o triplo do consumo diário, evitando-se a reservação de grandes volumes: $R_T < 3 C_d$.

- Portanto, $C_d < R_T < 3 C_d$. (recomendação prática)

- Adotando-se a reservação total mínima como: $R_T = 2 \times C_d$.

Caso o abastecimento não seja intermitente, ou seja, ocorra interrupção do abastecimento ou quando a pressão na rede pública atinge valores muito baixos, não havendo pressão suficiente para abastecer o reservatório elevado, deve ser prevista uma reserva maior. Isto ocorre no caso de edificações isoladas, locais com precário abastecimento ou casas de praia em temporada de férias. Deve-se levar em conta este fator de periodicidade e se o abastecimento se der a cada dois dias, por exemplo, o volume a ser reservado deve ser multiplicado por dois.

Para o volume máximo de reservação, recomenda-se que sejam atendidos dois critérios: primeiro, garantia de potabilidade da água nos reservatórios no período de detenção médio em utilização normal e, em segundo, atendimento à disposição legal ou regulamento que estabeleça volume máximo de reservação.

- Distribuição da reservação:
  a) havendo somente um reservatório, este deverá estar em nível superior e, logicamente, conterá toda a reservação necessária;
  b) havendo reservatório inferior e superior: a indicação prática para os casos usuais, recomenda 40% do volume total no reservatório superior e 60% no inferior. Esta indicação visa economia, pois o reservatório superior, de locação mais complexa e onerosa, fica menor, bem como vai se utilizar o sistema de recalque em uma faixa otimizada de funcionamento (número de horas da bomba funcionando). Deve-se ter em mente, sempre, a capacidade de alimentação do reservatório superior pela rede pública ou pela instalação elevatória, as situações de manutenção, itens estes decisivos na garantia da continuidade do sistema.

Reservas adicionais (eventuais):

a) reserva para combate a incêndios – R_{INC} é função das características do prédio e das NBR 13714:2000 – Instalação Hidráulica Contra Incêndio, sob comando e Normas do Corpo de Bombeiros. Por fugir ao escopo deste trabalho, não serão detalhadas as reservas necessárias para cada caso, mas é conveniente lembrar sua extrema importância para a determinação da reservação total (R_T). A sua localização depende do tipo de sistema de combate a incêndio adotado (*sprinklers*, hidrantes etc.), podendo se localizar no reservatório inferior, no superior ou em ambos. Note-se que os volumes destinados a esta finalidade são grandes e não devem ser menosprezados;

b) reserva para o eventual sistema de ar-condicionado: R_{AC} – é função do projeto de ar-condicionado e deve ser verificada junto ao projetista deste sistema.

Exemplo:

Consumo diário: C_d = 10.000 litros

A reservação total mínima

$$R_T = 2 \times C_d = 2 \times 10.000 \text{ litros} = 20.000 \text{ litros}$$

1.5.5.1 Reservatórios superiores

- O reservatório superior: $R_s = 0,4 \; R_T$ – (indicação prática para reservatórios comuns).

- Os reservatórios superiores, alimentados pela instalação elevatória ou diretamente pelo alimentador predial, atuam como reguladores de distribuição, devendo ter capacidade adequada para esta finalidade (alimentação sempre capaz de suportar a vazão fornecida).

- Para seu dimensionamento devem ser consideradas as vazões de projeto:
  a) vazão de dimensionamento da instalação elevatória;
  b) vazão de dimensionamento do barrilete e colunas de distribuição.

Exemplo:

$$R_s = 0,40 \; R_T \; (+ \; R_{INC} + R_{AC})$$
$$R_s = 0,40 \times 20.000 \; (+ \; R_{INC} + R_{AC}) = 8.000 \; (+ \; R_{INC} + R_{AC})$$

1.5.5.2 Reservatórios inferiores

$R_I = R_T - R_s$ ou da recomendação prática, $R_I = 0,60 \; R_T$

Exemplo:

$$R_I = 0,60 \; R_T \; (+ \; R_{INC} + R_{AC})$$

$$R_I = 0,60 \times 20.000 \; (+ \; R_{INC} + R_{AC}) = 12.000 \; (+ \; R_{INC} + R_{AC})$$

1.5.5.3 Tubulação de limpeza: D_{limp}

- a vazão de dimensionamento desta tubulação é função direta do tempo requerido para esvaziamento da câmara ou do reservatório completo, em função do esquema de operação da instalações, sendo que raramente existe necessidade de consideração de tempo de esvaziamento na limpeza. Nos casos usuais, adota-se como diâmetro mínimo 32 mm, o qual atende às necessidades. Observe-se que diâmetros menores devem ser evitados, pois o lodo acumulado no fundo pode eventualmente entupir a tubulação;
- adota-se D_{limp} para que o mesmo se esvazie com facilidade em função do tempo requerido para a mesma;
- usualmente para pequenos reservatórios : D_{limp} = 32 mm.

1.5.5.4 Tubulação do extravasor: D_{ext}

- o diâmetro do extravasor, a rigor, deve ser calculado em função da vazão de alimentação e das perdas de carga no trecho de deságue, mas isto somente se efetua para grandes reservatórios. Normalmente, adota-se um diâmetro comercial superior ao diâmetro do alimentador predial. No caso do reservatório superior, após o cálculo da tubulação de recalque, o que será visto mais adiante, adota-se, da mesma maneira, um diâmetro comercial superior para o extravasor;
- a tubulação do aviso, dada a sua finalidade, não necessita ter o mesmo diâmetro do extravasor, podendo ter um diâmetro menor, mas nunca inferior a 20 mm;
- reservatório inferior $D_{ext} > D_{alim}$ e reservatório superior $D_{ext} > D_{rec}$, usualmente, utiliza-se um diâmetro comercial imediatamente superior.

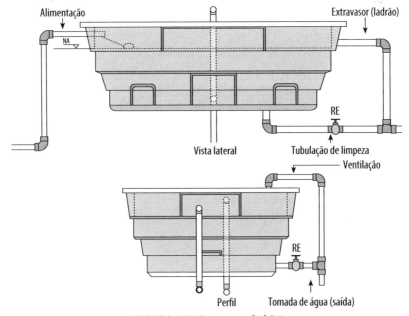

FIGURA 1.37 Extravasor (ladrão).

1.5.6 Tubulações

1.5.6.1 Generalidades

As tubulações da rede de água fria trabalham como condutos forçados, razão pela qual é necessário dimensionar e caracterizar os quatro parâmetros hidráulicos, a saber:

> vazão (Q);
> velocidade (v);
> perda de carga (h); e a
> pressão (p).

Para a determinação destas variáveis, conta-se com as fórmulas básicas da hidráulica, materializadas em ábacos convenientes para facilitar os cálculos.

A vazão (Q) é um dado estabelecido, *a priori*, em função dos consumos dos diversos pontos de utilização e a outra variável adotada é a velocidade, fixada no valor máximo de 3,0 m/s, visando minorar os ruídos nas tubulações e sobrepressões (golpes de aríete).

A partir destes dois dados, por intermédio dos ábacos, obtêm-se os outros dois dados, a perda de carga (h) e o respectivo diâmetro (D) mais adequados, ambos necessários para a complementação do projeto.

De posse destes dados, verifica-se a pressão mínima nos diversos pontos de utilização e nas peças, bem como a pressão máxima nas referidas peças e na própria tubulação. No caso de instalações elevatórias, além dos parâmetros anteriores incorpora-se um fator econômico e outro operacional, o que pode ser visto no dimensionamento específico no Capítulo 5.

Toda a instalação de água fria deve ser calculada trecho a trecho, visando economia e racionalização e de acordo com as unidades de medida e com a Tabela Parâmetros Hidráulicos de Escoamento da NBR 5626/98.

Para um dimensionamento mais adequado e facilitar eventuais alterações, recomenda-se a utilização de uma Planilha de Cálculo, como será visto no Cálculo das Pressões.

PARÂMETROS HIDRÁULICOS DO ESCOAMENTO		
Parâmetro	Unidades	Símbolo
Vazão	Litros por segundo	L/s
	Metros cúbicos por hora	m^3/h
Velocidade	Metros por segundo	m/s
Perda de carga unitária	Metro de coluna d'água por metro	mca/m
Perda de carga total	Metro de coluna d'água	mca
	Quilopascal	kPa
Pressão	Quilopascal	kPa

Observação: 1 kgf/cm² = 10 m.c.a. = 100 kPa = 0,1 MPa.

1.5.6.2 Pressões

As definições básicas de pressão, pressão estática (sem escoamento) e pressão dinâmica (com escoamento) podem ser vistas no Anexo 2 – Esclarecendo Questões de Hidráulica.

A rede de distribuição de água fria deve ter em qualquer dos seus pontos (NBR 5626/1998):

> Pressão estática máxima: 400 kPa (40 m.c.a.);
> Pressão dinâmica mínima: 5 kPa (0,5 m.c.a.).

O valor mínimo de 5 kPa (0,5 m.c.a.) da pressão dinâmica tem por objetivo fazer que o ponto crítico da rede de distribuição (via de regra o ponto de ligação do barrilete com a coluna) tenha sempre uma pressão positiva. Quanto à pressão estática, a mesma não pode ser superior a 400 kPa (40 m.c.a.) em nenhum ponto da rede. Esta precaução é tomada visando limitar a pressão e a velocidade da água em função de: ruído, golpe de aríete, manutenção e limite de pressão nas tubulações e nos aparelhos de consumo. Desta maneira, não se deve ter mais de 13 pavimentos de pé-direito convencional (com altura de cerca de 3,00 m, ou seja, $13 \times 3 = 39,00$ m, $\sim = 40,00$ m.), abastecidos diretamente pelo reservatório inferior, sem a devida proteção do sistema. Ver a Seção 1.2.5. Portanto, a diferença de nível entre o fundo do reservatório inferior e o ponto mais baixo da tubulação deve ser no máximo 40 m.

A NBR 5626/98 determina pressão mínima de 5 kPa (0,5 mH$_2$O) (0,5 m.c.a.) em qualquer ponto da rede.

Eventuais sobrepressões devidas, por exemplo, ao fechamento de válvula de descarga, podem ser admitidas desde que não superem 200 kPa (20 m.c.a.).

Por conseguinte, admitindo-se uma situação-limite, com pressão estática máxima de 400 kPa (40 m.c.a.), havendo a sobrepressão de fechamento de válvula de descarga, também em seu limite máximo, 200 kPa (20 m.c.a.), teremos um total máximo de 600 kPa (60 m.c.a.), inferior ao valor máximo da pressão para tubulações prediais de água fria exigido pela NBR 5626:1998 – Instalações prediais de água fria – Procedimentos e pela NBR 5648:2010 – Tubos e conexões de PVC-U com junta soldável para sistemas prediais de água fria – Requisitos.

> NOTA:
>
> Este conceito de pressão máxima é de suma importância para o correto dimensionamento das tubulações. Note que a utilização de tubulações fora de norma e/ou a utilização de fornecedores desconhecidos coloca em risco a sua instalação. Observe, também, que o conceito de pressão máxima independe do tipo de tubulação a ser empregado. A utilização de tubos galvanizados ou de cobre, sob a premissa de serem "mais fortes" e, portanto, "resistentes a maiores pressões", não tem sentido prático, pois todas as tubulações, independentemente do seu material, devem obedecer ao mesmo limite máximo de pressão.

A grande preocupação dos projetistas é com a correta pressão nos diversos pontos da instalação, quer nos pontos de utilização, quer nos pontos críticos do sistema, como um todo. Se a pressão for elevada, pode se instalar uma válvula redutora de pressão e se for baixa, existe a possibilidade de instalação de um pressurizador. Este aparelho deve ser instalado com certos cuidados, consultando-se o catálogo dos fabricantes e não fazem milagres, sendo que um bom projeto deve prescindir deles. Cuidados adicionais devem ser tomados com o ruído e vibração produzidos pelo mesmo, principalmente quando instalados próximo a sanitários contíguos a dormitórios ou locais que exigem silêncio.

As pressões dinâmicas dos pontos de utilização podem ser vistas em Tabela, no item cálculo das pressões.

As pressões limites (mínimas e máximas), devem ser verificadas nos pontos mais desfavoráveis, como será visto no cálculo das pressões.

Golpe de aríete

Ao se desligar rapidamente um aparelho, como os de fechamento automático, principalmente uma válvula de descarga, ouve-se um ruído bem característico, originário da variação brusca da pressão. É o que se denomina golpe de aríete, o qual causa sobre e sub pressões na rede, com possíveis danos à mesma. A válvula de descarga é o aparelho que provoca a maior sobre pressão no sistema. O projetista deve prever meios de atenuar este efeito e até mesmo eliminá-lo, projetando-se a instalação com dispositivos adequados. A utilização de caixa de descarga no lugar de válvula de descarga reduz o problema.

Nos sistemas elevatórios, quando o bombeamento para, a água que está subindo, em razão do impulso da bomba, perde este impulso e chega até um certo nível da tubulação de recalque. A partir daí, ela retorna e nesta volta sofre um impacto com as peças do sistema, inclusive um impacto com a bomba que está ainda parando de girar. Ocorre por centésimos de segundos um aumento de pressão. Este aumento de pressão chama-se golpe de aríete.

Isto acontece, principalmente, nas válvulas de descarga das instalações prediais e é caracterizado por um ruído característico, muito audível, principalmente à noite, quando o silêncio no ambiente é maior. Podem ocorrer, também, em quedas de pressão, quando o bombeamento para e trechos de tubulação podem ficar com pressões negativas.

Para se minimizar o golpe de aríete:

- usar válvulas de descarga com dispositivo antigolpe de aríete, nas quais o golpe de aríete é muito minimizado;

- em instalações elevatórias, usar válvula de retenção na tubulação de recalque para ajudar a amortecer o golpe de aríete, pois a válvula absorve boa parte da energia que é por ele liberado.

NOTA: considerar sempre a possibilidade de uso de caixa de descarga (exposta ou embutida), aparelhos estes que proporcionam reduzido golpe de aríete.

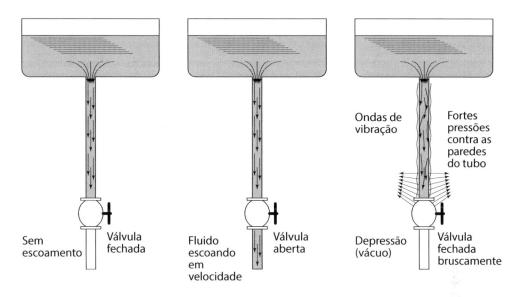

1.5.6.3 Velocidades

Não há, nos critérios de projeto, fixação de velocidades mínimas, mas a velocidade máxima em uma tubulação não deve exceder a fórmula abaixo e nem a 3,0 m/s (NBR 5626:1998). Esta velocidade máxima tem por finalidade limitar o ruído nas tubulações, especialmente nos locais em que o ruído possa perturbar as atividades do imóvel ou o repouso dos usuários, como no caso de hospitais, hotéis, residências e prédios de apartamento.

Paralelamente a isto, há o problema do golpe de aríete, que também é minorado pela limitação da velocidade.

$$V = 14\sqrt{D}$$

em que,
  V = velocidade em m/s;
  D = diâmetro nominal, em m.

VELOCIDADES E VAZÕES MÁXIMAS		
Diâmetro DN (mm)	Velocidade máxima (m/s)	Vazão máxima (L/s)
20	1,98	0,62
25	2,21	1,08
32	2,50	2,01
40	2,80	3,51
50	3,00	5,89
60	3,00	8,48
75	3,00	13,25
85	3,00	17,02
110	3,00	28,51

1.5.6.4 Vazões

A vazão em toda a rede de água fria deve ser tal que atenda às condições mínimas estabelecidas no projeto, evitando que o uso simultâneo de peças de utilização possa acarretar desconforto para o usuário.

A determinação de uma vazão mínima de projeto somente é exigida para um bom funcionamento das peças de utilização e, consequentemente, para os sub-ramais, como se pode ver em Tabela junto ao respectivo cálculo.

1.5.6.5 Diâmetros

Os diâmetros utilizados são os comerciais, não se recomendando a diminuição do diâmetro (redução) no sentido inverso ao seu fluxo, ou, o que é o mesmo, uma ampliação no sentido de seu fluxo. Os sub-ramais devem atender a diâmetros mínimos, indicados na Tabela, a seguir:

DIÂMETROS USUAIS	
Aparelho	Diâmetro (mm)
Aquecedor	20
Bacia sanitária	15
Bacia sanitária com válvula de descarga	40
Bebedouro	15
Chuveiro	15
Lavatório	15
Máquina de lavar roupa	20
Máquina de lavar prato	20
Pia de cozinha	15
Tanque de lavar roupa	20

1.5.6.6 Perdas de carga

Como se pode verificar no Anexo A2 – Esclarecendo questões de Hidráulica – a água, ao se deslocar pela tubulação, perde energia ao longo de seu percurso. Isto denomina-se perda de carga, as quais podem ser subdivididas em duas partes:

a) Perdas distribuídas: perda de carga ao longo da tubulação por atrito da água com a mesma. Estas perdas são obtidas por intermédio de ábacos, todos eles provenientes de experiência de laboratório, os quais podem ser utilizados nos cálculos da perda de carga. Neste trabalho utilizaremos o ábaco de Flamant, com sua respectiva fórmula, visto ser o mais apropriado para tubulações em PVC.

b) Perdas localizadas: perdas pontuais, ocorridas nas conexões, registros etc., pela elevação da turbulência nestes locais. Existe a Tabela de Perda de Carga Localizada, da NBR 5626/98, que fornece as perdas localizadas, diretamente em "comprimento equivalente de canalização". A simples observação destas Tabelas de Perda de Carga Localizadas, permite visualizar perfeitamente o conceito de perda localizada.

O somatório das duas parcelas de perda de carga fornece a perda de carga total no trecho considerado.

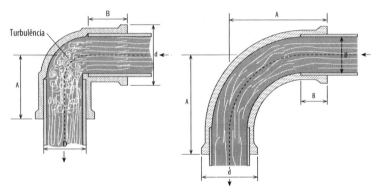

FIGURA 1.38 Turbulências em conexões, em função da qualidade da conexão.

Exemplo:

Seja a tubulação em PVC com 11 metros de comprimento conforme desenho e com os seguintes parâmetros:

Q = 0,95 L/s
D = 40 mm
RG = registro de gaveta
Joelho de 90°

Perdas de carga distribuídas:
Q = 0,95 L/s → pelo ábaco de Flamant →
J = 50 m/1.000 m e V = 1,2 m/s
D = 40 mm

Seja $L_{trecho\ A-B}$ o comprimento total →
$L_{trecho\ A-B}$ = 5 + 6 = 11 m.
J_{real} = J × L = 0,05 × 11,0 = 0,55 m.c.a.

FIGURA 1.39 Exemplo.

Perdas de carga localizadas: da Tabela de Comprimentos Equivalentes (L_{eq})

joelho 90°: 40 mm = 2,0 m
registro de gaveta: 40 mm = 0,4 m
perda total = 2,4 m

$J_{localizada}$ = J × L_{eq} = 0,05 × 2,4 = 0,12 m.c.a.

J_{total} = $J_{trecho\ A-B}$ + $J_{localizada}$ = 0,55 + 0,12 = 0,67 m.c.a.

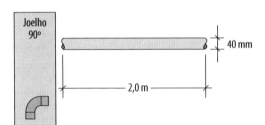

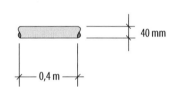

FIGURA 1.40 Joelho de 90°, equivalente a 2,0 m de tubulação (40 mm).

FIGURA 1.41 Registro de gaveta aberto equivalente a 0,4 m de tubulação (40 mm).

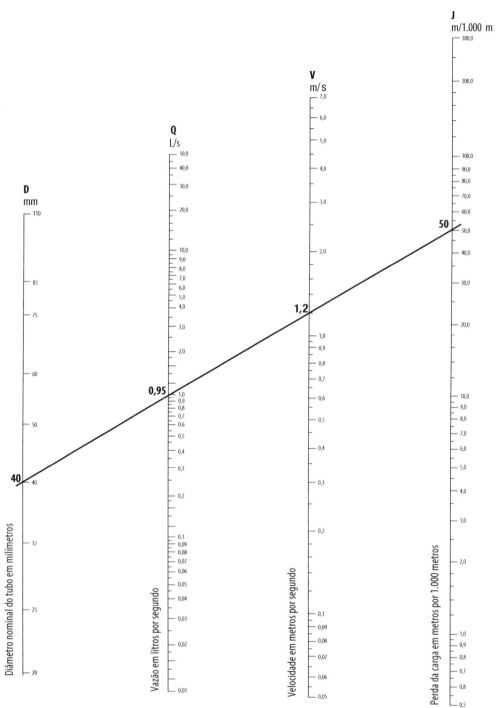

FIGURA 1.42 Ábaco de Flamant. Cálculo de perda de carga em escoamento sob pressão para tubos plásticos.

NOTA

A coluna de perdas de carga (J) está em m/1.000 e os cálculos são efetuados em m/m.

COMPRIMENTOS EQUIVALENTES EM METROS DE CANALIZAÇÃO DE PVC RÍGIDO

	Diâmetros								
DN mm	15	20	25	32	40	50	65	80	100
Ref. pol.	1/2	3/4	1	1 1/4	1 1/2	2	2 1/2	3	4
Joelho 90°	1,1	1,2	1,5	2,0	3,2	3,4	3,7	3,9	4,3
Joelho 45°	0,4	0,5	0,7	1,0	1,0	1,3	1,7	1,8	1,9
Curva 90°	0,4	0,5	0,6	0,7	1,2	1,3	1,4	1,5	1,6
Curva 45°	0,2	0,3	0,4	0,5	0,6	0,7	0,8	0,9	1,0
TE 90° passagem direta	0,7	0,8	0,9	1,5	2,2	2,3	2,4	2,5	2,6
TE 90° saída de lado	2,3	2,4	3,1	4,6	7,3	7,6	7,8	8,0	8,3
TE 90° saída bilateral	2,3	2,4	3,1	4,6	7,3	7,6	7,8	8,0	8,3
Entrada normal	0,3	0,4	0,5	0,6	1,0	1,5	1,6	2,0	2,2
Entrada de borda	0,9	1,0	1,2	1,8	2,3	2,8	3,3	3,7	4,0
Saída de canalização	0,8	0,9	1,3	1,4	3,2	3,3	3,5	3,7	3,9
Válvula de pé e crivo	8,1	9,5	13,3	15,5	18,3	23,7	25,0	26,8	28.6
Válvula retenção tipo leve	2,5	2,7	3,8	4,9	6,8	7,1	8,2	9,3	10,4
Válvula retenção pesado	3,6	4,1	5,8	7,4	9,1	10,8	12,5	14,2	16,0
Registro globo aberto	11,1	11,4	15,0	22,0	35,8	37,9	38,0	40,0	42,3
Registro gaveta aberto	0,1	0,2	0,3	0,4	0,7	0,8	0,9	0,9	1,0
Registro ângulo aberto	5,9	6,1	8,4	10,5	17,0	18,5	19,0	20,0	22,1

70   Instalações Hidráulicas Prediais

NOTAS:

1   Alerta-se para a eventual utilização de outros ábacos, os quais devem ser previamente analisados quanto ao tipo de material a que se destinam, à faixa de diâmetros indicados, ao tipo de diâmetro obtido (nominal ou útil), bem como a possíveis correções (fator de utilização), em função do tipo e idade do material, para se precaver de distorções nos valores encontrados.

2   Pelo ábaco, pode-se observar que a perda distribuída diminui, mantendo-se a vazão Q e aumentando-se o diâmetro D, o que também pode se notar pelas fórmulas que originaram os ábacos.

3   As conexões de ângulo menor têm perda menor do que as de ângulo mais pronunciado. Por exemplo, para D = 25 mm, o joelho de 45° tem perda de 0,5 m, perda esta que se eleva para 1,2 m, no joelho de 90°.

1.5.7 Sub-ramal

Cada peça de utilização (torneira, válvula etc.) tem o seu sub-ramal com um diâmetro mínimo, predeterminado em função de ensaios laboratoriais (conforme Tabela de Diâmetros Mínimos) ou, em casos especiais de equipamentos de laboratórios, indústrias, lavanderias, hospitais etc., fornecidos pelos fabricantes.

Cada peça necessita de uma pressão mínima de serviço para funcionar, bem como, somente pode suportar pressões dinâmicas e estáticas até o limite definido nas Tabelas constantes no cálculo de pressões.

DIÂMETROS MÍNIMOS DOS SUB-RAMAIS		
Peças de utilização	Diâmetro	
	DN (mm)	ref. (pol.)
Aquecedor de alta pressão	20	1/2
Aquecedor de baixa pressão	25	3/4
Banheira	20	1/2
Bebedouro	20	1/2
Bidê	20	1/2
Caixa de descarga	20	1/2
Chuveiro	20	1/2
Filtro de pressão	20	1/2
Lavatório	20	1/2
Máquina de lavar pratos ou roupas	25	3/4
Mictório autoaspirante	32	1
Mictório não aspirante	20	1/2
Pia de cozinha	20	1/2
Tanque de despejo ou de lavar roupas	25	3/4
Válvula de descarga	40*	1 1/4

* Quando a pressão estática de alimentação for inferior a 30 kPa (3 mca), recomenda-se instalar a válvula de descarga em sub-ramal com diâmetro nominal de 50 mm (1 1/2").

1.5.8 Ramal

Recomendações:

- inicialmente, desenvolver os ramais visando atender aos pontos de utilização;
- o dimensionamento dos ramais, por razões econômicas, deve ser feito trecho a trecho.

  NOTAS:

  - O posicionamento do registro de gaveta deve ser a montante do primeiro sub-ramal, de modo a isolar todo o ramal quando de manutenções.

  - Em caso de aparelhos passíveis de sofrer retrossifonagem (refluxo ou pressão negativa), a tomada de água do sub-ramal deve ser feita em um ponto da coluna a 0,40 m, no mínimo acima da borda de transbordamento deste aparelho.

  - É necessário definir ramais específicos para cada pavimento, mesmo em sobrados, evitando-se ligar pavimentos diferentes, para não ocorrerem problemas de transposição de elementos estruturais.

  - Evitar ramais longos, os quais causam problemas de transposição de elementos estruturais (pilares, vigas etc.) e esquadrias, devendo-se adotar colunas adicionais.

  - Não ligar válvulas de descarga no mesmo ramal que abastece outras peças de utilização, para evitar eventuais interferências quando da utilização simultânea, já que a vazão da válvula é bem maior que a dos demais aparelhos. No caso de haver válvula e chuveiro no mesmo ramal, bem como existir sistema de água quente, pode ocorrer, quando do acionamento da válvula, uma diminuição da vazão de água fria e um desbalanceamento do sistema, saindo mais água quente que fria, por alguns instantes, causando desconforto aos usuários.

  - As modernas válvulas de descarga já possuem registro próprio, em seu corpo, para sua regulagem e manutenção, eliminando o registro na linha (sub-ramal).

O dimensionamento pode ser efetuado a partir de duas hipóteses:

1.ª) consumo simultâneo (consumo máximo possível)

Ocorre em locais em que a utilização de peças é simultânea, em razão de horários específicos como, por exemplo, nos quartéis, escolas, estabelecimentos industriais, os quais, no momento de sua maior utilização, têm todos os pontos funcionando ao mesmo tempo, particularmente os lavatórios e chuveiros. Também nesta situação se encontram os sanitários de postos de gasolina ao longo de rodovias, local de parada de ônibus, que, nos horários de pico, têm uma total ou quase total simultaneidade de uso.

Dimensionamento:

- utiliza-se como referência a tubulação de 20 mm (½"), a partir da qual todos os demais diâmetros são referidos, apresentando-se com seções equivalentes;
- adota-se os diâmetros mínimos dos sub-ramais a partir da Tabela de Diâmetros Mínimos dos Sub-ramais;
- somam-se as seções equivalentes ao longo dos trechos considerados, obtendo-se as seções equivalentes de cada trecho, usando-se a Tabela de Seções Equivalentes;

- determinam-se os diâmetros dos sub-ramais a partir da Tabela de Seções Equivalentes.

SEÇÕES EQUIVALENTES		
Diâmetros em polegadas	Diâmetros DN (mm)	Número de tubos de 20 mm, com a mesma capacidade
1/2	20	1
3/4	25	2,9
1	32	6,2
1 1/4	40	10,9
1 1/2	50	17,4
2	60	37,8
2 1/2	75	65,5
3	85	110,5
4	110	189

Exemplo:

Seja o sanitário a seguir, com quatro chuveiros e seis lavatórios.

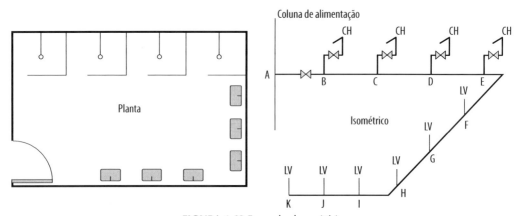

FIGURA 1.43 Exemplo de sanitário.

1. Desenha-se o isométrico, denomina-se cada um de seus trechos, um para cada aparelho ou peça de utilização, por exemplo por letras;
2. Elabora-se uma Tabela de Cálculo com os trechos na primeira coluna, iniciando-se a partir dos trechos mais distantes do ponto de alimentação (coluna de alimentação). Usando-se a Tabela de Diâmetros Mínimos dos Sub-ramais, determina-se o diâmetro mínimo de cada sub-ramal, no caso 20 mm para os chuveiros e, também, 20 mm para os lavatórios. A seguir, na segunda coluna, usando-se a Tabela Seções

Equivalentes, anota-se a seção equivalente de cada trecho. No caso de lavatórios e chuveiros com DN 20, a seção equivalente é 1. Somam-se as seções equivalentes, ou seja, o número de tubos de 20 mm equivalentes, determinando-se as seções acumuladas para cada trecho, na terceira coluna. Por fim, determinam-se os diâmetros para cada trecho, na quarta coluna, com base na Tabela de Seções Equivalentes.

CÁLCULO DE SEÇÕES EQUIVALENTES			
Trecho	Seção equivalente	Seção acumulada	Diâmetro DN (mm)
K — J	1	1	20
J — I	1	2	25
I — H	1	3	32
H — G	1	4	32
G — F	1	5	32
F — E	1	6	32
E — D	1	7	40
D — C	1	8	40
C — B	1	9	40
B — A	1	10	40

2.ª) consumo simultâneo provável (consumo máximo provável)

O funcionamento simultâneo de peças, salvo nos casos da primeira hipótese é pouco provável. Note-se que em um sanitário convencional, de residência, por exemplo, com vários pontos de água, pode, eventualmente, ocorrer a utilização da válvula de descarga com o lavatório (ou o chuveiro) também em uso, mas todos, simultaneamente, não é provável que venha a ocorrer. O método a seguir utilizado é o preconizado pela NBR 5626/98 e baseado no cálculo de probabilidades, bem como na análise prática de instalações sanitárias com funcionamento satisfatório. Convencionou-se adotar "pesos" para as diversas peças de utilização, fornecidos pela Tabela de Pesos das Peças de Utilização. As vazões também podem ser obtidas a partir da fórmula a seguir apresentada:

$$Q = C x \sqrt{\Sigma P}$$

em que,

Q = vazão, em L/s;
C = coeficiente de descarga = 0,30 L/s;
P = soma dos pesos das peças do trecho analisado.

Observação: O coeficiente de descarga C = 0,30 é utilizado em L/s para se ter a vazão nesta unidade.

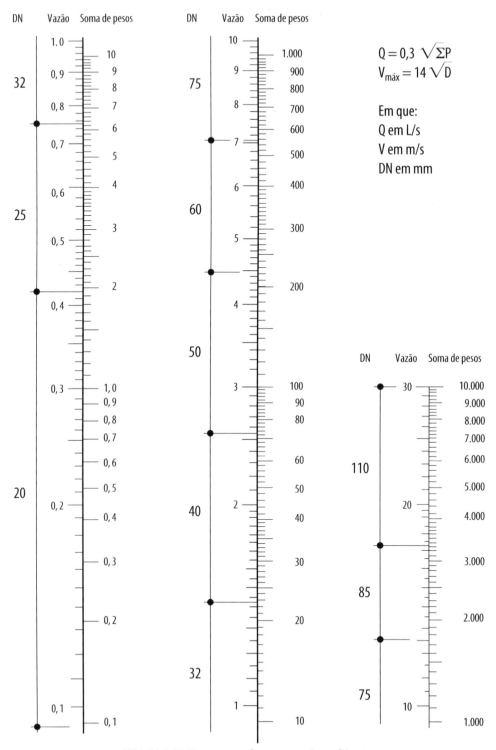

FIGURA 1.44 Nomograma de pesos, vazões e diâmetros.

1 – O Sistema Predial de Água Fria

Dimensionamento:

- obtêm-se os "pesos" na Tabela de Pesos das Peças de Utilização;
- somam-se os "pesos" das diversas peças e obtêm-se os "pesos" dos trechos correspondentes;
- utiliza-se o Nomograma de Pesos, Vazões e Diâmetros, apresentado a seguir, o qual mostra a correlação entre os pesos e as vazões prováveis, de modo gráfico, bem como os diâmetros correspondentes, facilitando e agilizando as suas determinações, obtendo-se facilmente os diâmetros e vazões. Observe-se que este nomograma já levou em consideração a velocidade máxima admitida pela Norma.

NOTAS:

1. A eventual utilização de outro método deve ser convenientemente justificada no Memorial de Cálculo.
2. No caso de instalações diferenciadas, com demandas especiais, estas devem ser convenientemente analisadas, de modo a serem caracterizadas com maior precisão.
3. Ressalte-se que apenas os pesos, e somente estes, são somados, nunca as vazões. A vazão correspondente é obtida somente após a determinação do peso do trecho.

Seja o sanitário a seguir, já desenhado com seu isométrico. Divide-se em trechos e diminui-se cada um de seus trechos, um para cada aparelho ou peça de utilização, por exemplo, por letras.

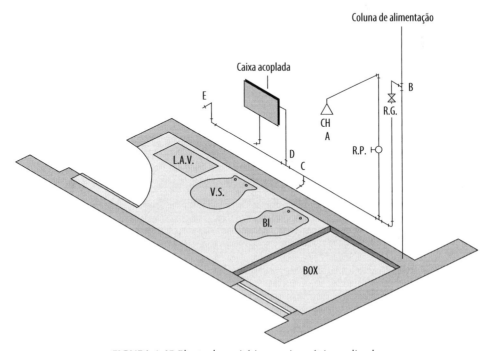

FIGURA 1.45 Planta de sanitário com isométrico aplicado.

76   Instalações Hidráulicas Prediais

1   Elabora-se tabela com os respectivos trechos (coluna 1), partindo do trecho mais distante da coluna de alimentação, e pesos (coluna 2), usando-se a Tabela de Pesos das Peças de Utilização. O trecho ED, com lavatório tem peso 0,3; o trecho DC com caixa acoplada, tem peso 0,3; o trecho CB, com bidê, tem peso 0,1 e o trecho BA, com chuveiro, tem peso 0,4.

2   Somam-se estes pesos, obtendo-se os pesos acumulados, na coluna 3. A partir desta soma, utilizando-se o Nomograma de Pesos, Vazões e Diâmetros, o qual apresenta os diâmetros em função dos pesos, obtém-se os diâmetros, trecho a trecho.

Trecho	Pesos	Peso acumulado	Diâmetro DN (mm)
E — D	0,3	0,3	20
D — C	0,3	0,6	20
C — B	0,1	0,7	20
B — A	0,4	1,1	20

PESOS DAS PEÇAS DE UTILIZAÇÃO			
Aparelho sanitário		Peça de utilização	Vazão de projeto L/s	Peso relativo
Bacia sanitária		Caixa de descarga	0,15	0,3
		Válvula de descarga	1,70	32
Banheira		Misturador (água fria)	0,30	1,0
Bebedouro		Registro de pressão	0,10	0,1
Bidê		Misturador (água fria)	0,10	0,1
Chuveiro ou ducha		Misturador (água fria)	0,20	0,4
Chuveiro elétrico		Registro de pressão	0,10	0,1
Lavadora de pratos ou de roupas		Registro de pressão	0,30	1,0
Lavatório		Torneira ou misturador (água fria)	0,15	0,3
Mictório	com sifão integrado	Válvula de descarga	0,50	2,8
	sem sifão integrado	Caixa de descarga, registro de pressão ou válvula de descarga para mictório	0,15	0,3
Mictório tipo calha		Caixa de descarga ou registro de pressão	0,15[*]	0,3
Pia		Torneira ou misturador (água fria)	0,25	0,7
		Torneira elétrica	0,10	0,1
Tanque		Torneira	0,25	0,7
Torneira de jardim ou lavagem em geral		Torneira	0,20	0,4

(*) Por metro de calha.

1 – O Sistema Predial de Água Fria   77

Apenas a título de comparação com o método do consumo simultâneo, caso se calculasse o mesmo sanitário exemplificado anteriormente (6 lavatórios e 4 chuveiros), utilizando-se o método do consumo provável, teríamos a tabela a seguir, logicamente com diâmetros inferiores, pois se considerou a probabilidade de uso, com vazões inferiores.

MÉTODO DO CONSUMO PROVÁVEL		
Trecho	Pesos	Diâmetro DN (mm)
K — J	0,3	20
J — I	0,6	20
I — H	0,9	20
H — G	1,2	25
G — F	1,5	25
F — E	1,8	25
E — D	2,2	25
D — C	2,6	25
C — B	3,0	25
B — A	3,4	25

1.5.9 Coluna

• o dimensionamento é efetuado da mesma maneira como para os ramais, trecho a trecho, pelo somatório de pesos;

• desenha-se esquematicamente a coluna, colocando-se as cotas e os ramais que derivam da mesma;

• efetua-se a sequência de cálculo dos pesos, vazões e determina-se o diâmetro.

NOTAS:
1 Cada coluna deverá conter um registro de gaveta posicionado a montante do primeiro ramal.
2 Usar coluna específica para válvulas de descarga, tanto por segurança contra refluxo como para evitar interferências com os demais pontos de utilização. Em particular, quando se utilizar aquecedor de água, jamais ligá-lo a ramal servido por coluna que também atenda a ramal com válvula de descarga, pois o golpe de aríete fatalmente acabará por danificar o aquecedor.
3 Ventilação:
   a) a coluna que abastece aparelhos passíveis de retrossifonagem (pressão negativa ou refluxo), como as válvulas de descarga, deve ter ventilação própria;
   b) a coluna de ventilação terá diâmetro igual ou superior ao da coluna de distribuição da qual deriva;
   c) deve ter sua extremidade livre acima do nível máximo admissível do reservatório superior;
   d) a localização da ligação da tubulação de ventilação com a coluna de distribuição será sempre a jusante do registro da coluna. Desta forma, está garantida a continuidade da ventilação, desde o ramal de alimentação dos pontos de utilização.

Exemplo:

Seja a coluna 1 que alimenta o sanitário visto no exemplo anterior:

1. Esta coluna abastece andares tipo, com somatório de pesos igual a 1,1, cada um, obtidos da Tabela de Pesos das Peças de Utilização, como visto anteriormente;

2. Elabora-se Tabela como a apresentada a seguir e se efetua o somatório de pesos, por pavimento, de baixo para cima, obtendo-se os pesos acumulados em cada trecho, correspondente a cada pavimento;

3. Pelo Nomograma de Pesos, Vazões e Diâmetros, já visto anteriormente, determinam-se os diâmetros para cada trecho da coluna, como na tabela, na coluna 3. Também se pode determinar a vazão em cada trecho, em função de cada peso, no mesmo Nomograma (coluna 2).

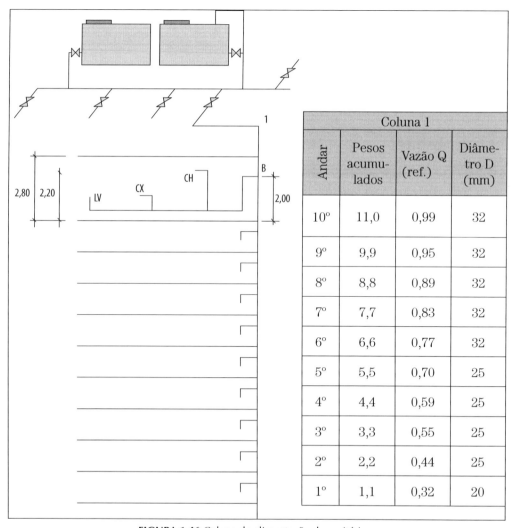

FIGURA 1.46 Coluna de alimentação de sanitários.

1.5.10 Barrilete

Recomendações:

- em princípio, deve-se adotar um dos tipos, ramificado ou simplificado, em função das características do local;
- desenvolver o barrilete em função do posicionamento das colunas;
- o barrilete deve ser calculado com base nas mesmas premissas utilizadas para as colunas;
- somar os pesos das colunas e calcular o diâmetro do barrilete, trecho a trecho, uniformizando (arredondando) estes diâmetros, para cima, de modo a facilitar a sua execução;
- considera-se que cada uma das câmaras abasteça metade do consumo. No caso de manutenção, com apenas uma delas funcionando, o barrilete não apresentará as condições de funcionamento previstas e dimensionadas, ocorrendo um aumento da vazão e da velocidade no trecho inicial do barrilete. Isto não é muito significativo nos casos usuais, de pequeno porte, mas em casos de instalações especiais, pode ser significativo;
- é preferível adotar a hipótese mais desfavorável, ou seja, um dos reservatórios em manutenção ou limpeza (registro fechado) e o outro abastecendo todas as colunas.

> NOTAS:
> 1. O tipo ramificado é mais econômico e possibilita uma menor quantidade de tubulações junto ao reservatório.
> 2. O tipo concentrado permite que os registros de operação se localizem em uma área restrita, embora de maiores dimensões, facilitando a segurança e controle do sistema, possibilitando a criação de um local fechado.
> 3. Definir o posicionamento dos registros (observar desenhos), de modo a permitir total flexibilidade de utilização dos reservatórios.
> 4. Em residências, com pouco espaço junto ao reservatório, é mais conveniente o tipo concentrado.
> 5. O cálculo deverá ser, posteriormente, verificado em função da pressão mínima para os diversos aparelhos, podendo haver necessidade de se alterar o diâmetro de trecho(s) do barrilete para se atender à referida pressão mínima.

Exemplo:

Seja o barrilete esquematizado:

1. Divide-se o mesmo em trechos em função das ramificações e elabora-se uma tabela auxiliar.
2. Admite-se o cálculo anterior de cada coluna, e lançam-se valores dos pesos totais na coluna 2.
3. Calcula-se o somatório de pesos para cada trecho do barrilete.
4. Entra-se no Nomograma de Pesos, Vazões e Diâmetros e obtém-se o respectivo diâmetros, trecho a trecho (colunas 3 e 4).
5. Os trechos finais do barrilete, junto ao reservatório devem ser considerados na pior hipótese, ou seja, uma das câmaras não funcionando e a outra abastecendo todo o sistema.

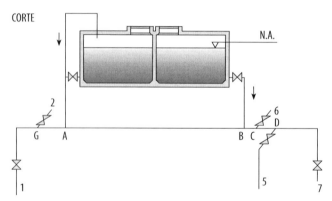

FIGURA 1.47 Barrilete.

TABELA AUXILIAR			
Colunas	Pesos	Vazão Q (L/s)	Diâmetro DN (mm)
Coluna AF 1	18	1,27	32
Coluna AF 2	22	1,41	40
Coluna AF 5	14	1,12	32
Coluna AF 6	14	1,12	32
Coluna AF 7	14	1,20	32
Total	84		

Trechos	Pesos	Vazão Q (L/s)	Diâmetro DN (mm)
G — A	40	1,9	40
D — C	30	1,7	40
C — B	44	2,0	40
A — RES	40	1,9	40
B — RES	44	2,0	40

Situação mais desfavorável			
Trechos	Pesos	Vazão Q (L/s)	Diâmetro DN (mm)
A — RES	84	2,8	50
B — RES	84	2,8	50
A — B	84	2,8	50

1 – O Sistema Predial de Água Fria   81

PRESSÕES DINÂMICAS E ESTÁTICAS NOS PONTOS DE UTILIZAÇÃO				
	Pressão dinâmica		Pressão estática	
Peças de utilização	Mín. (m.c.a.)	Máx. (m.c.a.)	Mín. (m.c.a.)	Máx. (m.c.a.)
Aquecedor de alta pressão	0,5	40	1	40
Aquecedor de baixa pressão	0,5	4	1	5
Bebedouro	2,0	30	–	–
Chuveiro de DN 20 mm	2,0	40	–	–
Chuveiro de DN 25 mm	1,0	40	–	–
Torneira	0,5	40	–	–
Torneira de boia para caixa de descarga de DN 20 mm	1,5	40	–	–
Torneira de boia para caixa de descarga de DN 25 mm	0,5	40	–	–
Torneira de boia para reservatórios	0,5	40	–	–
Válvula de descarga de alta pressão	(B)	(B)	(C)	40
Válvula de descarga de baixa pressão	1,2	–	2	(C)

Observações:
(A) 1 m.c.a. = 10 kPa.
(B) O fabricante deve especificar a faixa de pressão dinâmica que garanta vazão mínima de 1,7 L/s e máxima de 2,4 L/s nas válvulas de descarga de sua fabricação.
(C) O fabricante deve definir esses valores para a válvula de descarga de sua produção, respeitando as normas específicas.

1.5.11 Verificação da pressão

Uma vez calculados os diâmetros, desde o sub-ramal até o barrilete, resta verificar a pressão existente na instalação, ou seja, verificar as suas condições de funcionamento, as quais devem estar dentro das condições preconizadas pela NBR 5626/98. Podem existir trechos com pressão insuficiente e trechos com pressão acima do permitido, quer para a tubulação, quer para o aparelhos. A pressão insuficiente, abaixo da mínima, ocasiona o mau funcionamento dos pontos de utilização como, por exemplo, a válvula de descarga, que não terá a vazão necessária para funcionar, e o chuveiro, que não propiciará o conforto esperado, pois não apresentará a vazão mínima. No caso de pressão acima da permitida, a tubulação e suas conexões estarão em risco, além dos aparelhos, por exemplo, aquecedores, os quais apresentam pressão máxima de serviço. A Tabela de pressões, dinâmica e estática, nos pontos de utilização, com estes limites, deve ser observada.

Existem, basicamente, dois grupos de projetos e de situações distintas: as residências e os edifícios com vários pavimentos. Vejamos cada um deles separadamente:

82

Residências

As residências térreas ou os sobrados e até mesmo pequenos edifícios apresentam situações nas quais não há necessidade de verificar a pressão máxima, pois a simples observação da Tabela de Pressões nos Pontos de Utilização nos indica valores máximos iguais a 40 mca, valores estes totalmente fora da faixa de trabalho deste grupo. Portanto, só resta ser verificada a pressão mínima ($p_{min} > 0,5$ m.c.a.).

Pontos críticos

Os pontos críticos de pressão mínima do sistema (situações mais desfavoráveis) ocorrem sempre nos pavimentos mais elevados, mais próximo do reservatório e nas peças que necessitam maior pressão (válvula de descarga), ou no ponto mais desfavorável geometricamente, o chuveiro. Cada caso deve ser analisado para verificar a situação mais desfavorável e garantir que as demais peças serão atendidas.

Altura do reservatório

Poderá ser previamente fixada (por razões arquitetônicas, por exemplo, devendo se localizar sob a cobertura) ou ser definida pelo projeto hidráulico.

Edifícios com vários pavimentos

Pontos críticos

Além dos pontos de pressão mínima, idênticos aos das residências, existem os pontos em que ocorrerá pressão máxima, no caso de edifícios altos, exatamente o pavimento mais baixo, razão pela qual se deve limitar o cálculo a cerca de 13 pavimentos (considerando-se o pé-direito de 3,0 m), o que daria prédios com altura de 39 m. Além deste valor, como já visto e comentado, pode-se instalar reservatórios intermediários ou válvulas redutoras de pressão, de modo a solucionar a questão. Portanto, feito isto, resta apenas a verificação da pressão mínima. Ver Seção 1.2.5.

Altura do reservatório

Poderá ser previamente fixada (por razões arquitetônicas, por exemplo, sobre o apartamento da cobertura) ou ser definida pelo projeto hidráulico, o que raramente ocorre.

Soluções

Pelo exposto, a questão restringe-se, inicialmente, à verificação da pressão mínima. Para esta, há duas soluções básicas:

a) Altura do reservatório a ser definida: efetua-se o cálculo, determinando-se a altura mínima necessária.

b) Altura predeterminada do reservatório: efetua-se o cálculo, com base na situação geométrica existente, determinando-se os diâmetros mínimos necessários para se obter a pressão mínima.

Exemplo

Seja o sanitário esquematizado a seguir. Verificar a pressão disponível no chuveiro (CH), que é a situação mais desfavorável, pois não há válvula de descarga no sanitário,

1 – O Sistema Predial de Água Fria

sabendo-se que, da Tabela da Pressões Mínimas, a pressão mínima para chuveiros de DN 20 é 2,0 m. No esquema já foram considerados:

1. os diâmetros mínimos em cada sub-ramal, da Tabela de Diâmetros Mínimos;
2. os pesos em cada trecho e as respectivas vazões, conforme tabela a seguir, a partir do Nomograma de Pesos, Vazões e Diâmetros.

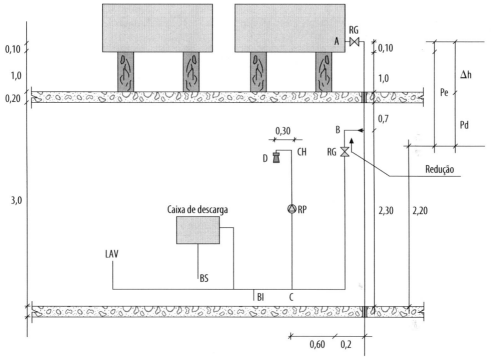

FIGURA 1.48 Esquema de sanitário.

Peça	Peso	Vazão L/s	Diâmetro mínimo
Lavatório	0,5	0,15	20
Caixa de descarga	0,3	0,15	20
Bidê	0,1	0,10	20
Chuveiro	0,5	0,20	20
Soma	1,4	0,35	20

Trecho	Peso	Vazão (L/s)
A — B	1,4	0,35
B — C	1,4	0,35
C — D	0,5	0,21

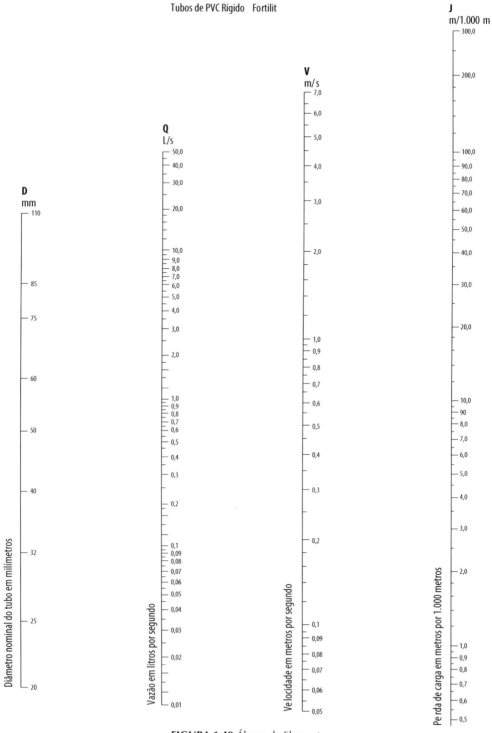

FIGURA 1.49 Ábaco de Flamant.

Nota
A coluna de perdas de cargas (J) está em m/1.000 m e os cálculos são efetuados em m/m.

1 – O Sistema Predial de Água Fria

Cálculos:

Adotando-se planilha a seguir, calcula-se a perda de carga em cada trecho, do ponto considerado até o reservatório, bem como a pressão disponível no ponto considerado, no caso, o chuveiro, usando-se o Ábaco de Flamant e as Tabelas de Perda de Carga Localizadas. Das planilhas elaboradas pode-se constatar:

Planilha 1

diâmetro mínimo, chuveiro com DN 20 (pressão mínima 2,0 m), perdas de carga elevadas e pressão disponível muito abaixo da necessária.

Planilha 2

diâmetro aumentado no trecho BC, chuveiro com DN 20 (pressão mínima 2,0 m), as perdas de carga diminuem e pressão ainda aquém da necessária; observe-se que mesmo que os diâmetros sejam aumentados, ainda mais, a pressão disponível continuará muito abaixo do valor mínimo.

Planilha 3

diâmetros mantidos, chuveiro passou para DN 25 (pressão mínima reduziu-se a 1,0 m), as perdas de carga diminuem e pressão necessária reduz muito em razão do aumento do DN do chuveiro; observe-se um aumento significativo da pressão disponível.

Planilha 4

diâmetro aumentado no trecho AB e BC, chuveiro com DN 25 (pressão mínima 1,0 m), as perdas de carga diminuem e a pressão disponível supera o valor mínimo.

Observando-se o exemplo calculado, constata-se:

a) nos trechos de maior vazão, próximos ou a caminho do barrilete, aumentar os diâmetros para se obter menores perdas de carga;

b) caso seja possível, aumentar o DN da peça considerada; no caso de válvulas de descarga, usar o modelo de menor pressão: 1½" (pressão mínima 2,0 m.c.a.);

c) caso seja possível aumentar a altura do reservatório, a pressão estática P_e aumentaria, facilitando sobremaneira a solução;

d) o cálculo resume-se a uma série de tentativas de verificação, sendo que o calculista, experiente rapidamente, consegue obter o valor da pressão necessária. O exemplo, com quatro tentativas de dimensionamento, serve apenas para efeito didático.

A Planilha de Cálculo de Instalações Hidráulicas Prediais apresentada na pág. 68 é recomendada, pois a mesma é de fácil utilização e pode-se visualizar todo o conjunto com as pressões nos diversos pontos da instalação.

DETERMINAÇÃO DA PRESSÃO DISPONÍVEL PLANILHA 1				
	Pressão disponível	Ponto: chuveiro	m	m.c.a.
1	Altura geométrica – Pe			2,10
2	Comprimento do trecho A—B	DN 25 = 0,2 + 2,00	2,20	
3	Comprimentos equivalentes	Tabela perdas de carga localizadas		
	1 saída de reservatório 1 registro de gaveta 1 joelho de 90° 1 TE saída lateral 1 reduçao 25/20 L total		0,90 0,20 1,20 2,40 0,20 7,10	
	Vazão Q = 0,35 L/s Ju = 0,090 Perda de carga no trecho	Ábaco de Flamant m/m 0,090 × 7,10		0,64
4	Comprimento do trecho B—C	DN 20 = 0,20 + 2,10 + 0,6	2,90	
5	Comprimentos equivalentes	Tabela perdas de carga localizadas		
	1 joelho de 90° 1 registro de gaveta 1 joelho de 90° 1 TE saída lateral L total		1,10 0,10 1,10 2,30 7.50	
	Vazão Q = 0,35 L/s Ju = 0,200 Perda de carga no trecho	Ábaco de Flamant m/m 0,200 × 7,50		1,50
6	Comprimento do trecho C—D	DN 20 = 2,00 + 0,30	2,30	
7	Comprimentos equivalentes	Tabela perda de cargas localizadas		
	1 registro de globo 1 joelho de 90° 1 joelho de 90° L total		11,10 1,10 1,10 15,60	
	Vazão Q = 0,21 L/s Ju = 0,090 Perda de carga no trecho	Ábaco de Flamant m/m 0,090 × 15,60		1,40
8	Pressão necessária			2,00
9	Pressão disponível	Pressão estática – perdas A/D		–1,44
Recalcular				

1 – O Sistema Predial de Água Fria

	DETERMINAÇÃO DA PRESSÃO DISPONÍVEL PLANILHA 2			
	Pressão disponível	Ponto: chuveiro	m	mca
1	Altura geométrica – Pe			2,10
2	Comprimento do trecho A—B	DN 25 = 0,2 + 2,00	2,20	
3	Comprimentos equivalentes	Tabela perdas de carga localizadas		
	1 saída de reservatório 1 registro de gaveta 1 joelho de 90° 1 TE saída lateral 1 reduçao 25/20 L total		0,90 0,20 1,20 2,40 6,90	
	Vazão Q = 0,35 L/s Ju = 0,090 Perda de carga no trecho	Ábaco de Flamant m/m 0,090 × 6,90		0,62
4	Comprimento do trecho B—C	DN 25 = 0,20 + 2,10 + 0,6	2,90	
5	Comprimentos equivalentes	Tabela perdas de carga localizadas		
	1 joelho de 90° 1 registro de gaveta 1 joelho de 90° 1 TE saída lateral L total		1,20 0,20 1,20 2,40 7,90	
	Vazão Q = 0,35 L/s Ju = 0,085 Perda de carga no trecho	Ábaco de Flamant m/m 0,090 × 7,90		0,71
6	Comprimento do trecho C—D	DN 20 = 2,00 + 0,30	2,30	
7	Comprimentos equivalentes	Tabela perda de cargas localizadas		
	1 registro de globo 1 joelho de 90° 1 joelho de 90° L total		11,10 1,10 1,10 15,60	
	Vazão Q = 0,21 L/s Ju = 0,090 Perda de carga no trecho	Ábaco de Flamant m/m 0,090 × 15,60		1,40
8	Pressão necessária			2,00
9	Pressão disponível	Pressão estática – perdas A/D		0,63
	Recalcular			

DETERMINAÇÃO DA PRESSÃO DISPONÍVEL PLANILHA 3			
Pressão disponível	Ponto: chuveiro	m	mca
1 Altura geométrica – Pe			2,10
2 Comprimento do trecho A—B	DN 25 = 0,2 + 2,00	2,20	
3 Comprimentos equivalentes	Tabela perdas de carga localizadas		
1 saída de reservatório 1 registro de gaveta 1 joelho de 90° 1 TE saída lateral 1 reduçao 25/20 L total		0,90 0,20 1,20 2,40 6,90	
Vazão Q = 0,35 L/s Ju = 0,09 Perda de carga no trecho	Ábaco de Flamant m/m 0,09 × 6,90		0,62
4 Comprimento do trecho B—C	DN 25 = 0,20 + 2,10 + 0,6	2,90	
5 Comprimentos equivalentes	Tabela perdas de carga localizadas		
1 joelho de 90° 1 registro de gaveta 1 joelho de 90° 1 TE saída lateral L total		1,20 0,20 1,20 2,40 7,90	
Vazão Q = 0,35 L/s Ju = 0,09 Perda de carga no trecho	Ábaco de Flamant m/m 0,09 × 7,90		0,71
6 Comprimento do trecho C—D	DN 25 = 2,00 + 0,30	2,30	
7 Comprimentos equivalentes	Tabela perda de cargas localizadas		
1 registro de globo 1 joelho de 90° 1 joelho de 90° L total		11,40 1,20 1,20 16,10	
Vazão Q = 0,21 L/s Ju = 0,035 Perda de carga no trecho	Ábaco de Flamant m/m 0,035 × 16,10		0,56
8 Pressão necessária			1,00
9 Pressão disponível	Pressão estática – perdas A/D		0,21
Recalcular			

DETERMINAÇÃO DA PRESSÃO DISPONÍVEL PLANILHA 4				
Pressão disponível	Ponto: chuveiro		m	mca
1	Altura geométrica – Pe			*2,10*
2	Comprimento do trecho A—B	DN 32 = 0,2 + 2,00	2,20	
3	Comprimentos equivalentes	Tabela perdas de carga localizadas		
	1 saída de reservatório 1 registro de gaveta 1 joelho de 90° 1 TE saída lateral L total		1,30 0,30 1,50 3,10 8,40	
	Vazão Q = 0,35 L/s Ju = 0,025 Perda de carga no trecho	Ábaco de Flamant m/m 0,025 × 8,40		*0,21*
4	Comprimento do trecho B—C	DN 32 = 0,20 + 2,10 + 0,6	2,90	
5	Comprimentos equivalentes	Tabela perdas de carga localizadas		
	1 joelho de 90° 1 registro de gaveta 1 joelho de 90° 1 TE saída lateral L total		1,30 0,30 1,50 3,10 9,10	
	Vazão Q = 0,35 L/s Ju = 0,025 Perda de carga no trecho	Ábaco de Flamant m/m 0,025 × 9,10		*0,23*
6	Comprimento do trecho C—D	DN 25 = 2,00 + 0,30	2,30	
7	Comprimentos equivalentes	Tabela perda de cargas localizadas		
	1 redução 32/25 1 registro de globo 1 joelho de 90° 1 joelho de 90° L total		 11,40 1,20 1,20 16,10	
	Vazão Q = 0,21 L/s Ju = 0,035 Perda de carga no trecho	Ábaco de Flamant m/m 0,035 × 16,10		*0,56*
8	Pressão necessária			*1,00*
9	Pressão disponível	Pressão estática – perdas A/D		*1,10*
			OK – pressão superior à mínima	

PLANILHA DE CÁLCULO DE INSTALAÇÕES PREDIAIS DE ÁGUA FRIA

Coluna	Trecho	Pesos		Vazão Q (L/s)	Diâmetro D (mm)	Velocidade (m/s)	Comprimentos			Pressão disponível (m.c.a.)	Perda de carga		Pressão disponível (m.c.a.)	Pressão mínima do aparelho (m.c.a.)
		unitário	acumulado				Real (m)	Equival. (m)	Total (m)		Unitário (m.c.a.)	Total (m.c.a.)		

1.6 CUIDADOS DE EXECUÇÃO

Mesmo havendo um bom projeto, na etapa de construção podem ocorrer uma série de incorreções que comprometerão a qualidade da instalação.

As normas de execução dos diversos serviços estabelecem uma série de procedimentos específicos para cada tipo de material.

A preocupação com a retrossifonagem, ou seja, com o refluxo da água servida, de um aparelho sanitário ou mesmo de um recipiente, para o interior da tubulação, caso a pressão seja inferior à pressão atmosférica, deve ser uma constante. Esta proteção visa não somente a fonte de abastecimento como o reservatório.

A principal proteção e a mais efetiva é a separação atmosférica, a qual deve sempre existir nos pontos de utilização.

Ao final da obra, exigir da construtora os desenhos *as built*, ou seja, como construídos, para orientar a futura manutenção e somente permitir mudanças com autorização por escrito do responsável técnico pelo projeto, visando-se definir e resguardar a responsabilidade pelas alterações. Além disto, existe uma série de medidas que devem ser tomadas visando uma boa execução. A seguir, são apresentadas algumas recomendações neste sentido, de ordem genérica, sendo que cada projeto deverá ter recomendações específicas, em função de suas características.

1.6.1 Tubulações e acessórios em geral

- Os trechos horizontais das tubulações devem ser executados com leve inclinação (declividade), de modo a reduzir a possibilidade de formação de bolhas em seu interior.

- Não utilizar calços ou guias nos trechos horizontais das tubulações, evitando-se pontos em que possam surgir ondulações localizadas.

- Atentar para passagem de tubulações em locais sujeitos a aquecimento excessivo, como aquecedores, chaminés etc., os quais necessitam de cuidados especiais para a segurança da tubulação.

- Não interligar instalações de cômodos distintos ou de andares superpostos, devendo os mesmos serem independentes, pois em caso de manutenção, não é necessário interromper o fornecimento para o outro cômodo.

- Não permitir eventuais cruzamentos de tubulação de água fria com tubulação de água quente, procurando isolar o local, evitando o aquecimento da tubulação de água fria.

- Tão logo concluídas, as tubulações devem ser protegidas com a colocação de plugues plásticos removíveis, buchas de papel, plástico ou madeira, de modo a protegê-las da entrada de corpos estranhos.

- Evitar ramais com trechos longos e, quando necessário, transpor obstáculos, fazê-lo por cima, em linha reta, evitando a formação de sifões, impedindo, desta forma, a formação de bolsa de ar na tubulação.

- Evite a perfuração acidental de tubulações, localizando os tubos na posição correta, obedecendo-se ao projeto e, caso este seja alterado, atualizar os desenhos. De qualquer forma, sempre fornecer planta aos usuários. As aberturas da alvenaria para passagem dos tubos devem ser preenchidas com argamassa de cimento e areia no traço 1:3.
- Atentar para o congelamento da água na tubulação, fato raro, mas possível de ocorrer na região sul do país. Lembre-se que a água, ao se congelar, aumenta de volume (comprove isto observando os cubos de gelo em sua geladeira) e, consequentemente, existe o risco de rompimento da tubulação. Para evitar isto, efetuar o isolamento térmico da tubulação exposta.

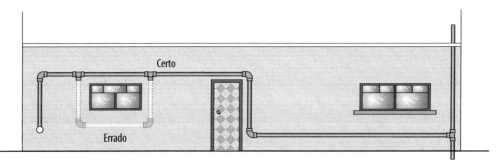

FIGURA 1.50 Ramais com trechos longos, perigo de sifonamento.

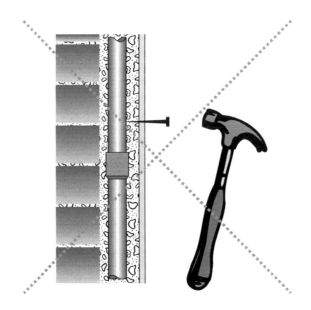

FIGURA 1.51 Possibilidade de perfuração dos tubos.

- Dilatação: as tubulações de PVC possuem coeficiente de dilatação seis vezes maior que o aço. No caso de tubulações aparentes e, eventualmente, sob a ação do sol (tubos de esgotos, águas pluviais etc.), as consequências deste fato se acentuam.

Para que se tenha uma ordem de grandeza, em uma tubulação com 30 m de comprimento, uma variação de temperatura de 20 °C, comum em nosso país, provoca uma variação no comprimento da ordem de 5 cm. Uma solução é dar uma "folga" no comprimento, ou seja, permitir uma certa flexibilidade, dispondo-se os tubos ligeiramente desalinhados, quando enterrados, ou com abaulamento, quando aparentes. Caso seja possível, também podem ser utilizadas as "liras" semelhantes às utilizadas para transposição de juntas de dilatação.

- Retração: pelas mesmas razões da dilatação, pode-se ter problemas com a retração dos tubos, em virtude da queda de temperatura, em trechos longos, ocorrendo problemas geralmente nas extremidades, junto às conexões. A solução é a mesma da dilatação.

- A tubulação de PVC quando exposta ao sol perde a sua coloração inicial, com o passar do tempo. Tal fato em nada afeta a resistência do tubo, porém, acarreta um mau aspecto visual, o qual pode ser sanado com pintura prévia, com a tinta apropriada.

- Transposição de estruturas: não atravessar estruturas com tubulações, sem que isto esteja previsto em projeto. Caso previsto, preparar o local com a colocação de tubulação de diâmetro maior (camisa), de modo a jamais engastar a tubulação com a estrutura, permitindo sua movimentação.

- Deve-se evitar a instalação de trechos em aclive, em relação ao fluxo da água. Quando esta situação for inevitável, o ponto mais alto deve se localizar na própria peça de utilização e, caso isto não seja possível, deve-se instalar dispositivo para eliminação do ar (ventosa, por exemplo), no ponto mais elevado.

- As tubulações de água fria não podem ser instaladas em contato ou no interior de caixas de esgoto, valas de infiltração, fossas, sumidouros, aterros sanitários, depósitos de lixo etc.

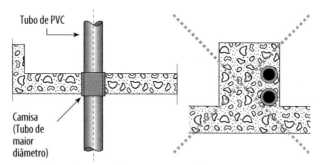

FIGURA 1.52 Deficiência de construção, tubos transpondo as estruturas.

1.6.2 Recomendações gerais

Verifique os tubos, as conexões e os outros acessórios antes de começar a instalação. Nunca utilize as peças que apresentem falhas como:

- deformação ou ovalação;
- fissuras;

- folga excessiva entre a bolsa e a ponta;
- soldas velhas com muitos coágulos;
- anéis de borracha sem identificação;
- anéis de borracha sem elasticidade.

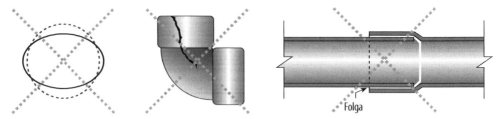

FIGURA 1.53 Materiais com defeito.

Utilize as conexões corretas para cada ponto. Para cada desvio ou ajuste, use a conexão adequada para evitar esforços na tubulação e nunca abuse da relativa flexibilidade dos tubos. A tubulação em estado de tensão permanente está sujeita a trincas, principalmente, junto à parede das bolsas das conexões.

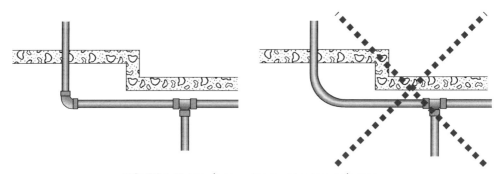

FIGURA 1.54 Uso de conexões corretas para cada caso.

Não faça bolsas em tubos cortados. Utilize, neste caso, uma luva para ligação dos tubos.

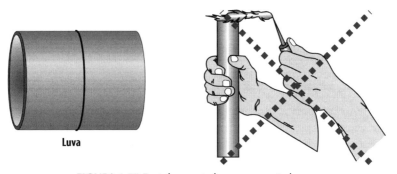

FIGURA 1.55 Em tubos cortados use somente luvas.

1.6.3 Manuseio e estocagem

Transporte

O transporte dos tubos dever ser feito com todo cuidado, de forma a não provocar neles deformações e avarias. Evite particularmente:

- manuseio violento;
- ocasionar grandes flechas;
- colocação dos tubos junto com peças metálicas salientes;
- colocação dos tubos em balanço.

FIGURA 1.56 Transporte de tubos.

Descarregamento

O baixo peso dos tubos facilita seu descarregamento e manuseio. Não use métodos violentos ao descarregar, como, por exemplo, o lançamento dos tubos ao solo.

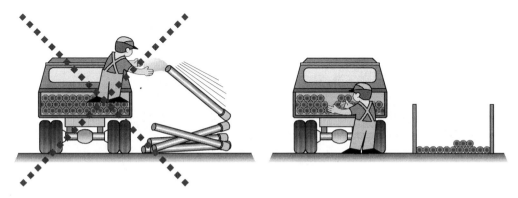

FIGURA 1.57 Descarregamento de tubos.

Manipulação

Para evitar avarias, os tubos devem ser carregados e nunca arrastados sobre o solo ou contra objetos duros.

FIGURA 1.57 Manipulação correta de tubos.

Estocagem

Os tubos devem ser estocados o mais próximo possível do ponto de utilização. O local destinado ao armazenamento deve ser plano e bem nivelado, para evitar a deformação permanente dos tubos.

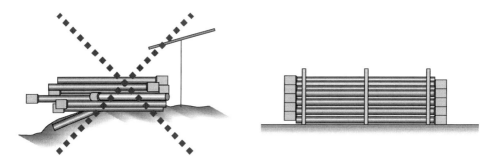

FIGURA 1.58 Estocagem de tubos.

Os tubos e as conexões estocados deverão ficar protegidos do sol. Deve-se evitar a formação de pilhas altas, que ocasionam ovalação nos tubos da camada inferior.

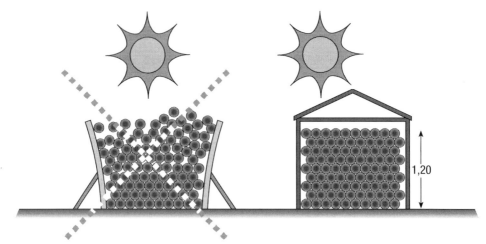

FIGURA 1.59 Proteção da estocagem.

1.6.4 Transposição de juntas de dilatação da edificação

É indispensável observar a correta transposição das juntas de dilatação da estrutura, com a não inclusão das tubulações na mesma e sim, executando "liras", que são dispositivos para se prevenir de eventuais movimentações da estrutura (dilatação, recalque etc.). Usar curvas de raio longo e não joelhos e executá-las, preferencialmente, no plano horizontal, evitando-se pontos altos na tubulação, com a possível formação de bolsas de ar.

Para o caso de proteção da tubulação a eventuais movimentações da estrutura (recalques, dilatações etc.) ou em instalações de água fria externas, sujeitas a ação solar, recomenda-se que o comprimento total da lira (comprimento desenvolvido), seja de 10 vezes o diâmetro da tubulação, no mínimo. Observe-se que a tubulação de PVC deve ser protegida dos raios UV da radiação solar, com pintura apropriada.

Para o exemplo da Figura 1.60, caso o diâmetro fosse de 50 mm, ou seja, 5 cm, a lira deveria ter um comprimento desenvolvido de 50 cm. Considerando as dimensões sugeridas, com l = 10 cm, teríamos alças com l = 20 cm e o trecho central com 10 cm.

Na Seção 2.5.4 é apresentado o caso do cálculo de liras para tubulações de água quente, uma outra situação, totalmente diferente, na qual as variações de temperatura são bem mais significativas

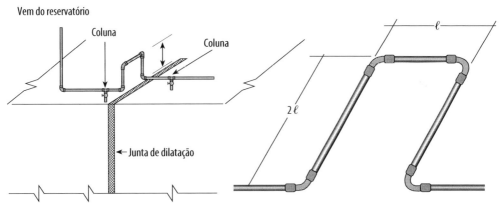

FIGURA 1.60 "Lira" no plano horizontal, com suas dimensões sugeridas. Observar as derivações com curvas e não com joelhos.

1.6.5 Apoio de tubulações

Os esforços que atuam em uma tubulação são de diversas origens, como a seguir listado, destacando-se a dilatação (veja item específico). Em virtude destes esforços, nas instalações de esgotos, ventilação e águas pluviais, a distância máxima entre dois pontos fixos é de 6 m.

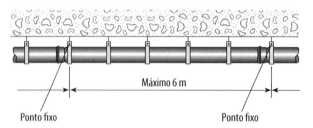 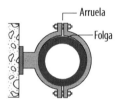

FIGURA 1.61 Colocação de braçadeiras.

As braçadeiras (ou abraçadeiras) de fixação devem ter folga suficiente (maior largura que a tubulação), de modo a permitir uma leve movimentação da tubulação (dilatação/contração), com exceção dos pontos fixos previstos em projeto. Jamais utilize fios, arames e barras de ferro com a função de apoio às tubulações.

Alguns esforços que podem atuar em uma tubulação:

1. os pesos dos tubos, dos acessórios e o peso da própria água ou do esgoto;
2. pressão interna exercida pelo fluido contido nas tubulações;
3. sobrecargas ocasionadas por outros elementos (tubulações apoiadas, pavimentações, terra, veículos etc.);
4. vibrações;
5. impactos, golpes de aríete etc.;
6. ações dinâmicas externas, como por exemplo o vento;
7. dilatações térmicas dos tubos, conexões e acessórios.

As tubulações aparentes devem obedecer a um correto espaçamento dos apoios, visando-se evitar flechas excessivas, as quais ocasionam problemas de ordem técnica e econômica, pois além de forçar os pontos de união entre os tubos, sejam estes roscados, flangeados ou soldados, provocam vazamento, interrupções e manutenções onerosas, fazendo com que surjam bolsas de ar difíceis de serem drenadas, podendo gerar vibrações adicionais nas tubulações. Além do mais, isto causa um mau aspecto ao conjunto.

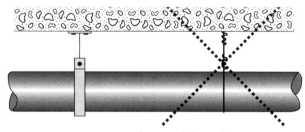

FIGURA 1.62 Colocação de braçadeiras.

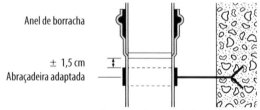

FIGURA 1.63 Colocação de anel de borracha.

1 – O Sistema Predial de Água Fria

Espaçamento máximo entre apoios

TUBOS DA LINHA ÁGUA FRIA

Diâmetro externo: DE (mm)	Espaçamento máximo L(m)
20	0,80
25	0,90
32	1,10
40	1,30
50	1,50
60	1,60
75	1,90
85	2,10
110	2,50

TUBOS DA LINHA ESGOTO

Diâmetro DN	Espaçamento máximo L(m)
40	1,00
50	1,20
75	1,50
100	1,70
150	1,90

TUBOS DA LINHA DE COLETORES DE ESGOTO

Diâmetro DN	Espaçamento máximo L(m)
100	1,90
125	2,10
150	2,50
200*	2,90

* A partir de DN 200, considera-se espaçamento de 3,0 m entre apoios.

1.6.6 Alimentador predial

- Se enterrado, deve estar afastado no mínimo 3,0 m (horizontais) de eventuais fontes poluidoras (fossas, sumidouros, valas de infiltração etc.), observada a NBR 7229/93: Projeto, Construção e Operação de Sistemas de Tanques Sépticos.

- Caso enterrado e na mesma vala que tubulações de esgoto, deve ter sua geratriz inferior 30 cm acima da geratriz superior das referidas tubulações.

- Ainda no caso de estar enterrado, deve se localizar em cota superior à cota do lençol freático, prevenindo-se de eventual contaminação da rede, no caso de vazamento da tubulação de água e ocorrência de uma eventual pressão negativa no alimentador predial. Verifiquem os esquemas a seguir.

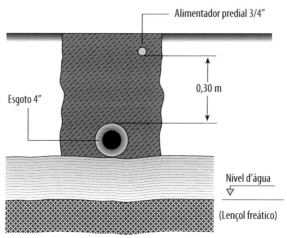

FIGURA 1.64 Alimentação predial (corte).

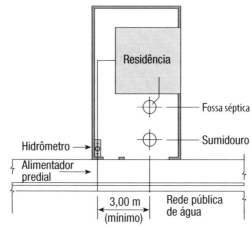

FIGURA 1.65 Alimentação predial (planta).

1.6.7 Ligação de aparelhos

Esquema de ligação de chuveiro, com as conexões apropriadas, com joelho de 90° SRM (solda/rosca metálica), para facilitar a futura retirada do equipamento.

Em chuveiros alimentados com água fria e quente, atentar para a execução correta das ligações com o misturador, conforme esquema.

FIGURA 1.66 Esquema de ligação de chuveiro.

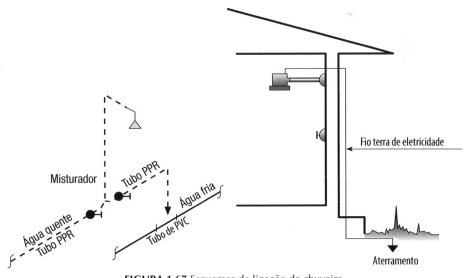

FIGURA 1.67 Esquemas de ligação de chuveiro.

O PVC é um bom isolante elétrico, não servindo como "terra". Deve-se instalar fio terra exclusivo para o chuveiro, devidamente conectado a eletrodo de terra, conforme a NBR 5411/80 – Instalação de Chuveiros Elétricos e Similares.

Não utilize os tubos de PVC nos ramais de água quente, pois o PVC perde sua resistência nas altas temperaturas. Use sempre tubos de PPR.

Não utilize os tubos de PVC nos ramais de água fria até o registro de pressão do misturador. Execute o último trecho da tubulação com outro material, como o polipropileno (PPR), por exemplo.

Adote medidas que impeçam o retorno de água quente do aquecedor para a tubulação de alimentação (observe as recomendações do fabricante do aquecedor).

Para facilitar o trabalho dos instaladores, acha-se disponibilizado o Amanco Kit Chuveiro (chuveiro e haste de fixação, com acabamento junto à parede). As peças podem ser obtidas separadamente e trata-se de um chuveiro exclusivo para água fria, de baixo custo, ideal para instalações provisórias ou para obras.

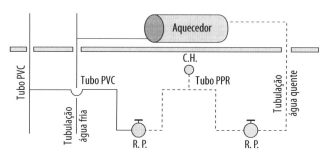

FIGURA 1.68 Ligação de aquecedor de água.

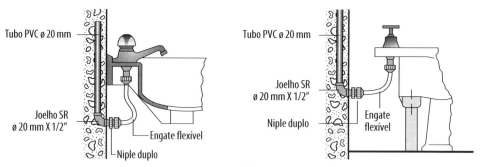

FIGURA 1.69 Esquemas de ligações de água fria.

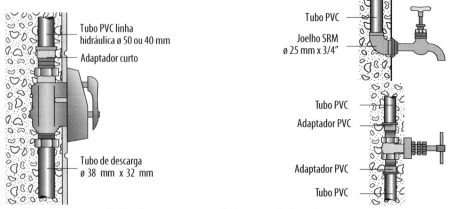

FIGURA 1.70 Esquemas de ligações de água fria.

1.6.8 Caixa de descarga

A Amanco *Eco* Caixa tem design moderno, sendo comercializada em várias cores, sendo facilmente instalada (apenas dois pontos de fixação, com peças que acompanham a caixa) e grande leveza (0,75 kg). Com amplas possibilidades de uso, possibilita uma redução de até 33% no consumo de água, sem perder a sua eficiência, portanto, totalmente integrada aos conceitos de ecoeficiência. Atende a NBR 15.491:2007 – Caixa de descarga para limpeza de bacias sanitárias – requisitos e métodos de ensaio que reduziu de 9 para 6 litros de água por acionamento para limpeza do vaso sanitário. A Eco Caixa, além de atender às novas exigências, permite uma economia extra, pois conta com controle do nível de descarga desejado, por meio da corda de acionamento: ao soltá-la, interrompe-se a descarga imediatamente. Com regulador de entrada de água, a altura de instalação deve ser de 2 metros (a partir do piso), podendo ser facilmente acoplada aos demais produtos Amanco, recomendando-se apenas a utilização de tubos de descida (externo ou interno) com 1,60 m (DN 40), sendo certificada pelo IPT.

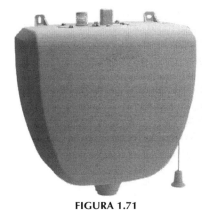

FIGURA 1.71

1.6.9 Colunas

- usar coluna específica para válvulas de descarga, não somente por segurança contra refluxo, como para evitar interferências com os demais pontos de utilização. Jamais ligar aquecedor de água em ramal de coluna que também atenda ramal com válvulas de descarga, pois o golpe de aríete fatalmente acabará por danificar o aquecedor.

1.6.10 Barrilete

- a tubulação do barrilete não deve se apoiar diretamente sobre a laje de forro e sim sobre pilaretes, espaçadamente distribuídos para facilitar o acesso aos registros.

1.6.11 Peças de utilização

- atentar para cada modelo de peça a ser instalado, pois há modelos de lavatórios, por exemplo, com ou sem coluna, alterando detalhes da ligação;

- nos equipamentos e aparelhos, verificar:
    a) tipo e capacidade do hidrômetro;
    b) posição da válvula de retenção e seu tipo (horizontal ou vertical);
    c) bitola das válvulas de descarga (1 1/2" ou 1 1/4") em função da pressão existente;
    d) válvula de boia – adequação à vazão necessária.
- conferir a posição dos registros, localizados conforme projeto, evitando-se a colocação de registros fora de lugar, totalmente inacessíveis, bem como registros de piso, sem a devida caixa de proteção, imersos no terreno;
- para instalar os registros ou as conexões galvanizadas na linha de PVC, tome os seguintes cuidados;
    a) coloque o adaptador ou a luva SRM (rosca metálica) nas peças metálicas, utilizando a fita veda-rosca Amanco para garantir a estanqueidade da rosca;
    b) em seguida, solde as pontas dos tubos nas bolsas das conexões de PVC;
    c) nunca faça a operação inversa, pois o esforço de torção pode danificar a soldagem ainda em processo de secagem.

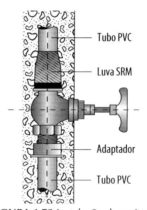

FIGURA 1.72 Instalação de registro.

- Deve-se usar luva de correr para ligar duas tubulações. A luva é uma conexão elástica, com anel de borracha nas duas extremidades, permitindo ampla flexibilidade de uso, sendo extremamente útil em manutenções, propiciando conexões rápidas em reparos de trechos avariados. Também pode ser utilizada em tubulações sujeitas a variações térmicas.

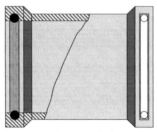

FIGURA 1.73 Colocação de luvas de correr.

A seguir, sequência de passos para efetuar um reparo numa instalação de PVC:

Constata-se a avaria em um determinado trecho (furo acidental ou junta mal executada)

Corta-se a tubulação, de forma a se retirar o trecho avariado.

Corta-se outro pedaço de tubulação com o mesmo comprimento do trecho retirado.

Utilizando duas luvas de correr, vestem-se as extremidades do tubo.

Instala-se o segmento de tubo em bom estado no trecho retirado, travando-o em seguida, com as luvas de correr. A vedação é perfeita, com anéis de borracha para a vedação nas duas extremidades das luvas.

O serviço é prontamente executado, mantendo-se o padrão de qualidade da instalação, que está apta a voltar a funcionar imediatamente.

Aqui você pode fazer as suas anotações

2 PROJETO E EXECUÇÃO DE INSTALAÇÕES PREDIAIS DE ÁGUA QUENTE

2.1 CONCEITOS GERAIS

Chamam-se instalações prediais de água quente o conjunto de equipamentos, fontes energéticas e materiais que permitem ao usuário das instalações prediais a obtenção de água artificialmente aquecida, ou seja, com água chegando a temperaturas de uso próximas de 50 °C, às vezes cerca de 70 °C ou mesmo 80 °C.

A norma que regula o projeto e a execução desses sistemas é a NBR 7198, de setembro de 1993, da ABNT.

Essa norma é extremamente resumida (seis páginas), expondo apenas a terminologia e os objetivos que o sistema predial de água quente deve atender. É a chamada "norma de desempenho", que deixa aos livros e anais de congresso a fixação de critérios de como atender seus objetivos. Nem os critérios de consumo individual de água quente a norma fixa, fato que ocorria com a antiga versão dessa norma (PNB 128 – Projeto de Norma de Instalações Prediais de Água Quente)[1].

Objetivos do sistema predial de água quente (item 4 da Norma 7198/93):

a) garantir o fornecimento de água de forma contínua, em quantidade suficiente e temperatura controlável, com segurança aos usuários, com as pressões e velocidades compatíveis com o perfeito funcionamento dos aparelhos sanitários e das tubulações;

b) preservar a potabilidade da água;

c) proporcionar o nível de conforto adequado aos usuários;

d) racionalizar o consumo de energia.

---

1 Mesmo assim sempre leia e siga a norma, pois é de aplicação obrigatória.

2.2 EQUIPAMENTOS, MATERIAIS E FONTES DE ENERGIA

Compreendamos agora os equipamentos, materiais e fontes de energia de um sistema de água quente.

Equipamentos:

Aquecedores

Têm a função de elevar a temperatura da água, sendo que, para testes de funcionamento, a temperatura da água tem de chegar a 80 °C.

Temos os aquecedores de passagem, onde não se estoca água quente, e os aquecedores com estocagem (acumulação) de água quente também chamados na terminologia inglesa de *boiler*. Verifique a pressão máxima de trabalho desses equipamentos.

Dica: Verifique a perda de carga nesses equipamentos quando realizar o projeto.

Materiais

Nos materiais temos as tubulações e peças.

As tubulações mais comumente usadas são :

- de aço, sabendo-se que, com o tempo, corroem e criam incrustações;
- de cobre (classe E) – é o material mais caro e usado em construções para usuários de maior poder aquisitivo;
- de plástico, do tipo PPR ou CPVC.

Neste livro daremos ênfase ao uso de tubulações e conexões plásticas do tipo PPR.

Fontes de energia

Para aquecer a água temos as seguintes fontes de energia:

- aquecimento por uso de energia elétrica[2]. É o sistema mais simples e usado, mas tem o grande inconveniente do alto custo;
- aquecimento por uso do calor proveniente da queima de gás GLP (gás liquefeito de petróleo) ou por queima de gás natural. Tende a ser o sistema mais barato no uso. Exige cuidados com o uso do gás, ou seja, sua queima tem de ser em local com ventilação permanente. O número de mortes por inalação de gás face à falta de ventilação do ambiente é elevado;
- quando o GLP é fornecido em cilindros (chamado gás engarrafado), os mesmos devem ficar em local não confinado, ou seja, em local externo, para evitar explosão do ambiente, caso haja vazamento e/ou acúmulo de gás;

---

[2] O uso de energia elétrica para aquecer água de banho costuma corresponder, em residências unifamiliares, a quase 50% do custo de energia elétrica mensal para todos os usos.

- aquecimento por combustão de óleo diesel em caldeiras que, gerando vapor, por meio de trocador de calor, aquecem a água do sistema predial;

- aquecimento solar que em horas ou épocas de pouca insolação exigem o uso associado de outro sistema de aquecimento. Nos dias de boa insolação, costuma atender bem à demanda, não precisando do trabalho complementar de outra fonte energética;

- queima de madeira ou carvão. Apesar do desconforto de uso, ainda existem no país fogões a lenha ou a carvão. A água fria passa por serpentinas de cobre colocadas dentro da fornalha e, com isso, a água é aquecida, sendo enviada pela pressão até tanque elevado, de onde alimenta o sistema predial.

Os aquecedores de acumulação podem ser elétricos (os mais comuns) ou por queima de gás (além do rústico sistema de fogão a lenha ou carvão).

2.3 CRITÉRIOS DE PROJETO DE INSTALAÇÃO DE SISTEMA DE DISTRIBUIÇÃO DE ÁGUA QUENTE

Na fase de projeto, ou seja, na fase de concepção devemos definir com critério que pontos dotar de água quente. Por exemplo, no apartamento (com mais de 20 anos de existência) de um dos autores temos:

- dois chuveiros alimentados por um aquecedor a gás de passagem;
- três torneiras alimentadas por tubulação de cobre que passam por um aquecedor a gás de passagem;
- um chuveiro elétrico no banheiro de serviço com sua alimentação elétrica na tensão 220 V.

O aquecedor de passagem era, no passado, alimentado pelo chamado gás de rua (gás refinado do petróleo), atualmente modificado pelo gás natural.

- estimar o consumo, considerando que estamos projetando para um prédio de apartamentos, hotel, hospital ou uma fábrica. Com o tempo, há sempre mudanças de tecnologias. Em uma maternidade pública de São Paulo, foi adotado o processo em que todas as parturientes tomam longos banhos de imersão em água quente, para facilitar seus partos. Há, nesses casos, um elevado consumo de água quente. Isso não existia no passado.

Os valores clássicos de consumo são indicados a seguir e baseados na antiga Norma PNB-128.

Ocupação	Consumo $(L/dia)_{máx}$
Alojamento provisório	24 por pessoa
Casa popular ou rural	36 por pessoa
Residência	45 por pessoa
Apartamento	60 por pessoa
Quartel	45 por pessoa
Escola em regime de internato	45 por pessoa
Hotel (sem cozinha e sem lavanderia)	36 por hóspede
Hospital	125 por leito
Restaurante e similar	12 por refeição
Lavanderia	15 por kg de roupa seca

Essa tabela de consumo não serve para o dimensionamento da rede de alimentação, pois não leva em consideração o aspecto de uso simultâneo dos aparelhos. Se fôssemos usar como critério de dimensionamento esses valores, os diâmetros das tubulações seriam enormes. Em outro trecho a seguir, mostraremos os critérios de dimensionamento das tubulações usando "pesos" e que levam em conta critérios estatísticos de uso simultâneos das peças. Além disso:

- considere o uso de aparelhos centrais ou individuais de aquecimento do tipo acumulação. Em casas e apartamentos, o sistema mais comum será do tipo individual. Em hotéis, hospitais e indústrias, o sistema é centralizado;

- escolha a fonte energética, se você tiver alternativas. A fonte energética pode ser elétrica, a gás natural, gás GLP etc.;

- no caso de uso de aquecedor de acumulação, o tipo mais comum é o elétrico e são mostrados a seguir figura e tabela de dimensões de um tradicional fabricante:

2 – Projeto e Execução de Instalações Prediais de Água Quente

Aquecedor horizontal a gás de acumulação

1. Saída de água quente
2. Dreno de limpeza
3. Parte elétrica
4. Entrada de água fria
5. Cintas de fixação e apoio regulável (para piso, parede ou teto)

		Volume (L)	50	75	100	125	150	175	200	250
Dimensões em mm		A	740	940	1140	1340	1540	1740	1450	1650
		B	620	820	1020	1215	1420	1620	1325	1525
		C	410	610	810	1005	1210	1410	1115	1315
		D	460	460	460	460	460	460	560	560
		E	470	470	470	470	470	470	570	570
Watts			1500	1500	1500	1500	1500	1500	2000	2000
Ampères			14/7	14/7	14/7	14/7	14/7	14/7	9	9
Bitola hidráulica			1°	1°	1°	1°	1°	1°	1°	1°
Vitrificado	Peso (kg)	Vazio	32	40	47	52	59	68	83	92
		Embalado	40	48	55	67	77	88	111	122
	Embalagem (mm)	Comprimento	840	1060	1240	1440	1640	1940	1640	1840
		Largura	520	520	520	520	520	520	615	615
		Altura	550	550	550	550	550	550	625	625
Luxo	Peso (kg)	Vazio	41	52	60	72	81	94	115	128
		Embalado	49	60	72	87	99	114	143	158
	Embalagem (mm)	Comprimento	840	1060	1240	1440	1640	1940	1640	1840
		Largura	520	520	520	520	520	520	615	615
		Altura	550	550	550	550	550	550	625	625
Volts			110/220 monofásico							

Esquema de colocação

Horizontal de teto (acima) (50 a 250 L)

Horizontal de parede (50 a 125 L)

Horizontal de teto (50 a 150 L)

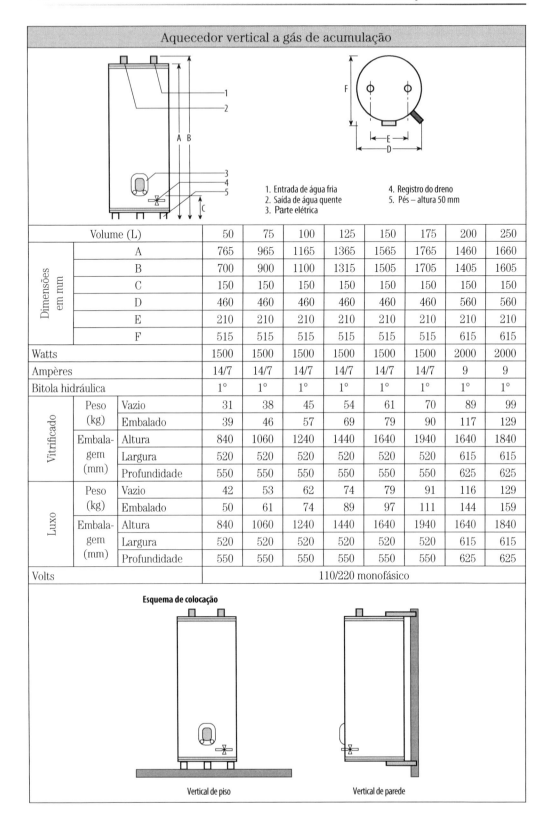

Aquecedor vertical a gás de acumulação

1. Entrada de água fria
2. Saída de água quente
3. Parte elétrica
4. Registro do dreno
5. Pés – altura 50 mm

	Volume (L)		50	75	100	125	150	175	200	250
Dimensões em mm	A		765	965	1165	1365	1565	1765	1460	1660
	B		700	900	1100	1315	1505	1705	1405	1605
	C		150	150	150	150	150	150	150	150
	D		460	460	460	460	460	460	560	560
	E		210	210	210	210	210	210	210	210
	F		515	515	515	515	515	515	615	615
Watts			1500	1500	1500	1500	1500	1500	2000	2000
Ampères			14/7	14/7	14/7	14/7	14/7	14/7	9	9
Bitola hidráulica			1°	1°	1°	1°	1°	1°	1°	1°
Vitrificado	Peso (kg)	Vazio	31	38	45	54	61	70	89	99
		Embalado	39	46	57	69	79	90	117	129
	Embalagem (mm)	Altura	840	1060	1240	1440	1640	1940	1640	1840
		Largura	520	520	520	520	520	520	615	615
		Profundidade	550	550	550	550	550	550	625	625
Luxo	Peso (kg)	Vazio	42	53	62	74	79	91	116	129
		Embalado	50	61	74	89	97	111	144	159
	Embalagem (mm)	Altura	840	1060	1240	1440	1640	1940	1640	1840
		Largura	520	520	520	520	520	520	615	615
		Profundidade	550	550	550	550	550	550	625	625
Volts			110/220 monofásico							

Esquema de colocação

Vertical de piso — Vertical de parede

Tipo de material de tubulação

Escolha entre os tipos de materiais para a canalização que terá contato com a água quente:

- aço galvanizado – sofre corrosão e tuberculização em pouco tempo;

- cobre – é o material mais caro e tem baixa durabilidade (corrosão);

- plástico – tipos PPR ou CPVC. Esses tipos de material não são previstos explicitamente pela norma, mas entendem os autores que podem ser aceitos levando em conta o item 5.7.10 da NBR 7198/1993 que diz:

> Quando o tipo de componente não for normalizado pela ABNT, o projetista a seu critério, pode especificá-lo, desde que obedeça a especificações de qualidade, baseadas em normas internacionais, regionais e estrangeiras, ou a especificações internas de fabricantes, compatíveis com essa norma, até que sejam elaboradas as normas brasileiras correspondentes.

Neste livro serão mostrados os dimensionamentos de sistemas prediais de água quente, usando tubos e conexões do material PPR (polipropileno).

Critérios de projeto de instalação

- as pressões de serviço[3] em torneiras e chuveiros devem ser, respectivamente, no mínimo de 1 m.c.a. e 0,5 m.c.a. Válvulas de descarga exigem 5 m.c.a.;

- as pressões máximas estáticas devem ser inferiores a 40 m de coluna de água. Se essa pressão for maior (caso de prédios altos), usar caixas de quebra-pressão ou válvula de redução de pressão.

TABELA — VAZÃO DE PEÇAS DE UTILIZAÇÃO (EXCLUÍDO O BIDÉ)	
Peças de utilização	Vazão L/s
Banheira	0,30
Chuveiro	0,20
Lavadora de roupa	0,30
Lavatório	0,15
Pia de cozinha	0,25

---

[3] Para saber a pressão dinâmica de serviço em um ponto, por exemplo, em uma torneira, estando a instalação geral em pleno uso, fechar a torneira ou fazer uma derivação e, com esta torneira fechada, medir a pressão hidráulica com um manômetro. Essa medição é a pressão dinâmica no ponto e é chamada "pressão disponível".

TABELA — ATENDIMENTO DE PEÇAS DE UTILIZAÇÃO (EXCLUÍDO O BIDÊ)	
Peças de utilização	Diâmetro comercial do sub--ramal que atende à peça (mm)
Banheira	25
Chuveiro	25
Lavatório	20
Pia de cozinha	25
Lavadora de roupa	25

Devem ser atendidos como critérios de projeto:

- critérios de coluna de água mínima e máxima;

- diâmetros mínimos de sub-ramais;

- diâmetros de sub-ramais sempre iguais ou superiores aos diâmetros de peças indicados pelos seus fabricantes;

- se o tipo de tubulação não tem o diâmetro indicado pelo fabricante, use um diâmetro superior na tubulação de alimentação;

- dotar a instalação de respiro, em geral, no mínimo em uma altura de 80 cm;

- a alimentação do *boiler* e a saída de água quente se fazem na parte inferior.

Para hotéis, hospitais e indústrias, recomenda-se usar como diretriz de projeto o uso do critério de pesos.

Para a fixação dos diâmetros de ramais, usar o critério de pesos, como mostrado na tabela a seguir. Os pesos avaliam o consumo de cada peça e a probabilidade estatística da frequência de uso.

Os pesos de cada aparelho são:

TABELA — PNB 128	
Peças de utilização	Peso
Banheira	1,0
Chuveiro	0,4
Lavatório	0,3
Pia de cozinha	0,7
Lavadoura de roupa	0,7

2.4 EXEMPLO DE DIMENSIONAMENTO DE RAMAIS PRINCIPAIS DE UM SISTEMA DE ÁGUA QUENTE PARA UMA CLÍNICA, USANDO O CRITÉRIO DE PESOS

Vejamos como dimensionar os ramais principais e colunas, já que os sub-ramais devem seguir os diâmetros mínimos.

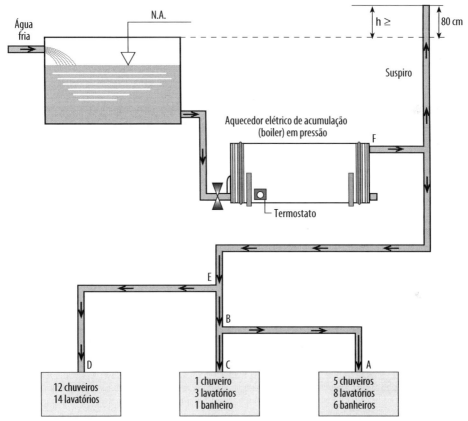

FIGURA 2.1 O termostato controla a temperatura da água do *boiler*.

TABELA — PESOS DOS RAMAIS DE ÁGUA QUENTE			
Trecho	Peso das peças	Peso do trecho	Diâmetro do trecho
A—B	5 × 0,4 = 2,0 8 × 0,3 = 2,4 6 × 1,0 = 6,0	2,0 + 2,4 + 6 = 10,4	25 mm
B—C	1 × 0,4 = 0,4 3 × 0,3 = 0,9 1 × 1,0 = 1,0	0,4 + 0,9 + 1 = 2,3	20 mm
E—D	12 × 0,4 = 4,8 14 × 0,3 = 4,2	4,8 + 4,2 = 9	25 mm
E—B	BC + BA	2,3 + 10,4 = 12,7	25 mm
E—F	ED + EB	11 + 12,7 = 23,7	40 mm

Fixação do diâmetro de prumadas e ramais em função dos pesos a atender (tubos de cobre e plástico PPR).

Número de pesos a atender	Diâmetro comercial (cobre, plástico ou aço)	Diâmetro
3,5	20 mm	1/2"
15	25 mm	3/4"
110	40 mm	1 1/4"
450	50 mm	1 1/2"
1.400	63 mm	2"
Casos especiais	75 mm	2 1/2"
Casos especiais	90 mm	3"
Casos especiais	110 mm	4"

2.5 O USO DO MATERIAL PPR (TUBOS E CONEXÕES)

Um novo material específico para uso em tubos e conexões chegou recentemente ao mercado brasileiro. Trata-se do PPR (polipropileno copolímero Randon tipo 3), proveniente do petróleo.

O PPR é a matéria-prima de fabricação de tubos e conexões para sistemas hidráulicos prediais de água quente, podendo ser usado em sistemas de água fria e em outros sistemas menos nobres.

A Amanco é a principal fabricante dos tubos e conexões de PPR no Brasil. Na Europa, é muito comum o uso de tubos e conexões PPR para sistemas hidráulicos em vista da facilidade de uso e de dispensar o uso de materiais isolantes, muitas vezes de alto custo e de difícil aplicação. Este uso é orientado pelas normas DIN (de origem alemã) e a norma europeia ISO 15874.

A norma brasileira NBR 7198:1993 – Projeto e Execução de Instalações de Água Quente permite o uso de produtos aceitos em países mais desenvolvidos. Os tubos PPR são usados em sistemas de água quente, dentro dos seguintes limites:

- temperatura de serviço de 80 °C, sendo que para uso humano, a temperatura limite é de 60 °C;

- pressão até 60 m de coluna de água (m.c.a.). Sempre é importante verificar na literatura entregue pelo fabricante, o máximo de pressão de trabalho do equipamento usado, por exemplo o aquecedor (*boiler*).

Os tubos são ligados a conexões por um processo de termofusão, usando um aparelho que gera alta temperatura nas partes a serem ligadas, por volta de 280 °C.

Os tubos Amanco PPR são entregues em peças com 4 m de comprimento, nos diâmetros de 20, 25, 32, 40, 50, 63, 75, 90 e 110 mm (diâmetros nominais). A seguir, apresentamos os dados gerais de tubos, conexões e outros produtos de PPR, conforme o catálogo da Amanco.

CARACTERÍSTICAS DOS PRODUTOS AMANCO PRODUZIDOS EM PPR			
TUBO DE POLIPROPILENO COPOLÍMERO RANDON – PN 25			
Comprimento	e (espessura da parede)	Bitola	Exemplo
3 m	3,4	20	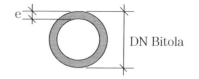
3 m	4,2	25	
3 m	5,4	32	
3 m	6,7	40	
3 m	8,4	50	
3 m	10,5	63	
3 m	12,5	75	
3 m	15,0	90	
3 m	18,3	110	

LUVA SIMPLES F/F – AMANCO PPR					
Disponível nas bitolas					Exemplo
20	25	32	40		
50	63	75	90		
110					

JOELHO 90° F/F – AMANCO PPR					
Disponível nas bitolas					Exemplo
20	25	32	40		
50	63	75	90		
110					

JOELHO 45° F/F – AMANCO PPR					
Disponível nas bitolas					Exemplo
20	25	32	40		
50	63	75	90		
110					

UNIÃO F/F – AMANCO PPR

Disponível nas bitolas			Exemplo
40	50	63	
75	90	110	

CAP - AMANCO PPR

Disponível nas bitolas				Exemplo
20	25	32	40	
50	63	75	90	
110				

TÊ F/F/F – AMANCO PPR

Disponível nas bitolas				Exemplo
20	25	32	40	
50	63	75	90	
110				

TÊ F/F/F DE REDUÇÃO CENTRAL – AMANCO PPR

Disponível nas bitolas				Exemplo
25 × 20	32 × 20	32 × 25	40 × 25	
40 × 32	50 × 25	50 × 32	50 × 40	
63 × 40	63 × 50	75 × 50	75 × 63	
90 × 63	90 × 75	110 × 63	110 × 75	

BUCHA DE REDUÇÃO M/F – AMANCO PPR

Disponível nas bitolas				Exemplo
25 × 20	32 × 20	32 × 25	40 × 25	
40 × 32	50 × 25	50 × 32	50 × 40	
63 × 40	63 × 50	75 × 50	75 × 63	
90 × 63	90 × 75	110 × 75	110 × 90	

ADAPTADOR DE TRANSIÇÃO F/M COM INSERTO METÁLICO – AMANCO PPR

Disponível nas bitolas				Exemplo
20 × 1/2"	20 × 3/4"	25 × 1/2'	25 × 3/4"	
32 × 3/4"	32 × 1"	40 × 1 1/4"	50 × 1 1/2"	
63 × 2"	75 × 2 1/2"	90 × 3"	110 × 4"	

ADAPTADOR DE TRANSIÇÃO F/F COM INSERTO METÁLICO – AMANCO PPR

Disponível nas bitolas				Exemplo
20 × 1/2"	20 × 3/4"	25 × 1/2"	25 × 3/4"	
32 × 3/4"	32 × 1"	40 × 1 1/4"	50 × 1 1/2"	
63 × 2"	75 × 2 1/2"	90 × 3"		

ADAPTADOR DE TRANSIÇÃO M/F PARA *DRY WALL* – AMANCO PPR

Disponível nas bitolas			Exemplo
20 × 1/2"	25 × 1/2"	25 × 3/4"	

JOELHO 90° F/M COM INSERTO METÁLICO – AMANCO PPR				
colspan="4"	Disponível nas bitolas	Exemplo
20 × 1/2"	25 × 3/4"	32 × 3/4"	32 × 1"	

JOELHO 90° F/F COM INSERTO METÁLICO – AMANCO PPR				
colspan="4"	Disponível nas bitolas	Exemplo
20 × 1/2"	25 × 1/2"	25 × 3/4"	32 × 3/4"	
32 × 1"				

TÊ F/M/F COM INSERTO METÁLICO CENTRAL – AMANCO PPR				
colspan="4"	Disponível nas bitolas	Exemplo
20 × 1/2"	25 × 1/2"	25 × 3/4"	32 × 1/2"	
32 × 3/4"	32 × 1"			

TÊ F/F/F COM INSERTO METÁLICO CENTRAL – AMANCO PPR				
colspan="4"	Disponível nas bitolas	Exemplo
20 × 1/2"	25 × 1/2"	25 × 3/4"	32 × 1/2"	
32 × 3/4"	32 × 1"			

CURVA DE TRANSPOSIÇÃO – AMANCO PPR				
colspan="4"	Disponível nas bitolas	Exemplo
20	25	32		

MISTURADOR COM INSERTO METÁLICO F/F/F – AMANCO PPR				
Disponível nas bitolas				Exemplo
20 × 1/2"	25 × 3/4"			

MISTURADOR F/M/M – AMANCO PPR				
Disponível nas bitolas				Exemplo
20	25			

PLUG – AMANCO PPR				
Disponível nas bitolas				Exemplo
1/2"	3/4"			

TARUGOS PARA REPAROS – AMANCO PPR				
Disponível nas bitolas				Exemplo
8 mm				

LUVA ELETROFUSÃO PARA REPAROS – AMANCO PPR				
Disponível nas bitolas				Exemplo
20	25	32		

2 – Projeto e Execução de Instalações Prediais de Água Quente

TESOURA PARA TUBOS EM PPR			
Disponível nas bitolas			Exemplo
20-32	40-63		

TERMOFUSOR AUTOMÁTICO MANUAL			
Voltagem	Bitola	Tipo	Exemplo
110 V	20 – 63	R 63	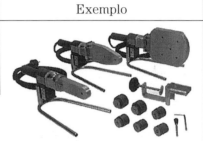
220 V	20 – 63	R 63	
220 V	75 – 110	R 125	

TERMOFUSOR DE BANCADA			
Voltagem			Exemplo
110 V	63 – 90		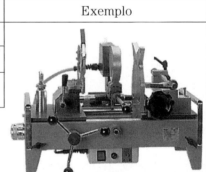
220 V	63 – 90		
220 V	63 – 110		

BOCAL M/F				
Disponível nas bitolas				Exemplo
20	25	32	40	
50	63	75	90	
110				

BOCAL PARA REPARAR TUBULAÇÃO				
\multicolumn{4}{c	}{Disponível nas bitolas}	Exemplo
8 mm				

ELETROFUSOR PARA LUVA ELETROFUSÃO

2.5.1 Método de instalação

TERMOFUSÃO

O processo de soldagem por termofusão é prático e muito simples em relação a outros processos tradicionais. Com o auxílio do Termofusor, ferramenta especialmente desenvolvida para esta atividade, o tubo e a conexão são unidos molecularmente a uma temperatura de 260 °C, formando um sistema contínuo entre tubos e conexões.

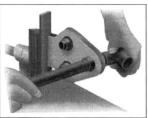

Temperatura ideal para fusão de polipropileno é de 260 °C.

Assim que o Termofusor atingir a temperatura correta, inicie o processo de soldagem, conforme os passos a seguir:

Passos para instalação:

O tubo *Amanco PPR* é prático, versátil e simples de instalar.

1 – Apoie o Termofusor na bancada e limpe os bocais com um pano embebido em álcool gel, antes de iniciar a termofusão.

2 – Corte os tubos com a tesoura especial para tubos, de modo a evitar possíveis rebarbas na tubulação. Em caso de não estar de posse desta ferramenta, os tubos podem ser cortados com serra--arco, tendo-se o cuidado de efetuar o corte perpendicular e eliminar todas as rebarbas.

3 – Limpe a ponta dos tubos e a bolsa das conexões que serão termofusionadas.

4 – Marque na extremidade do tubo a profundidade da bolsa da conexão, para certificar-se que a ponta do tubo não ultrapassará o final da bolsa da conexão.

5 – Introduza simultaneamente o tubo e a conexão em seus respectivos lados do bocal, já conectados ao Termofusor.

6 – A conexão deve cobrir toda a face macho do bocal e o tubo não deve ultrapassar a marcação feita anteriormente.

7 – Retire o tubo e a conexão do Termofusor decorrido o tempo mínimo de aquecimento, conforme tabela abaixo.

TABELA PARA INTERVALO DE TEMPO DE AQUECIMENTO ENTRE A FUSÃO			
Diâmetro (mm)	Tempo de aquecimento (segundos)	Intervalo para acoplamento (segundos)	Tempo de resfriamento (minutos)
20	5	4	2
25	7	4	2
32	8	6	4
40	12	6	4
50	18	6	4
63	24	8	6
75	30	8	6
90	40	8	6
110	50	10	8

OBS.: o tempo de aquecimento deve ser contado somente após a introdução completa da ponta/bolsa nos bocais.

8 – Após retirar o tubo e a conexão do Termofusor, introduza imediatamente a ponta do tubo na bolsa da conexão.

9 – A ponta do tubo deverá ser introduzida até o anel da conexão formado pelo aquecimento do Termofusor.

10 – Após a termofusão da conexão com o tubo, segure firme durante 20 a 30 segundos; por um intervalo de 3 segundos, existe a possibilidade de alinhar a conexão em até 15° (não gire).

OBS.: é importante que a união entre tubos e conexão não seja realizada de forma oblíqua. Para bitolas acima de 50 mm, recomendamos trabalhar com o termofusor de bancada.

TESTE HIDRÁULICO

O teste hidráulico de pressão e estanqueidade para o tubo *Amanco PPR* deve ser realizado a uma pressão de prova de 1,5 vezes a pressão de trabalho, para tubulações até 100 m de distância.

Para trechos maiores, recomendamos subdividir em setores menores.

Nas instalações prediais, o teste hidráulico deve ser realizado somente 1 hora após a última termofusão, com a instalação da Válvula Redutora de Pressão nas colunas de prumadas que superem 40 m.c.a. de pressão manométrica.

O teste de pressão deve ser medido por meio de um manômetro aferido. O teste hidráulico é realizado com auxílio de um manômetro instalado próximo ao ponto a ser testado.

O manômetro acusará a pressão estática normal da tubulação pressurizada. Com o auxílio da Válvula Redutora de Pressão, amplie a pressão estática em um intervalo de 10 minutos. Após o teste, retire a Válvula Redutora de Pressão, voltando à situação normal.

Reparos em tubulação:

a) Operação de reparos em tubulações utilizando "Tarugos para Reparos em PPR", com o auxílio da ferramenta "Bocal para Reparos":

1 – O "Tarugo para Reparos" deve estar seco e livre de gorduras, que podem prejudicar a fusão dos materiais. Para isso, limpe o Tarugo e a ferramenta "Bocal para Reparos" com um pano embebido com álcool gel.

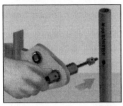

2 – Acople a ferramenta "Bocal para Reparos" no Termofusor.

Rosqueie até ficar firme e aqueça o Termofusor até a temperatura de trabalho, conforme visto anteriormente.

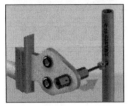

3 – Com o "Bocal para Reparos", introduza o lado macho da ferramenta no furo do tubo.

4 – Segurando o "Bocal para Reparos" no espaçamento já alocado no furo, introduza o "Tarugo para Reparos" no lado fêmea do "Bocal para Reparos", simultaneamente.

5 – Aguarde 5 segundos e, em seguida, retire o "Bocal para Reparos" do tubo e do tarugo. Com o tarugo e o furo aquecidos, una as partes.

6 – Aguarde 2 minutos para o esfriamento e corte a ponta restante do tarugo.

Esta operação deve ser realizada somente quando o diâmetro do furo for no máximo 8 mm, equivalente ao diâmetro do tarugo. Para perfurações maiores ou em ambas as faces, recomendamos cortar a tubulação e realizar a operação com o auxílio de uma luva simples F/F – PPR.

b) Operação de reparos em tubulação utilizando "Luvas Simples F/F – PPR".

1 – Cortar perpendicularmente a parte do tubo danificado.

2 – Limpe a superfície externa a fusionar com álcool gel.

3 – Puxar o tubo para fora da canaleta da parede, introduzindo no bocal fêmea do Termofusor e, simultaneamente, a luva na parte macho do Termofusor. Aguarde o tempo necessário, conforme tabela de aquecimento, e introduza a luva no tubo aquecido.

4 – Após a fusão da luva em uma das pontas, colocar o bocal macho do Termofusor e manter o dobro do tempo recomendado na tabela de aquecimento, retirando o Termofusor em seguida.

5 – Inserir imediatamente o bocal fêmea do Termofusor na outra ponta do tubo, mantendo o tempo recomendado na tabela de aquecimento.

6 – Inserir imediatamente a ponta do tubo na luva, pressionando o tubo para a entrada na posição original da canaleta na parede.

c) Operação de reparos em tubulação utilizando "Luva Eletrofusão para Reparos em PPR", com o auxílio do equipamento Eletrofusor:

Durante este processo de manutenção, denominado eletrofusão, utiliza-se uma luva especial que possui uma resistência alojada internamente. O calor gerado pela resistência elétrica aquece tanto o tubo quanto a conexão, efetuando a fusão dos materiais.

A eletrofusão é um processo mais custoso que o processo de termofusão simples, mas para alguns casos especiais e grandes diâmetros seu uso é justificado.

1 – Cortar o tubo perpendicularmente.

2 – Limpe a parte interna da "Luva Eletrofusão para Reparos em PPR". Marque sobre os extremos dos tubos a medida da bolsa da luva especial para eletrofusão.

3 – Introduza as pontas dos tubos nas bolsas da luva até as marcações realizadas anteriormente.

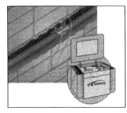
4 – Conectar os terminais do Eletrofusor aos terminais da "Luva Eletrofusão para Reparos em PPR". Durante a eletrofusão e a etapa de resfriamento, evite trações e movimentos durante um intervalo de 5 minutos.

Obs.: Aguardar 2 horas após a última eletrofusão antes de pressurizar a rede.

2.5.2 Recomendações de projeto

PERDA DE CARGA

Um fluido transportado por qualquer tubulação perde energia ao longo de um trecho, em razão, principalmente, do atrito com as paredes internas da tubulação e as mudanças de direção. Esta perda de carga (energia) dependerá da velocidade e viscosidade do fluido, diâmetro interno e rugosidade da tubulação, além das características geométricas das conexões, as quais provocam mudanças de direção.

PERDA DE CARGA DISTRIBUÍDA

Calculadas pela expressão de Darcy-Weisbach (equação universal da perda de carga). As tabelas a seguir ilustram a perda de carga distribuída em m.c.a. por metro de tubulação, para os diâmetros comerciais disponíveis em vazões e temperaturas crescentes.

PERDA DE CARGA LOCALIZADA

As perdas de carga localizadas são ocasionadas pelas conexões, válvulas, medidores etc., que, pela forma e disposição, elevam a turbulência, provocando assim atrito e choques de partículas.

2 – Projeto e Execução de Instalações Prediais de Água Quente

TABELA DE COEFICIENTE DE RESISTÊNCIA (R)		
Símbolo	Descrição	Coeficiente de resistência localizada
	Luva Simples F/F – PPR	0,25
	Bucha de Redução M/F – PPR (reduzir até 2 diâmetros)	0,55
	Bucha de Redução M/F – PPR	0,85
	Joelho 90° F/F – PPR	2,00
	Joelho 45° F/F – PPR	0,60
	TE F/F/F – PPR	1,80
	TE F/F/F de Redução Central – PPR	3,60
	TE F/F/F – PPR	1,30
	TE F/F/F de Redução Central – PPR	2,60
	Tê F/F/F – PPR	4,20
	TE F/F/F de Redução Central – PPR	9,00
	TE F/F/F – PPR	2,20
	TE F/F/F de Redução Central – PPR	5,00
	TE F/F/F com Rosca Central Metálica – PPR	0,80
	Adaptador de Transição – PPR	0,40
	Luva de Transição – PPR	0,85
	Joelho 90° com Inserto Metálico – PPR	2,70
	Joelho 90° com Inserto Metálico e Redução – PPR	3,50
	Misturador – PPR	2,00

Cálculo de perda de carga total:

$$J_t = J_{tubos} + J_{conexões}$$

$$J_{tubos} = L_t \cdot J$$

$$J_{conexões} = SR\frac{(V^2)}{2g}$$

$$\boxed{J_t = L_T \cdot J + SR\frac{(V^2)}{2g}}$$

onde:
- J_t = perda de carga total em (m);
- L_t = comprimento total em (m);
- J = perda de carga unitária em (m);
- SR = somatória do coeficiente de resistência para conexão PPR;
- V = velocidade média do fluido em (m/s).

> Nota: As perdas de carga das conexões são sempre estimadas para a pressão de trabalho (PN) de 25 m.c.a. (PN 25) e consequentes espessuras e diâmetros internos das tubulações.

De posse da vazão solicitada, pré-dimensionamos o trecho estudado com a escolha de um diâmetro comercial adequado. De acordo com a temperatura do sistema, buscamos na tabela correspondente os valores de J (perda de carga distribuída em m.c.a.) e V (velocidade), na intersecção de diâmetro escolhido, com vazão solicitada. Após, multiplicamos o valor de J pelo comprimento total de tubulação, obtendo a perda distribuída no trecho.

Conhecendo as conexões existentes neste trecho, identificamos seus coeficientes de resistência correspondentes na tabela apropriada; que, somados, serão aplicados à fórmula da perda de carga localizada.

Somando a perda de carga distribuída com a perda de carga localizada, obteremos a perda de carga total do trecho.

2.5.3 Tabelas de dimensionamento de sistemas hidráulicos para tubos PPR

As tabelas são divididas em três temperaturas, 20 °C, 60 °C e 80 °C. A temperatura comum de uso dos sistemas de água quente é 60 °C. Usaremos em nossos cálculos essa temperatura. Cabe observar, que quando aumenta a temperatura da água, diminui a perda de carga, como se os tubos ficassem "mais lisos", reduzindo o atrito com a água.

Os diâmetros de cálculo de velocidades e perdas de carga são:

$$\begin{matrix} Q(L/s) \\ \downarrow \\ 1,60 \end{matrix} \qquad J = f \cdot \frac{L}{D} \cdot \frac{V^2}{2g}$$

DN 75 mm (bitola diâmetro nominal)
Diâmetro de cálculo 50 mm
$J = 0,015$ (m.c.a./m)
$V = 0,81$ m/s

- em que 0,015 é um dado experimental obtido originalmente em laboratório (modelo hidráulico gerando depois uma fórmula) medindo a perda de carga por metro de canalização. O m.c.a. é metro de coluna de água.

- 0,81 é a velocidade em m/s de uma vazão de 1,60 L/s em um tubo de 75 mm (diâmetro interno de 50 mm). Essa velocidade, que independe do material do tubo, é calculada da seguinte maneira:

2 – Projeto e Execução de Instalações Prediais de Água Quente

$$Q = SV$$

$$Q = 1,60 \text{ L/s} = 0,0016 \text{ m}^3/\text{s} \qquad Q = 75 \text{ DN} : \text{DI} = 50 \text{ mm}$$

$$S = \frac{\pi \cdot D^2}{4} = \frac{3,14}{4} \times 0,05 \times 0,05 = 0,00196 \text{ m}^2$$

$$Q = SV \qquad V = \frac{Q}{S} = \frac{0,0016}{0,00196} = 0,816 \text{ m/s}$$

Por razões de durabilidade e para não provocar ruídos excessivos, deve-se limitar a velocidade da água em no máximo 3 m/s.

Apresentam-se a seguir as Tabelas de Perdas de Carga para as tubulações PN 12, PN 20 e PN 25, sendo que:

- PN é a pressão hidráulica limite de trabalho;

- 12, 20 e 25 são as pressões hidráulicas expressas em m.c.a.

Com a variação das pressões, as tubulações têm o mesmo diâmetro externo, mas face às diferentes espessuras (função da pressão), resultam diferentes diâmetros internos e diferentes velocidades, gerando diferentes tabelas em função das pressões.

As tubulações PN 12 são previstas só para temperatura da água de 20 °C. As tubulações PN 20 e PN 25, tem nessas tabelas dados hidráulicos para as temperaturas de 20 °C, 60 °C e 80 °C.

A fórmula geral da perda de carga é a de Darcy-Weisback:

$$j = f \cdot \frac{L}{D} \cdot \frac{V^2}{2g}$$

TABELA DE PERDA DE CARGA DISTRIBUÍDA
TUBOS AMANCO PPR PN 12 a 20 °C

Perda de carga por metro de tubulação "J" em m.c.a./m e velocidade "V" em m/s em função da vazão Q (L/s)

Q L/s	J V	Diâmetro nominal						
		32	40	50	63	75	90	110
0,05	J	0,001	0,000	0,000	0,000	0,000	0,000	0,000
	V	0,090	0,060	0,040	0,020	0,020	0,000	0,000
0,10	J	0,003	0,001	0,000	0,000	0,000	0,000	0,000
	V	0,190	0,120	0,080	0,050	0,030	0,020	0,000
0,15	J	0,005	0,002	0,001	0,000	0,000	0,000	0,000
	V	0,280	0,180	0,110	0,070	0,050	0,040	0,000
0,20	J	0,009	0,003	0,001	0,000	0,000	0,000	0,000
	V	0,380	0,240	0,150	0,100	0,070	0,050	0,000
0,30	J	0,018	0,006	0,002	0,001	0,000	0,000	0,000
	V	0,570	0,360	0,230	0,140	0,100	0,070	0,000
0,40	J	0,029	0,010	0,004	0,001	0,001	0,000	0,000
	V	0,750	0,480	0,310	0,190	0,140	0,090	0,020
0,50	J	0,044	0,015	0,005	0,002	0,001	0,000	0,000
	V	0,940	0,600	0,380	0,240	0,170	0,120	0,040
0,60	J	0,061	0,021	0,007	0,002	0,001	0,000	0,000
	V	1,130	0,720	0,460	0,290	0,200	0,140	0,050
0,70	J	0,080	0,027	0,009	0,003	0,001	0,001	0,000
	V	1,320	0,840	0,540	0,340	0,240	0,160	0,070
0,80	J	0,103	0,034	0,012	0,004	0,002	0,001	0,000
	V	1,510	0,960	0,610	0,390	0,270	0,190	0,090
0,90	J	0,127	0,042	0,014	0,005	0,002	0,001	0,000
	V	1,700	1,080	0,690	0,430	0,310	0,210	0,120
1,00	J	0,152	0,051	0,017	0,006	0,003	0,001	0,000
	V	1,880	1,200	0,760	0,480	0,340	0,240	0,140
1,20	J	0,212	0,710	0,024	0,008	0,003	0,001	0,001
	V	2,260	1,440	0,920	0,580	0,410	0,280	0,160
1,40	J	0,282	0,094	0,032	0,010	0,005	0,002	0,001
	V	2,640	1,680	1,070	0,670	0,480	0,330	0,190
1,60	J	0,358	0,120	0,040	0,013	0,006	0,002	0,001
	V	3,010	1,920	1,220	0,770	0,540	0,380	0,210
1,80	J	0,445	0,149	0,050	0,016	0,007	0,003	0,001
	V	3,390	2,160	1,380	0,870	0,610	0,420	0,240

continua

2 – Projeto e Execução de Instalações Prediais de Água Quente

continuação

Q L/s	J V	32	40	50	63	75	90	110
					Diâmetro nominal			
2,20	J	0,637	0,213	0,071	0,023	0,010	0,004	0,002
	V	4,140	2,640	1,680	1,060	0,750	0,520	0,330
2,40	J	0,751	0,250	0,084	0,028	0,012	0,005	0,002
	V	4,520	2,880	1,840	1,160	0,820	0,560	0,380
2,60	J	0,883	0,288	0,097	0,032	0,014	0,006	0,003
	V	4,900	3,110	1,990	1,250	0,880	0,610	0,420
2,80	J	1,011	0,329	0,111	0,036	0,006	0,006	0,004
	V	5,270	3,350	2,140	1,350	0,950	0,660	0,470
3,00	J		0,378	0,125	0,041	0,018	0,007	0,004
	V		3,590	2,290	1,450	1,020	0,710	0,520
3,25	J		0,437	0,146	0,048	0,020	0,008	0,005
	V		3,890	2,490	1,570	1,100	0,760	0,560
3,50	J		0,501	0,167	0,055	0,023	0,010	0,006
	V		4,190	2,680	1,690	1,190	0,820	0,610
3,75	J		0,569	0,191	0,062	0,026	0,011	0,006
	V		4,490	2,870	1,810	1,270	0,880	0,660
4,00	J		0,641	0,214	0,069	0,030	0,012	0,007
	V		4,790	3,060	1,930	1,360	0,94	0,710
4,50	J		0,798	0,263	0,086	0,037	0,015	0,008
	V		5,390	3,440	2.170	1,530	1,060	0,760
5,00	J			0,320	0,104	0,045	0,018	0,010
	V			3,820	2,410	1,700	1,180	0,820

ESPESSURA DA TUBULAÇÃO PN 12		
DE = DN	e	DI
32	2,9	26,20
40	3,7	32,60
50	4,6	40,80
63	5,8	51,40
75	6,8	61,40
90	8,2	73,60
110	10	90,00
Dados em mm		

TABELA DE PERDA DE CARGA DISTRIBUÍDA
TUBOS AMANCO PPR PN 20 a 20 °C

Perda de carga por metro de tubulação "J" em m.c.a./m e velocidade "V" em m/s em função da vazão "Q" (L/s)

Q L/s	J V	Diâmetro nomimal								
		20	25	32	40	50	63	75	90	110
0,05	J	0,013	0,005	0,001	0,001	0,000	0,000	0,000	0,000	0,000
	V	0,310	0,200	0,120	0,080	0,050	0,030	0,020	0,020	0,010
0,10	J	0,043	0,015	0,005	0,002	0,001	0,000	0,000	0,000	0,000
	V	0,610	0,390	0,240	0,150	0,100	0,060	0,040	0,030	0,020
0,15	J	0,089	0,031	0,009	0,003	0,001	0,000	0,000	0,000	0,000
	V	0,920	0,590	0,360	0,230	0,150	0,090	0,070	0,050	0,030
0,20	J	0,149	0,051	0,016	0,005	0,002	0,001	0,000	0,000	0,000
	V	1,230	0,790	0,480	0,310	0,190	0,120	0,090	0,060	0,040
0,40	J	0,513	0,173	0,053	0,018	0,006	0,002	0,001	0,000	0,000
	V	2,460	1,570	0,960	0,610	0,390	0,240	0,170	0,120	0,080
0,50	J	0,769	0,258	0,079	0,027	0,009	0,003	0,001	0,001	0,000
	V	3,070	1,960	1,200	0,770	0,490	0,310	0,220	0,150	0,100
0,60	J	1,072	0,360	0,110	0,037	0,012	0,004	0,002	0,001	0,000
	V	3,680	2,360	1,440	0,920	0,580	0,370	0,260	0,180	0,120
0,70	J	1.424	0,477	0,144	0,049	0,016	0,005	0,002	0,001	0,000
	V	4.300	2,750	1,680	1,070	0,680	0,430	0,300	0,210	0,140
0,80	J	1,822	0,607	0,185	0,063	0,021	0,007	0,003	0,001	0,000
	V	4,910	3,140	1,930	1,230	0,780	0,490	0,350	0,240	0,160
0,90	J	2,268	0,758	0,229	0,077	0,025	0,008	0,004	0,002	0,001
	V	5,530	3,540	2,170	1,380	0,870	0,550	0,390	0,270	0,180
1,00	J		0,917	0,277	0,094	0,031	0,010	0,004	0,002	0,001
	V		3,930	2,410	1,540	0,970	0,610	0,430	0,300	0,200
1,20	J		1,284	0,386	0,129	0,043	0,014	0,006	0,003	0,001
	V		4,720	2,890	1,840	1,170	0,730	0,520	0,360	0,240
1,40	J		1,710	0,512	0,171	0,057	0,019	0,008	0,003	0,002
	V		5,500	3,370	2,150	1,360	0,860	0,610	0,420	0,280
1,60	J			0,652	0,219	0,072	0,024	0,010	0,004	0,002
	V			3,850	2,460	1,550	0,980	0,690	0,480	0,320
1,80	J			0,813	0,269	0,089	0,029	0,013	0,005	0,002
	V			4,330	2,760	1,750	1,100	0,780	0,540	0,360
2,00	J			0,982	0,328	0,107	0,035	0,015	0,006	0,002
	V			4,810	3,070	1,940	1,220	0,870	0,600	0,400
2,20	J			1,180	0,391	0,128	0,042	0,018	0,008	0,003
	V			5,300	3,380	2,140	1,350	0,950	0,660	0,440
2,40	J				0,459	0,150	0,049	0,021	0,009	0,003
	V				3,680	2,330	1,470	1,040	0,720	0,480

continua

2 – Projeto e Execução de Instalações Prediais de Água Quente

continuação

Q	J	Diâmetro nominal								
L/s	V	20	25	32	40	50	63	75	90	110
2,60	J				0,531	0,174	0,056	0,025	0,010	0,004
	V				3,990	2,530	1,590	1,130	0,780	0,520
2,80	J				0,611	0,199	0,064	0,028	0,012	0,004
	V				4,300	2,720	1,710	1,210	0,840	0,560
3,00	J				0,691	0,226	0,074	0,032	0,013	0,005
	V				4,610	2,910	1,840	1,300	0,900	0,600
3,25	J				0,800	0,262	0,085	0,037	0,015	0,006
	V				4,990	3,160	1,990	1,410	0,980	0,650
3,50	J				0,922	0,299	0,097	0,042	0,017	0,007
	V				5,370	3,400	2,140	1,520	1,050	0,700
3,75	J					0,339	0,111	0,048	0,020	0,007
	V					3,640	2,300	1,630	1,130	0,750
4,00	J					0,383	0,124	0,053	0,022	0,008
	V					3,890	2,450	1,730	1,210	0,800
4,25	J					0,427	0,137	0,059	0,025	0,00
	V					4,130	2,600	1,840	1,280	0,860
4,50	J					0,472	0,155	0,067	0,028	0,010
	V					4,370	2,760	1,950	1,360	0,900
4,75	J					0,528	0,170	0,073	0,030	0,011
	V					4,620	2,910	2,060	1,430	0,960
5,00	J					0,577	0,185	0,080	0,033	0,013
	V					4,860	3,060	2,170	1,510	1,010

ESPESSURA DA TUBULAÇÃO PN 20		
DE = DN	e	DI
20	2,8	14,14
25	3,5	18,00
32	4,4	23,20
40	5,5	29,00
50	6,9	36,20
63	8,6	45,80
75	10,3	54,40
90	12,3	65,40
110	15,1	79,90
Dados em mm		

TABELA DE PERDA DE CARGA DISTRIBUÍDA TUBOS AMANCO PPR PN 20 a 60 °C										

Perda de carga por metro de tubulação "J" em m.c.a./m e velocidade "V" em m/s em função da vazão "Q" (L/s)

Q L/s	J V	Diâmetro nominal								
		20	25	32	40	50	63	75	90	110
0,05	J	0,011	0,004	0,001	0,000	0,000	0,000	0,000	0,000	0,000
	V	0,310	0,200	0,120	0,080	0,050	0,030	0,020	0,020	0,010
0,10	J	0,035	0,012	0,004	0,001	0,000	0,000	0,000	0,000	0,000
	V	0,610	0,390	0,240	0,150	0,100	0,060	0,040	0,030	0,020
0,15	J	0,074	0,025	0,008	0,003	0,001	0,000	0,000	0,000	0,000
	V	0,920	0,590	0,360	0,230	0,150	0,090	0,070	0,050	0,030
0,20	J	0,124	0,043	0,013	0,004	0,001	0,000	0,000	0,000	0,000
	V	1,230	0,790	0,480	0,310	0,190	0,120	0,090	0,060	0,040
0,30	J	0,260	0,088	0,027	0,009	0,003	0,001	0,000	0,000	0,000
	V	1,840	1,180	0,720	0,460	0,290	0,180	0,130	0,090	0,050
0,40	J	0,444	0,148	0,045	0,015	0,005	0,002	0,001	0,000	0,000
	V	2,460	1,570	0,960	0,610	0,390	0,240	0,170	0,120	0,080
0,50	J	0,669	0,221	0,067	0,023	0,008	0,003	0,001	0,000	0,000
	V	3,070	1,960	1,200	0,770	0,490	0,310	0,220	0,150	0,100
0,60	J		0,313	0,093	0,031	0,010	0,003	0,001	0,001	0,000
	V		2,360	1,440	0,920	0,580	0,370	0,260	0,180	0,120
0,70	J		0,413	0,124	0,041	0,014	0,005	0,002	0,001	0,000
	V		2,750	1,680	1,070	0,680	0,430	0,300	0,210	0,140
0,80	J		0,532	0,160	0,053	0,018	0,006	0,003	0,001	0,000
	V		3,140	1,930	1,230	0,780	0,490	0,490	0,240	0,160
0,90	J			0,197	0,065	0,021	0,007	0,003	0,001	0,000
	V			2,170	1,380	0,870	0,550	0,390	0,270	0,180
1,00	J			0,240	0,080	0,026	0,008	0,004	0,002	0,001
	V			2,410	1,540	0,970	0,610	0,430	0,300	0,200
1,20	J			0,338	0,111	0,037	0,012	0,005	0,002	0,001
	V			2,890	1,840	1,170	0,730	0,520	0,360	0,240
1,40	J				0,148	0,049	0,016	0,007	0,003	0,001
	V				2,150	1,360	0,860	0,610	0,420	0,280
1,60	J				0,191	0,061	0,020	0,009	0,004	0,001
	V				2,460	1,550	0,980	0,690	0,480	0,320

continua

2 – Projeto e Execução de Instalações Prediais de Água Quente

continuação

Q L/s	J V	Diâmetro nominal								
		20	25	32	40	50	63	75	90	110
1,80	J				0,235	0,077	0,025	0,011	0,004	0,002
	V				2,760	1,750	1,100	0,780	0,540	0,360
2,00	J				0,287	0,093	0,030	0,013	0,005	0,002
	V				3,070	1,940	1,220	0,870	0,600	0,400
2,20	J					0,112	0,036	0,015	0,006	0,002
	V					2,140	1,350	0,950	0,660	0,440
2,40	J					0,130	0,042	0,018	0,007	0,003
	V					2,330	1,470	1,040	0,720	0,480
2,60	J					0,152	0,049	0,021	0,009	0,003
	V					2,530	1,590	1,130	0,780	0,520
2,80	J					0,173	0,055	0,024	0,010	0,004
	V					2,720	1,710	1,210	0,840	0,560
3,00	J					0,197	0,063	0,027	0,011	0,004
	V					2,910	1,840	1,300	0,900	0,600
3,25	J					0,229	0,074	0,032	0,013	0,005
	V					3,10	1,990	1,410	0,980	0,650
3,50	J						0,084	0,036	0,036	0,006
	V						2,140	1,520	1,520	0,700
3,75	J						0,096	0,041	0,017	0,006
	V						2,300	1,630	1,130	0,750
4,00	J						0,108	0,046	0,019	0,007
	V						2,450	1,730	1,210	0,800
4,25	J						0,121	0,052	0,021	0,008
	V						2,600	1,840	1,280	0,860
4,50	J						0,135	0,058	0,024	0,009
	V						2,760	1,950	1,360	0,900
4,75	J						0,149	0,064	0,026	0,010
	V						2,910	2,060	1,430	0,960
5,00	J						0,164	0,070	0,029	0,011
	V						3,060	2,170	1,510	1,010

TABELA DE PERDA DE CARGA DISTRIBUÍDA
TUBO AMANCO PPR PN 20 a 80 °C

Perda de carga por metro de tubulação "J" em m.c.a./m e velocidade "V" em m/s em função da vazão "Q" (L/s)

Q L/s	J V	Diâmetro nominal								
		20	25	32	40	50	63	75	90	110
0,05	J	0,010	0,003	0,001	0,000	0,000	0,000	0,000	0,000	0,000
	V	0,310	0,200	0,120	0,080	0,050	0,030	0,020	0,020	0,010
0,10	J	0,033	0,011	0,004	0,001	0,000	0,000	0,000	0,000	0,000
	V	0,610	0,390	0,240	0,150	0,100	0,060	0,040	0,030	0,020
0,15	J	0,069	0,023	0,007	0,002	0,001	0,000	0,000	0,000	0,000
	V	0,920	0,590	0,360	0,230	0,150	0,090	0,070	0,050	0,030
0,20	J	0,118	0,040	0,012	0,004	0,001	0,000	0,000	0,000	0,000
	V	1,230	0,790	0,480	0,310	0,190	0,120	0,090	0,060	0,040
0,40	J	0,422	0,140	0,042	0,014	0,005	0,001	0,001	0,000	0,000
	V	2,460	1,570	0,960	0,610	0,390	0,240	0,170	0,120	0,080
0,50	J	0,642	0,210	0,063	0,021	0,007	0,002	0,001	0,000	0,000
	V	3,070	1,960	1,200	0,770	0,490	0,310	0,220	0,150	0,100
0,60	J		0,297	0,088	0,029	0,010	0,003	0,001	0,001	0,000
	V		2,360	1,440	0,920	0,580	0,370	0,260	0,180	0,120
0,70	J		0,395	0,117	0,039	0,013	0,004	0,002	0,001	0,000
	V		2,750	1,608	1,070	0,680	0,430	0,300	0,210	0,140
0,80	J		0,507	0,152	0,050	0,016	0,005	0,002	0,001	0,000
	V		3,140	1,930	1,230	0,780	0,490	0,350	0,240	0,160
0,90	J			0,189	0,062	0,020	0,007	0,003	0,001	0,000
	V			2,170	1,380	0,870	0,550	0,390	0,270	0,180
1,00	J			0,230	0,076	0,024	0,008	0,003	0,001	0,000
	V			2,410	1,540	0,970	0,610	0,430	0,300	0,200
1,20	J			0,324	0,105	0,034	0,011	0,005	0,002	0,000
	V			2,890	1,840	1,170	0,730	0,520	0,360	0,240
1,40	J				0,141	0,043	0,015	0,006	0,003	0,001
	V				2,150	1,360	0,860	0,690	0,480	0,280
1,60	J				0,181	0,058	0,019	0,008	0,003	0,001
	V				2,460	1,550	0,980	0,690	0,480	0,320
1,80	J				1,225	0,072	0,023	0,010	0,004	0,002
	V				2,760	1,750	1,100	0,780	0,540	0,360

continua

2 – Projeto e Execução de Instalações Prediais de Água Quente

continuação

Q L/s	J V	Diâmetro nominal								
		20	25	32	40	50	63	75	90	110
2,00	J				0,274	0,088	0,028	0,012	0,005	0,002
	V				3,070	1,940	1,220	0,870	0,600	0,400
2,20	J					0,105	0,034	0,015	0,006	0,002
	V					2,140	1,350	0,950	0,660	0,440
2,40	J					0,124	0,040	0,017	0,007	0,003
	V					2,330	1,470	1,040	0,720	0,480
2,60	J					0,245	0,046	0,020	0,008	0,003
	V					2,530	1,590	1,130	0,780	0,520
2,80	J					0,166	0,053	0,023	0,009	0,004
	V					2,720	1,710	1,210	0,840	0,560
3,00	J					0,189	0,061	0,026	0,011	0,004
	V					2,910	1,840	1,300	0,900	0,600
3,25	J					0,220	0,070	0,030	0,012	0,005
	V					3,160	1,990	1,410	0,980	0,650
3,50	J						0,080	0,034	0,014	0,005
	V						2,140	1,520	1,050	0,700
3,75	J						0,092	0,039	0,016	0,006
	V						2,300	1,630	1,130	0,750
4,00	J						0,103	0,044	0,018	0,007
	V						2,450	1,730	1,210	0,800
4,25	J						0,115	0,049	0,020	0,008
	V						2,60	1,840	1,280	0,860
4,50	J						0,129	0,055	0,022	0,009
	V						2,760	1,950	1,360	0,900
4,75	J						0,143	0,060	0,025	0,009
	V						2,910	2,060	1,430	0,960
5,00	J						0,157	0,067	0,027	0,010
	V						3,060	2,170	1,510	1,010

TABELA DE PERDA DE CARGA DISTRIBUÍDA
TUBOS AMANCO PPR PN 25 a 20 °C

Perda de carga por metro de tubulação "J" em m.c.a./m e velocidade "V" em m/s em função da vazão "Q" (L/s)

Q L/s	J V	Diâmetro nominal								
		20	25	32	40	50	63	75	90	110
0,05	J	0,020	0,007	0,002	0,001	0,000	0,000	0,000	0,000	0,000
	V	0,370	0,230	0,140	0,090	0,060	0,040	0,030	0,020	0,010
0,10	J	0,066	0,022	0,007	0,002	0,001	0,000	0,000	0,000	0,000
	V	0,730	0,460	0,280	0,180	0,120	0,070	0,050	0,040	0,020
0,15	J	0,136	0,045	0,014	0,005	0,002	0,001	0,000	0,000	0,000
	V	1,100	0,690	0,420	0,270	0,170	0,110	0,080	0,050	0,040
0,20	J	0,224	0,074	0,023	0,008	0,003	0,001	0,000	0,000	0,000
	V	1,460	0,920	0,570	0,360	0,230	0,140	0,100	0,070	0,050
0,25	J	0,466	0,154	0,047	0,016	0,006	0,002	0,001	0,000	0,000
	V	2,190	1,390	0,850	0,540	0,350	0,220	0,150	0,110	0,060
0,40	J	0,782	0,258	0,079	0,027	0,009	0,003	0,001	0,001	0,000
	V	2,92	1,850	1,130	0,720	0,460	0,290	0,200	0,140	0,090
0,50	J	1,176	0,384	0,118	0,040	0,014	0,004	0,002	0,001	0,000
	V	3,650	2,310	1,420	0,900	0,580	0,360	0,250	0,180	0,120
0,60	J	1,641	0,534	0,164	0,055	0,019	0,006	0,003	0,001	0,000
	V	4,380	2,770	1,700	1,080	0,690	0,430	0,310	0,210	0,140
0,70	J	2,192	0,707	0,215	0,072	0,025	0,008	0,004	0,001	0,001
	V	5,120	3,230	1,980	1,260	0,810	0,510	0,360	0,250	0,170
0,80	J		0,906	0,276	0,091	0,031	0,010	0,004	0,001	0,001
	V		3,700	2,270	1,440	0,920	0,580	0,410	0,280	0,190
0,90	J		1,124	0,340	0,113	0,039	0,013	0,005	0,002	0,001
	V		4,160	2,550	1,620	1,040	0,650	0,460	0,320	0,210
1,00	J		1,367	0,411	0,137	0,047	0,015	0,007	0,003	0,001
	V		4,620	2,83	1,800	1,160	0,720	0,510	0,350	0,240
1,20	J		1.909	0,574	0,190	0,065	0,021	0,009	0,004	0,001
	V			3,400	2,160	1,390	0,870	0,610	0,420	0,290
1,40	J			0,764	0,251	0,086	0,028	0,012	0,005	0,002
	V			3,970	2,520	1,620	1,010	0,710	0,500	0,330
1,60	J			0,975	0,322	0,110	0,035	0,015	0,006	0,003
	V			4,530	2,880	1,850	1,150	0,810	0,570	0,380

continua

2 – Projeto e Execução de Instalações Prediais de Água Quente

continuação

Q L/s	J V	Diâmetro nominal								
		20	25	32	40	50	63	75	90	110
1,80	J			1,204	0,399	0,135	0,043	0,019	0,008	0,003
	V			5,100	3,240	2,080	1,300	0,920	0,640	0,430
2,20	J				0,579	0,195	0,062	0,027	0,011	0,004
	V				3,960	2,540	1,590	1,120	0,780	0,520
2,40	J				0,678	0,228	0,073	0,031	0,013	0,005
	V				4,320	2,770	1,730	1,220	0,85	0,570
2,60	J				0,787	0,263	0,084	0,036	0,015	0,006
	V				4,680	3,000	1,880	1,320	0,920	0,620
2,80	J				0,899	0,301	0,096	0,042	0,017	0,007
	V				5,040	3,230	2,020	1,430	0,990	0,670
3,00	J					0,347	0,109	0,047	0,019	0,007
	V					3,470	2,170	1,530	1,060	0,710
3,25	J					0,399	0,126	0,054	0,022	0,009
	V					3,750	2,350	1,660	1,150	0,770
3,50	J					0,458	0,146	0,062	0,026	0,010
	V					4,040	2,530	1,780	1,240	0,830
3,75	J					0,520	0,165	0,070	0,029	0,110
	V					4,330	2,710	1,910	1,33	0,890
4,00	J					0,585	0,185	0,079	0,033	0,013
	V					4,620	2,89	2,04	1,41	0,950
4,25	J					0,654	0,205	0,087	0,036	0,014
	V					4,910	2,070	2,160	1,500	1,010
4,50	J					0,729	0,230	0,098	0,040	0,015
	V					5,200	3,250	2,290	1,59	1,070
4,75	J						0,254	0,108	0,045	0,017
	V						3,430	2,420	1,680	1,130
5,00	J						0,278	0,118	0,049	0,019
	V						3,610	2,550	1,770	1,190

PN – pressão nominal
PN 25 – pressão limite 25 m.c.a.

TABELA DE PERDA DE CARGA DISTRIBUÍDA
TUBOS AMANCO PPR PN 25 a 60 °C

Perda de carga por metro de tubulação "J" em m.c.a./m e velocidade "V" em m/s em função da vazão "Q" (L/s)

Q L/s	J V	Diâmetro nominal mm								
		20	25	32	40	50	63	75	90	110
0,05	J	0,016	0,005	0,002	0,001	0,000	0,000	0,000	0,000	0,000
	V	0,370	0,230	0,140	0,090	0,060	0,040	0,030	0,020	0,010
0,10	J	0,054	0,018	0,005	0,002	0,001	0,000	0,000	0,000	0,000
	V	0,730	0,460	0,280	0,180	0,120	0,070	0,050	0,040	0,020
0,15	J	0,113	0,037	0,011	0,004	0,001	0,001	0,000	0,000	0,000
	V	1,100	0,690	0,420	0,270	0,170	0,110	0,080	0,050	0,040
0,20	J	0,190	0,062	0,019	0,006	0,002	0,001	0,000	0,000	0,000
	V	1,460	0,920	0,570	0,360	0,230	0,140	0,100	0,070	0,050
0,25	J	0,399	0,131	0,040	0,013	0,005	0,002	0,001	0,000	0,000
	V	2,190	1,390	0,850	0,540	0,350	0,220	0,150	0,110	0,060
0,40	J	0,680	0,221	0,066	0,020	0,008	0,002	0,001	0,000	0,000
	V	2,920	1,850	1,130	0,720	0,460	0,290	0,200	0,140	0,090
0,50	J	1,037	0,322	0,101	0,033	0,011	0,004	0,002	0,001	0,000
	V	3,650	2,310	1,420	0,900	0,58	0,360	0,250	0,180	0,120
0,60	J		0,466	0,139	0,046	0,016	0,005	0,002	0,001	0,000
	V		2,770	1,700	1,080	0,690	0,430	0,310	0,210	0,140
0,70	J		0,620	0,185	0,061	0,021	0,007	0,003	0,001	0,000
	V		3,230	1,980	1,260	0,810	0,510	0,360	0,250	0,170
0,80	J			0,239	0,078	0,026	0,009	0,004	0,001	0,001
	V			2,270	1,440	0,920	0,580	0,410	0,280	0,190
0,90	J			0,294	0,097	0,033	0,011	0,005	0,002	0,001
	V			2,550	1,620	1,040	0,650	0,460	0,320	0,210
1,00	J			0,358	0,118	0,040	0,013	0,006	0,002	0,001
	V			2,830	1,800	1,160	0,720	0,510	0,350	0,240
1,20	J			0,506	0,165	0,056	0,018	0,008	0,003	0,001
	V			3,400	2,160	1,390	0,870	0,610	0,420	0,290
1,40	J				0,219	0,074	0,023	0,010	0,004	0,002
	V				2,520	1,620	1,010	0,710	0,500	0,330

continua

2 – Projeto e Execução de Instalações Prediais de Água Quente

continuação

Q L/s	J V	Diâmetro nominal								
		20	25	32	40	50	63	75	90	110
1,60	J				0,281	0,095	0,030	0,013	0,005	0,002
	V				2,80	1,850	1,150	0,810	0,570	0,380
1,80	J				0,350	0,117	0,037	0,016	0,007	0,003
	V				3,240	2,080	1,300	0,920	0,640	0,430
2,20	J					0,169	0,054	0,023	0,009	0,004
	V					2,540	1,590	1,120	0,780	0,520
2,40	J					0,199	0,063	0,027	0,011	0,004
	V					2,770	1,730	1,220	0,850	0,570
2,60	J					0,232	0,073	0,031	0,013	0,005
	V					3,000	1,880	1,320	0,920	0,620
2,80	J					0,266	0,083	0,036	0,015	0,006
	V					3,230	2,020	1,430	0,990	0,670
3,00	J						0,096	0,041	0,016	0,006
	V						2,170	1,530	1,060	0,710
3,25	J						0,111	0,047	0,019	0,007
	V						2,350	1,660	1,150	0,770
3,50	J						0,127	0,053	0,022	0,008
	V						2,530	1,780	1,240	0,830
3,75	J						0,145	0,061	0,025	0,010
	V						2,710	1,910	1,330	0,890
4,00	J						0,162	0,069	0,028	0,011
	V						2,890	2,040	1,410	0,950
4,25	J						0,182	0,077	0,031	0,012
	V						3,070	2,160	1,500	1,010
4,50	J							0,086	0,035	0,013
	V							2,290	1,590	1,070
4,75	J							0,094	0,039	0,015
	V							2,420	1,680	1,130
5,00	J							0,104	0,042	0,016
	V							2,550	1,770	1,190

PN – pressão nominal
PN 25 – pressão limite 25 m.c.a.

146　　　　　　　　　　　　　　　　　　　　　　　Instalações Hidráulicas Prediais

TABELA DE PERDA DE CARGA DISTRIBUÍDA
TUBOS AMANCO PPR PN 25 a 80 °C

Perda de carga por metro de tubulação "J" em m.c.a./m e velocidade "V" em m/s em função da vazão "Q" (L/s)

Q L/s	J V	Diâmetro nominal mm								
		20	25	32	40	50	63	75	90	110
0,05	J	0,015	0,005	0,002	0,001	0,000	0,000	0,000	0,000	0,000
	V	0,370	0,230	0,140	0,090	0,060	0,040	0,030	0,020	0,010
0,10	J	0,051	0,017	0,028	0,002	0,001	0,000	0,000	0,000	0,000
	V	0,730	0,460	0,280	0,180	0,120	0,070	0,050	0,040	0,020
0,15	J	0,107	0,035	0,010	0,004	0,001	0,001	0,000	0,000	0,000
	V	1,100	0,690	0,420	0,270	0,170	0110	0,080	0,050	0,040
0,20	J	0,179	0,058	0,018	0,006	0,002	0,001	0,000	0,000	0,000
	V	0,460	0,920	0,570	0,360	0,230	0,140	0,100	0,070	0,050
0,25	J	0,380	0,123	0,037	0,012	0,004	0,001	0,001	0,000	0,000
	V	2,190	1,390	0,850	0,540	0,350	0,220	0,150	0,110	0,060
0,40	J	0,646	0,209	0,062	0,021	0,007	0,002	0,001	0,000	0,000
	V	0,920	1,850	1,130	0,720	0,460	0,290	0,200	0,140	0,090
0,50	J	0,990	0,314	0,095	0,031	0,011	0,003	0,001	0,001	0,000
	V	3,650	2,310	1,420	0,900	0,580	0,360	0,250	0,180	0,120
0,60	J		0,442	0,132	0,043	0,016	0,005	0,002	0,001	0,000
	V		2,770	1,700	1,080	0,690	0,430	0,310	0,210	0,140
0,70	J		0,591	0,175	0,058	0,020	0,006	0,003	0,001	0,000
	V		3,230	1,980	1,260	0,810	0,510	0,360	0,250	0,170
0,80	J			0,227	0,073	0,025	0,008	0,003	0,001	0,001
	V			2,270	1,440	0,920	0,580	0,410	0,280	0,190
0,90	J			0,281	0,092	0,031	0,010	0,004	0,002	0,001
	V			2,550	1,620	1,040	0,650	0,460	0,320	0,210
1,00	J			0,340	0,112	0,038	0,012	0,005	0,002	0,001
	V			1,830	1,800	1,160	0,720	0,510	0,350	0,240
1,20	J			0,483	0,156	0,053	0,017	0,007	0,003	0,001
	V			3,400	2,160	1,390	0,870	0,610	0,420	0,290
1,40	J				0,208	0,070	0,022	0,009	0,004	0,002
	V				2,520	1,620	1,010	0,710	0,500	0,330

continua

2 – Projeto e Execução de Instalações Prediais de Água Quente

continuação

Q L/s	J V	Diâmetro nominal mm								
		20	25	32	40	50	63	75	90	110
1,60	J				0,269	0,090	0,028	0,012	0,005	0,002
	V				2,880	1,850	1,150	0,810	0,570	0,380
1,80	J				0,334	0,112	0,035	0,015	0,006	0,002
	V				3,240	2,080	1,300	0,920	0,640	0,430
2,20	J					0,163	0,051	0,021	0,009	0,003
	V					2,540	1,590	1,120	0,780	0,520
2,40	J					0,190	0,060	0,025	0,010	0,004
	V					2,770	1,730	1,220	0,850	0,570
2,60	J					0,221	0,070	0,029	0,012	0,005
	V					3,000	1,880	1,320	0,920	0,620
2,80	J					0,254	0,079	0,034	0,014	0,005
	V					3,230	2,020	1.430	0,990	0,670
3,00	J						0,091	0,038	0,016	0,006
	V						2,170	1,530	1,060	0,710
3,25	J						0,105	0,045	0,018	0,007
	V						2,350	1,660	1,150	0,770
3,50	J						0,121	0,051	0,021	0,008
	V						2,530	1,780	1,240	0,830
3,75	J						0,138	0,058	0,024	0,009
	V						2,710	1,910	1,330	0,890
4,00	J						0,156	0,066	0,026	0,010
	V						2,890	2,040	1,410	0,950
4,25	J						0,174	0,073	0,030	0,012
	V						3,070	2,160	1,500	1,010
4,50	J							0,081	0,033	0,013
	V							2,290	1,590	1,070
4,75	J							0,090	0,037	0,014
	V							2,420	1,680	1,130
5,00	J							0,100	0,040	0,016
	V							2,550	1,770	1,190

PN – pressão nominal
PN 25 – pressão limite 25 m.c.a.

TABELA DEMONSTRANDO O DI (DIÂMETRO INTERNO) EM COMPARAÇÃO AO DN (DIÂMETRO NOMINAL) DOS TUBOS		
DN (mm)	Espessura (mm)	DI e Cálculo hidráulico (mm)
20	3,4	$20 - (2 \cdot 3,4) = 13,2$
25	4,2	$25 - (2 \cdot 4,2) = 16,6$
32	5,4	$32 - (2 \cdot 5,4) = 21,2$
40	6,7	$40 - (2 \cdot 6,7) = 26,6$
50	8,4	$50 - (2 \cdot 8,4) = 33,2$
63	10,5	$63 - (2 \cdot 10,5) = 42$
75	12,5	$75 - (2 \cdot 12,5) = 50$
90	15,0	$90 - (2 \cdot 15,0) = 60$
110	18,3	$110 - (2 \cdot 18,3) = 73,2$

PONTOS DE FIXAÇÃO DA TUBULAÇÃO

Pontos fixos – (Pf):

São abraçadeiras rígidas, constituídas por um elemento fixo, geralmente metálico, revestido de borracha e de um componente para a fixação à edificação. A parte em borracha (ou material similar) tem a função de não provocar danos na superfície externa do tubo.

Pontos deslizantes – (Pd):

Os pontos deslizantes permitem um deslocamento axial do tubo (em ambos os sentidos). Por este motivo, devem ser posicionados conforme a Tabela de Distâncias Máximas entre apoios fixos das ligações com os acessórios.

TABELA DE DISTÂNCIAS MÁXIMAS ENTRE APOIOS (cm)										
Tipo de tubo (mm)		Temperatura de serviço (°C)								
		0 °C	10 °C	20 °C	30 °C	40 °C	50 °C	60 °C	70 °C	80 °C
PN-25	20	80	70	60	60	50	50	45	40	40
	25	90	80	70	70	60	60	50	50	45
	32	100	90	90	80	70	70	60	60	50
	40	120	110	100	90	85	80	70	65	60
	50	140	130	120	100	100	90	80	80	70
	63	160	150	135	120	115	100	100	90	80
	75	180	170	150	140	130	120	110	100	90
	90	200	190	170	160	150	130	125	115	100
	110	220	200	180	170	160	140	135	125	110

2 – Projeto e Execução de Instalações Prediais de Água Quente 149

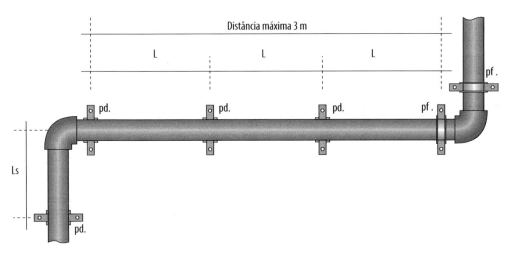

FIGURA 2.2 Distância entre pontos de fixação em instalações na horizontal.

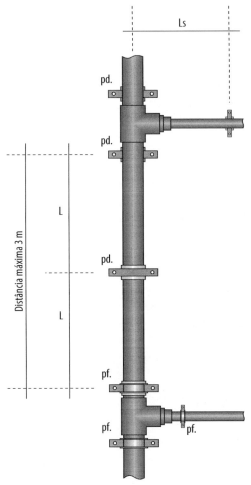

FIGURA 2.3 Distância entre pontos de fixação em instalações na vertical.

2.5.4 Dilatação térmica

A NBR 7198:1993 – Projeto e execução de instalações prediais de água quente recomenda no projeto e execução a verificação da dilatação térmica, em função do material utilizado, com utilização de junta de expansão ou outro dispositivo ou, ainda, por meio de seu traçado, qual seja, a utilização de liras ou braços elásticos. Desta forma, se garante o perfeito funcionamento do sistema, com tubos e conexões confinados adequadamente, prevendo-se a livre movimentação dos mesmos, minimizando-se a flambagem dos trechos de tubulações.

Todas as instalações prediais de água quente, seja qual for o material utilizado, acham-se sujeitas aos efeitos da dilatação térmica, ou seja, as suas tubulações, quando aquecidas se expandem e se contraem quando resfriadas. Estas instalações estão submetidas a grandes variações de temperatura, várias vezes ao dia, não podendo, em hipótese alguma, desprezar este fato, sendo indispensável conhecer o valor do coeficiente de dilatação linear do material empregado, conforme exemplos a seguir.

Na maior parte das instalações de água quente, as tubulações acham-se embutidas e esta movimentação é absorvida pela mesma, em face de seu traçado, com diversas conexões, mas em instalações aparentes, principalmente com trechos longos, em linha reta, entre pontos fixos, esta absorção não ocorre, sendo necessária a utilização dos recursos anteriormente citados, quais sejam braços ou liras.

Na eventualidade ou necessidade das tubulações, no seu todo ou parcialmente terem sido projetadas e executadas sem possibilidade de dilatação térmica, os tubos e as conexões devem ter uma previsão de ancoragem, de modo a suportar os esforços mecânicos que surgem em função da restrição à livre dilatação térmica da tubulação. Atentar para os esforços mecânicos idênticos aos esforços estruturais e consultar os fabricantes. No exemplo a seguir, poderá ser verificado um dimensionamento e a proporção do esforço em função do tipo de apoio.

Para tubulações horizontais, as liras devem ser executadas no plano horizontal, ou seja, paralelamente à tubulação (paralelo ao piso). No caso de ser necessária sua instalação no plano vertical (plano da parede), deve ser posicionada como um U e jamais instale como um U invertido, ou seja, como um sifão invertido, pois isto dificulta o fluxo da água, ao facilitar uma acumulação de ar no ponto mais alto da tubulação.

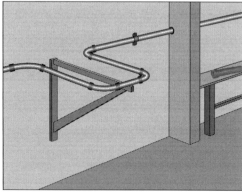

FIGURA 2.4 Lira horizontal com suporte de apoio.

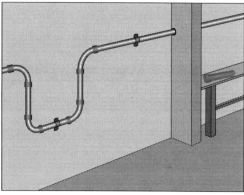

FIGURA 2.5 Lira vertical (como U).

2 – Projeto e Execução de Instalações Prediais de Água Quente

Coeficiente de dilatação – expansão térmica para os tubos *Amanco PPR*

Adota-se a seguinte fórmula: $\Delta l = \Delta t \cdot l \cdot \alpha$

onde:
- Δl = variação do comprimento da tubulação (mm);
- Δt = diferença entre a temperatura no momento da instalação (temperatura ambiente) e a temperatura de serviço (° C);
- l = comprimento da tubulação (m) (entre pontos fixos) (trecho de dilatação);
- α = coeficiente de dilatação linear do material = 0,15 mm/m° C.

Exemplo: Dilatação da tubulação em virtude da variação da temperatura

Obs. Adotado o esquema estrutural a seguir.

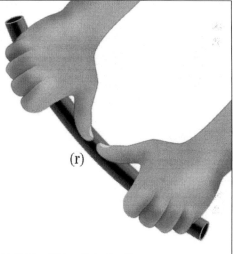

TABELA PARA RAIO DE CURVATURA	
Diâmetros dos tubos	Raio mínimo de curvatura (r)
20 mm	160 mm
25 mm	200 mm
32 mm	256 mm
40 mm	320 mm
50 mm	400 mm
63 mm	500 mm
75 mm	600 mm
90 mm	720 mm
110 mm	760 mm

Para outras situações de apoio, há outras condições estruturais e deve ser consultado o catálogo do fabricante.

l = 0,80 m
t = 20° C (temperatura ambiente)
$t_{máx}$ = 75° C (temperatura máxima de exercício, por exemplo)

$\Delta l = \Delta t \cdot l \cdot \alpha \rightarrow \Delta L = (75 - 20) \times 0,80 \times 0,15 = 6,6$ mm (dilatação linear)

Para um trecho maior, por exemplo de 8 m, teríamos 66 mm (6,6 cm) de dilatação, para as condições anteriores, as quais são as condições de trabalho da tubulação.

2.5.4a A EXECUÇÃO DE BRAÇOS ELÁSTICOS NA INSTALAÇÃO

O cálculo do comprimento do braço elástico efetua-se mediante a seguinte fórmula:

$$Ls = C \cdot \sqrt{de \cdot \Delta L}$$

onde:
 Ls = comprimento do braço elástico (mm) (trecho de absorção);
 C = constante adimensional para o PPR = 30 (adimensional);
 de = diâmetro externo da tubulação (mm);
 ΔL = comprimento de dilatação linear (mm).

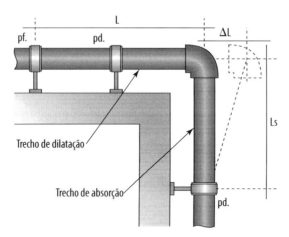

FIGURA 2.6 Exemplo de instalação com braços elásticos.

2.5.5 EXECUÇÃO DE LIRAS NA INSTALAÇÃO

O funcionamento das liras de dilatação equivale a um duplo braço deslizante.

O comprimento mínimo (Lc) de uma lira deve ser pelo menos 10 vezes o diâmetro do tubo, portanto, Lc ≥ 10 · de.

Para calcular o comprimento da lira (comprimento total ou comprimento desenvolvido), utiliza-se a mesma fórmula anterior.

Exemplo: Dilatação da tubulação em virtude da variação da temperatura

 l = 8,00 m
 t = 20 °C (temperatura ambiente)
 $t_{máx}$ = 75 °C (temperatura máxima de exercício, por exemplo)

Δl = Δt · l · α → ΔL = (75 – 20) × 8,00 × 0,15 = 66 mm = 6,6 cm (dilatação linear)

Cálculo do comprimento total da lira

$$\boxed{Lt = C \cdot \sqrt{de \cdot \Delta L}}$$

onde:
 Lt = comprimento da lira (mm) (trecho de absorção;
 C = constante adimensional para o PPR = 30 (adimensional);
 de = diâmetro externo da tubulação (mm);
 ΔL = comprimento de dilatação linear (mm).

Usando-se os dados anteriores, teríamos:

Lt = 30 · √50 · 66 → Lt = 30 · 57,43 = 1.723 mm ~ 1.725 mm = 1,75 m

Como a lira compõe-se de 3 segmentos (2 braços e um trecho horizontal), conforme esquema, temos Lt = 2 · 2 1/5 + 1/5.

Logo: 1,75/5 = 35 cm e os braços terão 70 cm e o trecho horizontal 35 cm.

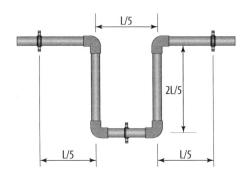

				TABELA 25 - C = 30				
De (mm)	20	25	32	40	50	63	75	90	110
ΔL (mm)	20 mm	25 mm	32 mm	40 mm	50 mm	63 mm	75 mm	90 mm	110 mm
10	42,43	47,43	53,67	60,00	67,08	75,30	82,16	90,00	99,50
20	60,00	67,08	75,89	84,85	94,87	106,49	116,19	127,28	140,71
30	73,48	82,16	92,95	103,92	116,19	130,42	142,30	155,88	172,34
40	84,85	94,87	107,33	120,00	134,16	150,60	164,32	180,00	199,00
50	94,87	106,07	120,00	134,16	150,00	168,37	183,71	201,25	222,49
60	103,92	116,19	131,45	146,97	164,32	184,45	201,25	220,45	243,72
70	112,25	125,50	141,99	158,75	177,48	199,22	217,37	238,12	263,25
80	120,00	134,16	151,79	169,71	189,74	212,98	232,38	254,56	281,42
90	127,28	142,30	161,00	180,00	201,25	225,90	246,48	270,00	298,50
100	134,16	150,00	169,71	189,74	212,13	238,12	259,81	284,60	314,64
110	140,71	157,32	177,99	199,00	222,49	249,74	272,49	298,50	330,00
120	146,97	164,32	185,90	207,85	232,38	260,84	284,60	311,77	344,67
130	152,97	171,03	193,49	216,33	241,87	271,50	296,23	324,50	358,75
140	158,75	177,48	200,80	224,50	251,00	281,74	307,41	336,75	372,29
150	164,32	183,71	207,85	232,38	259,81	291,63	318,20	348,57	385,36
160	169,71	189,74	214,66	240,00	268,33	301,20	328,63	360,00	397,99

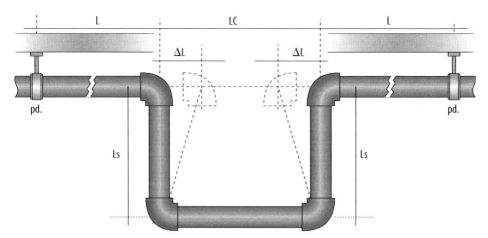

FIGURA 2.7 Exemplo de instalação de lira de dilatação.

INSTALAÇÕES EMBUTIDAS

Espaçamentos entre tubulações embutidas com tubos *Amanco PPR*

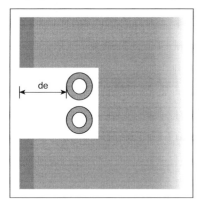

Paredes largas:

Para embutir e imobilizar a tubulação em paredes, utiliza-se uma cobertura de massa de cimento de uma espessura igual ou superior ao diâmetro do tubo.

Obs.: Para este exemplo, foram utilizados tubos PPR em água fria e água quente. Para instalações com água fria em material diferente, utilizar o mesmo distanciamento em relação ao PPR.

de: diâmetro externo do tubo PPR.

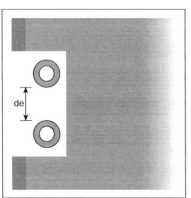

Paredes estreitas:

Para embutir e imobilizar a tubulação, deve-se aumentar a altura da canaleta, que possibilita o distanciamento da tubulação de água fria em, pelo menos, o mesmo diâmetro da tubulação de água quente. No caso da utilização de canaletas individuais, manter a tubulação afastada da parede da canaleta, pelo menos, uma vez o diâmetro da tubulação.

de: diâmetro externo do tubo PPR.

CONEXÕES ESPECIAIS

Algumas conexões são específicas para atender às diversas derivações e transições do sistema *Amanco PPR*.

Curva de Transposição:

Para a transposição do *Amanco PPR* entre tubos com outras características e/ou entre tubos PPR, dispomos de Curva de Transposição, que pode ser instalada tanto na vertical quanto na horizontal.

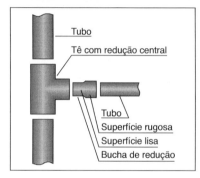

Bucha de Redução M/F:

Esta conexão é projetada para reduzir a tubulação na linha longitudinal do sistema, ou seja, a redução de um tubo de maior diâmetro para um com bitola menor. Este tipo de conexão é de fundamental importância no sistema, pois evita a concentração de várias reduções em um mesmo ponto.

Conexões de Transição com inserto metálico

São as conexões *Amanco PPR* com roscas metálicas (bronze niquelado), fêmea ou macho, destinadas a receber rosca de dispositivos da rede como registros de pressão e gavetas, aquecedores de passagem a gás, elétricos, acumuladores, válvulas de alívio e transições de sistemas instalados em materiais metálicos para o sistema *Amanco PPR*.

Misturadores *Amanco PPR*:

Especialmente desenvolvido para o máximo desempenho hidráulico com total conforto acústico. O Misturador *Amanco PPR* tem desenho desenvolvido para impedir o retorno de água quente para a tubulação de água fria, além de direcionar o fluxo, melhorando o desempenho hidráulico e reduzindo o nível de ruído.

Duas opções: pontas que permitem a regulagem da distância entre os registros ou bolsas com inserto metálico, para conexão direta ao corpo dos registros.

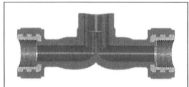

Desenho projetado para dificultar o retorno de água quente para o sistema de água fria.

Curvatura calculada para a mínima turbulência da água e a baixa rugosidade da superfície garantem a velocidade de escoamento.

Fabricado nas bitolas recomendadas para esta aplicação: com inserto metálico, nas bitolas 20 mm × 1/2" ou 25 mm × 3/4", e com pontas, nas bitolas 20 e 25 mm.

Projetado para não transmitir ruídos, dispensa isolamento acústico.

Total estanqueidade no sistema, com juntas que se fundem a 260 °C, formando praticamente uma tubulação contínua entre o misturador e o tubo de subida para a ducha.

Alta resistência à pressão e temperatura: opera a temperaturas de serviço de 80 °C a 60 m.c.a., suportando temperaturas ocasionais de 95 °C a 60 m.c.a.

2.6 PROBLEMAS RESOLVIDOS

Vamos agora resolver os dois problemas típicos de dimensionamento de sistemas hidráulicos de instalações prediais, seja de água quente, seja de água fria. Vamos mostrar problemas de água quente e resolvê-los usando tabelas de dimensionamento, já mostradas neste capítulo e provenientes do catálogo da Amanco de tubos e conexões PPR. Nessas tabelas temos as vazões, os diâmetros das tubulações e os consequentes resultados de velocidade e perda de carga unitária (J),

As unidades da tabela são:

Q = (vazão) L/s;
D = (diâmetro nominal = diâmetro externo) mm;
V = (velocidade) m/s;
J = perda de carga unitária (metro de coluna de água por metro de tubulação m.c.a./m.

NOTA

O diâmetro de cálculo da tabela é o diâmetro interno do tubo, ou seja, do diâmetro externo retira-se a espessura do tubo.

Apresentamos os dois tipos de problemas. O problema tipo A e o problema tipo B. No problema tipo A, é definida a vazão que se quer, vazão que se deseja e, então, vamos construir um sistema físico que possa, com base na teoria, escoar essa vazão. No problema tipo B, é definido (já existe fisicamente) um sistema hidráulico, temos de estimar a vazão neste sistema. Vamos aos exemplos numéricos.

2 – Projeto e Execução de Instalações Prediais de Água Quente

Problema tipo A

Seja um conjunto de quatro equipamentos iguais a abastecer, cada aparelho com demanda de 0,4 L/s de água quente a 60 °C. Ver esquema a seguir. Usaremos tubos PPR com diâmetro a determinar. Admitamos que o comprimento da tubulação de alimentação seja de 320 m com 12 joelhos de 90° e 14 joelhos de 45°. Tendo a tubulação de alimentação 320 m de extensão e como cada tubo tem 4 m de comprimento, haverá o uso de 320/4 = 80 luvas ligando tubo a tubo. A cota de entrada de água em cada aparelho é de 781,40 m. Fica a pergunta: Em que altura devemos fixar a cota de água do reservatório que alimenta o sistema?

Considerações

A vazão a escoar no tubo de alimentação dos quatro aparelhos consumidores será de 4 × 0,4 L/s, portanto, igual a 4 × 0,4 = 1,6 L/s.

Temos de adotar um diâmetro da tubulação de PPR, e o melhor critério, para isso, é adotar uma velocidade da água, que será igual a um valor próximo de 0,5 L/s. Como Q = S × V, escolhemos da tabela um diâmetro DN (mm) que dê essa velocidade.

Vê-se, da tabela, que o diâmetro nominal de 90 mm dá a velocidade de 0,57 m/s, que será, então, o diâmetro a usar. Vamos aos cálculos.

Usemos a tabela que dá a perda de carga por peça.

conexões luvas: $80 \times 0,25 \ = 20$
joelho de 90° $12 \times 2,00 \ = 24$
joelho de 45° $14 \times 0,60 \ = \ 8,40$
_____
soma $52,40$

Logo SR = 52,40

$$J_{total} = J_{tubos} + J_{conexões} = J_{tubos} + \frac{SR \ V^2}{(2 \times g)} = J_{tubos} + \frac{52,40 \times 0,57 \times 0,57}{2 \times 9,80} = 0,86$$

$$J_{total} = J_{tubos} + J_{conexões} = J_{tubos} + \frac{SR \ V^2}{(2 \times 9,8)}$$

$$J_{tubos} = J \cdot L = 0,005 \times 320$$

$$J_{total} = 0,005 \times 320 + 0,86$$

$$J_{total} = 2,46 \ m \qquad h = 2,46 \ m$$

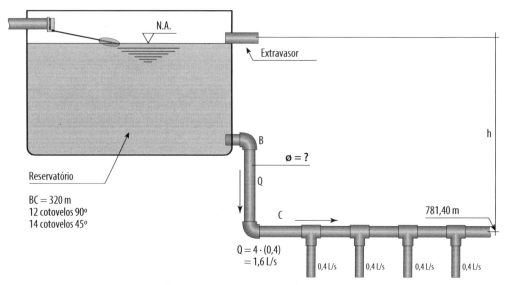

FIGURA 2.8 Esquema do problema tipo A.

Problema tipo B

O sistema é definido (totalmente construído) e, então, estimamos, com base na teoria, a vazão a escoar. Seja o sistema a seguir (ver esquema) e calculemos (estimemos) a vazão Q a escoar.

Como mostrado no esquema entre os pontos A e B, temos 95 m de tubos de 25 mm (DN), mais 14 joelhos de 90° e mais 8 joelhos de 45°.

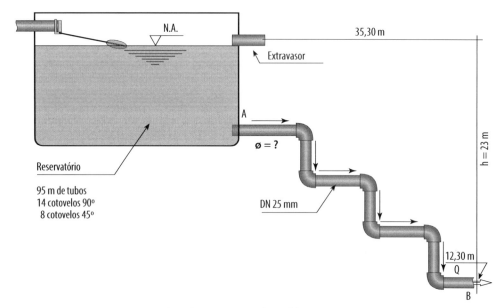

FIGURA 2.9 Esquema do problema tipo B.

Entre A e B, temos (dados do problema):

- 95 m de tubos DN = 25 mm. Como cada tubo é fabricado com 4 metros de comprimento, o número de conexões de ligação tubo com tubo, será de: 95/4 $\cong$ 25 conexões;
- 14 joelhos de 90°;
- 8 joelhos de 45°.

Cálculo da perda de carga em conexões:

conexões luvas: $25 \times 0,25 = 6,25$
joelho de 90° $14 \times 2,00 = 28$
joelho de 45° $8 \times 0,60 = \underline{4,80}$

soma   39,05

Logo SR = 39,05

$J_{total} = J_{tubos} + J_{conexões}$
$J_{tubos} = Lt \cdot J$

$$J_{conexões} = \frac{SR \cdot V^2}{2g}$$

Vamos usar o processo de aproximações sucessivas (tentativas):

Primeira tentativa:

Admitamos que Q = 0,60 L/s, DN = 25 mm e temperatura 60 °C. Da tabela de perdas de cargas e com esses dados:

$$J = 0,466 \text{ m.c.a./m} \quad e \quad V = 2,77 \text{ L/s}$$

$$J_{total} = 95 \times 0,466 + \frac{329,05 \times 2,77^2}{(2 \times 9,8)}$$

$$J_{total} = 44,27 + 15,29 = 59,5$$

Mas a carga disponível é de 23 m < 59,5 m.

Logo a vazão de Q = 0,60 L/s é exagerada. Ela deve ser menor.

Segunda tentativa:

Desta vez vamos adotar Q = 0,30 L/s. Para os tubos DN 25 e vazão de 0,3 L/s os dados da tabela são:

$$V = 1,39 \text{ m/s} \quad e \quad J = 0,154 \text{ m.c.a./m}$$

$$J_{total} = J_{tubos} + J_{conexões}$$

$$J_{total} = L_{tubos} \cdot J + \frac{SR \ V^2}{(2g)}$$

$$J_{total} = 95 \times 0,154 + \frac{39,05 \times 1,39^2}{(2 \times 9,8)} = 18,48 \text{ m} <<23 \text{ m}$$

Logo a vazão de 0,30 L/s é menor que a vazão que escoará, pois com Q = 0,3 L/s não consumiremos a carga disponível de 23 m.

Terceira tentativa:

Adotemos por tentativa e aproximação sucessiva Q = 0,4 L/s. Verifiquemos na tabela de velocidade e perda de carga para t = 60 °C. DB 25 mm, J = 0,258 m.c.a./m e V = 1,85 m/s.

$$J_{total} = L_{tubos} \times J + \frac{SR\ V^2}{(2g)}$$

$$J_{total} = 95 \times 0,258 + \frac{39,05 \times 1,85^2}{(2 \times 9,8)} = 31,31\ m > 23\ m$$

Paramos por aqui e temos a certeza que a vazão que escoará será maior que 0,30 L/s e menor que 0,40 L/s, algo como 0,35 L/s = Q > 0,35 L/s.

O problema está resolvido.

NOTA

A precisão numérica dos cálculos não reflete a precisão que encontraremos na operação do sistema, mas serve como guia de um resultado prático.

2.7 MANUTENÇÃO DE UM SISTEMA DE ÁGUA QUENTE

A NBR 7198:1993 não é minuciosa quanto a prescrições de manutenção do sistema de água quente. Ver item 6.1.2.2 dessa norma.

Face à experiência dos autores, sugere-se:

- Manter sempre disponíveis em local seguro, mas de fácil consulta, os manuais dos fabricantes.

- Anotar, em local visível nos aparelhos, a data da última inspeção de manutenção dos equipamentos e como contatar o profissional ou empresa que fez a manutenção.

- Uma vez por ano, chamar um técnico para rever o sistema.

- Duas vezes por ano, dar descarga de fundo do *boiler* e olhar a cor da água que sai. Cor muito vermelha pode ser sinal de corrosão. Verificar a possibilidade de correção da corrosão. Findo o período de vida útil do equipamento, trocá-lo, destinando o velho para sucata.

- Uma vez por ano, verificar, se for visível, o estado do material elétrico de alimentação do chuveiro. Cor esverdeada nos cabos indica corrosão e talvez seja o caso de trocar todo o chuveiro, pois seu custo de aquisição é baixo.

NOTAS

1. Um aquecedor de acumulação (*boiler*) oxidou-se e rompeu-se, liberando toda a água quente estocada. Como estava em cima da cama da empregada, ela se queimou. Entendem os autores que a localização desse equipamento sobre uma cama contraria normas de segurança e o item 6.1.2.1 da norma NBR 7198/1993.

2. Um aquecedor de acumulação oxidou e abriu-se. Não havia ninguém no apartamento e, com isso, a moradia foi inundada pela água do aquecedor e do ramal de alimentação, pois esse ramal não tem dispositivo de controle automático de vazão.

2.8 NOTAS TÉCNICAS COMPLEMENTARES

2.8.1 Queimaduras[4]

Água quente pode queimar. Face a seu alto calor específico (o maior de todos), a água pode queimar mais que outros materiais, na mesma temperatura.

Vejamos casos de queimaduras por água quente ou outra fonte. Veja a terminologia:

- queimadura de primeiro grau – é a queimadura mais leve e só atinge a epiderme (pele), caso mais comum de queimaduras de sol;

- queimadura de segundo grau – é quando atinge a epiderme e derme;

- queimadura de terceiro grau – é o tipo de queimadura mais forte, atingindo a pele (epiderme), derme e hipoderme (músculos).

Claro que, em queimaduras, a extensão das mesmas é fator a considerar.

2.8.2 Água quente para uso termal

No Brasil, temos várias fontes de água quente (por exemplo, no Estado de Goiás), que são usadas para usos termais (banhos). Vários hotéis tiram partido disso, pelo aspecto relaxante que banhos em água quente propiciam.

A temperatura da água nessas fontes termais chega a 50 °C.

A razão de existir essa água naturalmente quente é o seu contato com rochas quentes que estão em posições altas.

2.8.3 O paradoxo da água quente de poços profundos e seu uso em sistemas de abastecimento público

No extremo oeste do Estado de São Paulo (e em outras regiões do país), a Petrobras perfurou poços à procura de petróleo. A maioria tem profundidade de mais de mil me-

---

4 Em 2006, durante uma partida oficial em um grande estádio de futebol, o goleiro de uma das agremiações, ao término do jogo, foi ao vestiário para tomar banho e o fez com água quente. Teve seu corpo parcialmente queimado, pois a água fornecida pelo sistema estava na faixa, possivelmente, de 70° a 90 °C. Talvez um defeito no termostato do aparelho central de aquecimento.

162   Instalações Hidráulicas Prediais

tros e não se achou petróleo. Em alguns poços se encontrou um lençol de água quente e, em alguns casos, o poço é jorrante, ou seja, além da água quente, o poço tem artesianismo e, com isso, a água jorra alcançando dezenas de metros acima da superfície. Todavia, todas essas vantagens esbarram em uma dificuldade. Os moradores da cidade que poderiam usar essa água (química e bacteriologicamente potável) já aquecida não a aceitam, pois não satisfaz o objetivo de refrescar o corpo, ao ser ingerida.

Face a isso :

- a água saída do poço jorrante é enviada para uma alta torre de madeira ou plástico, fazendo-se uma redução de temperatura. O sistema é tanto mais eficiente quanto mais baixa for a temperatura ambiente. Ou seja, o sistema funciona melhor quanto maior for o gradiente térmico;

- com a água já parcialmente resfriada, a mesma é enviada, por bombas, à cidade.

Chegando à casa dos usuários, parte dela é aquecida ou por chuveiros elétricos, ou por aquecimento por gás ou por aquecimento pela passagem em fogão a lenha.

Se a água fosse enviada para uma indústria, talvez se usasse tanto a pressão disponível (evitando o bombeamento), como, talvez, se usasse a energia térmica da água quente.

2.8.4 Curiosidade – chuveiro elétrico

O equipamento mais comum no Brasil para aquecimento de água para higiene é o chuveiro elétrico, mas ele não aparece com suas normas listadas entre as normas citadas na norma 7198/1993. A razão seria que o chuveiro elétrico não é considerado como equipamento de sistema predial de água quente, pois é colocado na extremidade da tubulação, pouco afetando-a. O aquecedor a gás de passagem, que é colocado em ponto próximo da extremidade da tubulação, tem sua norma (NBR 5899) listada na norma geral NBR 7198. A norma geral do chuveiro elétrico é a norma NBR 12483/1992.

O chuveiro elétrico chega a ter uma potência de 5.000 Watt. Essa alta potência é necessária, pois a água no chuveiro entra fria (temperatura ambiente) e tem de sair daí a alguns segundos à temperatura elevada). Além disso, os banhos têm horário definido (de manhã e à noitinha), gerando no sistema de distribuição elétrica uma enorme sobrecarga de demanda, exigindo reforço das linhas de transmissão, que o uso de outro sistema (sistema de reservação térmica, mesmo elétrico) não exigiria.

2.8.5 Anos 1960

Até os anos 1960 existiam, em algumas residências e apartamentos, aquecedores de passagem a gás em banheiros, locais de péssima ventilação. No caso de haver vazamento de gás, o perigo de morte do usuário era enorme e muitos morreram nessa situação. Para minorar isso, velhas normas sanitárias exigiam que em todos os banheiros houvesse um espaço livre de 20 cm × 20 cm, abrindo para fora, para o escape de gás. Ainda se pode ver em velhas residências a existência desse dispositivo de segurança; janelas e vitrôs não são solução, pois podem ser fechados.

Atualmente, a instalação de aquecimento por queima de gás dentro de banheiros é proibida e quando os aquecedores são instalados em área de serviço, exige-se uma tubulação de exaustão natural.

2.8.6 Dispositivo criativo em hospital público de São Paulo

Em um hospital público de São Paulo, havia muitas reclamações dos usuários e enfermeiras quanto à entrada de água fria no sistema de água quente e vice-versa nos locais de banho. O sistema era centralizado e a água aquecida por vapor de uma caldeira a gás. O esquema de comando de cada ponto de banho era o mostrado a seguir usando na extremidade do chuveirinho um dispositivo do tipo "gatilho" para facilitar o liga/desliga. Veja:

FIGURA 2.10

Chamado a resolver esse aparentemente difícil problema de equilíbrio térmico hidráulico, o Eng. Paulo Inocêncio resolveu-o com uma singular simplicidade. Bastava eliminar o "gatilho", obrigando o usuário a usar os dois "registros" (válvulas). Com isso, para usar abriam-se e fechavam-se os registros. O uso do "gatilho" com os dois registros abertos é que gerava a comunicação e mistura da água fria com água quente.

2.8.7 Prédios

Em alguns prédios novos na cidade de São Paulo, o pé-direito é pequeno. Nos banheiros, em que o teto é rebaixado, o pé-direito disponível fica mais baixo ainda. Pessoas com mais de 1,80 m de altura, hoje comum entre os jovens, sofrem ao tomar banho de chuveiro, pois no caso de chuveiros elétricos, ao levantarem os braços podem esbarrar no chuveiro, e o que é pior, na fiação elétrica. O perigo é grande, o que sugere que, em vista do crescimento da altura da população, o pé-direito das construções destinadas à moradia cresça também.

2.8.8 Curiosidades

Os autores têm dado cursos sobre instalações hidráulicas prediais em todo o país, em associações de engenheiros. Face a isso, os autores anotaram algumas curiosidades regionais, que agora contam para os leitores deste livro.

- No norte do país, em alguns novos apartamentos de muito bom nível (três e quatro dormitórios, quarto de empregada e cinco locais de banho), só um dos locais de banho tem aquecimento artificial da água. O forte calor ambiente, durante todo o ano, faz prescindir de maior número de aquecimentos artificiais da água.

- Ao contrário, em Erechim/RS, os chuveiros de maior potência elétrica e, portanto, de maior capacidade de aquecimento, são inadequados para gerar água em temperatura agradável no inverno, relativamente à ocorrência de temperaturas muito baixas.

- Chamado para dar um parecer sobre as instalações prediais em um velho prédio, um dos autores foi consultado por um morador, há mais de 20 anos em um mesmo apartamento, sobre uma misteriosa chapinha instalada na parede de um dos banheiros. Depois de inspecionar, deu-se descarga no aquecedor de acumulação, instalado também há mais de 20 anos. Da misteriosa chapinha saiu uma água vermelha. Era o ponto de descarga no banheiro da tubulação de dreno do *boiler*, nunca acionada por 20 anos.

- Terminologias locais – o profissional que instala e faz reparos nas redes hidráulicas prediais chama-se bombeiro no Rio de Janeiro, encanador em São Paulo, aparelhador e instalador em alguns outros estados. E no estado do caro leitor?

2.8.9 Sistema de recirculação de água quente

Principalmente em hotéis de alto nível, deseja-se que o hóspede, ao abrir uma torneira do sistema de água quente, rapidamente possa usar essa água. Em um sistema tradicional isso não acontece, transcorrerão alguns minutos para começar a correr água quente. Uma solução é dotar o sistema de água quente com uma circulação permanente, via uso de bombas. O sistema funciona, mas é custoso em termos de energia do acionamento motor-bomba.

2.9 O USO DO MATERIAL PEX – TUBOS E CONEXÕES

2.9.1 O Sistema Amanco PEX

O Sistema Amanco PEX Monocamada atende instalações hidráulicas prediais de água quente e fria, garantindo versatilidade, facilidade e rapidez na instalação hidráulica, com tubulações flexíveis, resistentes, com ótimo desempenho hidráulico, face à baixa rugosidade interna. Usada, principalmente, nos ramais de distribuição de água quente e fria, a partir de colunas de distribuição de PVC e CPVC, tem largo uso na Europa, sendo o sistema de maior crescimento em todo o mundo.

O sistema utiliza bobinas de tubos em polietileno reticulado e conexões metálicas do tipo anel deslizante (*slide fit*), exclusivo para a classe de aplicação 2, ou seja, para distribuição de água quente. O tubo PEX é fabricado em polietileno reticulado do tipo B com silano (PE-Xb) e as conexões metálicas (em latão) são do tipo anel deslizante. O sistema PEX (tubos e conexões) acha-se em conformidade com a NBR 15939:2011 – Sistemas de tubulações plásticas para instalações prediais de água quente e fria – Polietileno reticulado (PE-X), bem como com as normas referentes às conexões metálicas e a NBR 7198:1993 – Projeto e execução de instalações prediais de água quente.

2 – Projeto e Execução de Instalações Prediais de Água Quente

2.9.2 Vantagens da utilização do Sistema PEX

* Tubulação flexível e leve, facilitando aquisição, transporte, estocagem e instalação;

* Facilidade de instalação, permitindo manuseio rápido em instalações convencionais ou diretas, ponto a ponto, possibilitando a instalação em grandes trechos, sem conexões intermediárias, face a sua flexibilidade;

* Usado para água quente ou fria;

* Utilização de bitolas menores, comparado a sistemas convencionais de instalações hidráulicas (PPR, CPVC e PVC);

* Compatibilidade com vários métodos construtivos (divisórias comuns, *dry wall*, alvenaria convencional e estrutural);

* Ideal para instalações padronizadas (grandes prédios), reduz o tempo de instalação e o número de conexões;

* Instalação que permite fácil manutenção e redução de entulho já que não necessita demolição de paredes e não tem conexões intermediárias;

* Alta resistência química e à corrosão, suportando águas ácidas ou alcalinas;

* Redução de perdas, pois é cortado do tamanho necessário, ao contrário dos sistemas rígidos;

* Baixa perda de calor, em virtude da baixa condutividade térmica;

* Não necessita isolamento térmico;

* Pode ser usado, também, em sistemas de ar-condicionado, aquecimento solar, refrigeração, calefação e sistemas de aquecimento de ambientes pelo piso;

* Sistema com linha completa, totalmente intercambiável com as demais tubulações Amanco;

* Durabilidade de 50 anos.

2.9.3 Características técnicas

* Tubos nas bitolas de DN 16, 20, 25 e 32 mm;

* Bobinas de 50 m (para 25 e 32 mm) e 100 m (para 16 e 20 mm);

* Conexões com roscas NBR NM ISO 7-1.

Pressão

A classe de pressão de projeto varia conforme a série do tubo, atendida na norma pela pressão nominal, S4 – 0,8MPa (80 m.c.a.) e S5 – 0,6Mpa (60 m.c.a.).

A PRESSÃO DE TRABALHO			
Tipo	Classe de aplicação	Pressão nominal (Mpa)	Diâmetro nominal (mm)
Tubo PEX S4 DN 16 × 100	Classe 2	0,8	16
Tubo PEX S5 DN 20 × 100	Classe 2	0,6	20
Tubo PEX S5 DN 25 × 50	Classe 2	0,6	25
Tubo PEX S5 DN 32 × 50	Classe 2	0,6	32

Temperatura de serviço

De acordo com a NBR 15939:2011, a temperatura de serviço para um campo padrão de distribuição de água quente é de 70° C, para uma vida útil de 50 anos e a temperatura de pico é 95° C.

Propriedades do tubo PEX

- Coeficiente de dilatação linear: $1,4 \times 10\text{-}4$ mm/(m° C);
- Rugosidade: 0,007 mm;
- Condutividade térmica: 0,35 W/m * °C;
- Bitolas equivalentes.

DN	Eq. polegada
16	1/2"
20	3/4"
25	1"
32	1 1/4"

Perda de carga

Perda de carga na tubulação (DN32):0,206 m.c.a <<PPR (0,549 m.c.a.).

A perda de carga nos tubos PEX é inferior à perda nos tubos PPR.

2.9.4 Instalação

2.9.4.1 Materiais necessários para instalação

1. Tesoura cortadora de tubos;
2. Ferramenta de montagem e desmontagem para união por anel deslizante;
3. Alicate alargador de tubos.

2 – Projeto e Execução de Instalações Prediais de Água Quente   167

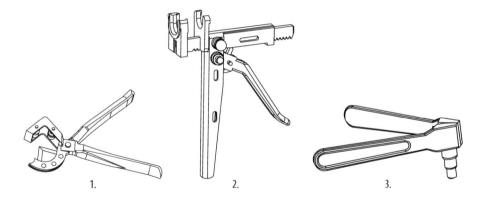

Observação:

As ilustrações são exemplos, mas há variedade nos modelos de ferramentas para serem utilizadas conforme o diâmetro da tubulação (checar catálogo de produtos).

2.9.4.2 Passo a passo de instalação

1. Inserir o anel na ponta do tubo. Fazer a bolsa gradualmente na extremidade do tubo com o alicate alargador, evitando a deformação pontual do tubo.
2. Introduzir a conexão na bolsa do tubo. Recomenda-se deixar espaço de aproximadamente 2 mm entre o final do tubo e a conexão.
3. Deslizar o anel sobre a bolsa com o auxílio da ferramenta de montagem.
4. Pressione até que o anel encoste na conexão.

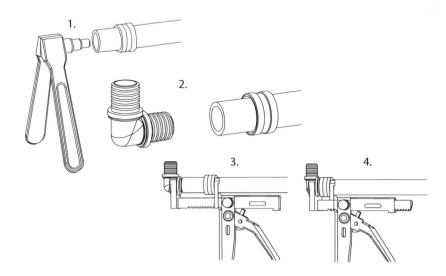

2.9.4.3 Curvas

Em razão da maleabilidade do tubo, não é necessário utilizar curvador para o *Amanco PEX* desde que os raios mínimos sejam respeitados para que não haja colapso do tubo.

A recomendação do raio mínimo de curvatura, é de 10 vezes o diâmetro externo (DE) sem o curvador de alumínio (mola) e de 5 vezes o DE com uso de curvador de alumínio.

2.9.4.4 Interface com outros sistemas hidráulicos

Toda ligação é feita por meio de conexões roscáveis ligadas ao módulo distribuidor, localizado dentro dos *shafts* para passagem das prumadas.

2.9.4.5 Instalações com Amanco PEX

O sistema *Amanco PEX* pode ser instalado tanto por meio do método de distribuição pelo módulo distribuidor quanto pelo convencional, que utiliza derivações.

Em virtude do melhor benefício da utilização do módulo distribuidor, somente esse método será detalhado.

FIGURA 2.11 Exemplo de distribuição pelo módulo distribuidor.

Módulo Distribuidor

O módulo distribuidor ou *manifold*, faz a interface com outros sistemas, serve de terminal para o sistema PEX e realiza a passagem e distribuição da tubulação hidráulica. Funciona no sistema de Amanco PEX como uma caixa de disjuntores para o sistema elétrico.

O uso do módulo distribuidor reduz o número de conexões requeridas no sistema hidráulico e, também, facilita a manutenção.

FIGURA 2.12 Módulo de distribuição.

Sistema de distribuição pelo módulo distribuidor

Cada ponto de água é alimentado por uma linha exclusiva que está ligada ao módulo de distribuição ou *manifold*.

O sistema oferece um fluxo mais silencioso de água, mais equilíbrio de pressão de água e redução de perda de carga em comparação aos sistemas tradicionais.

As seguintes informações aplicadas ao sistema PEX de distribuição devem ser seguidas:

- Módulos de distribuição podem ser instalados na posição vertical ou horizontal.
- Em instalações que sejam abastecidas por múltiplos aquecedores, pode ser utilizado um módulo de distribuição remoto para abrigar saídas para os pontos de abastecimento.
- Cada ponto de utilização possui sua linha própria de tubulação.
- A linha de distribuição deve ser o mais contínua possível entre o módulo distribuidor e o ponto de abastecimento, ou seja, possuir a menor quantidade possível de conexões.
- Registros podem ser montados junto ao módulo distribuidor e o ponto de abastecimento.
- A tubulação não deve ser passada de maneira justa, ou seja, deve existir uma folga no comprimento da mesma que permita contração e expansão.
- A instalação deve ser feita de maneira cuidadosa para evitar abrasão, danos e rompimentos.
- Recomenda-se agrupar linhas de um mesmo ambiente de abastecimento por meio de lacres plásticos frouxos que permitam a movimentação dos tubos.
- Recomenda-se identificar cada linha de tubulação no módulo distribuidor.

2.9.4.6 Transposição de elementos estruturais

Para transpor elementos estruturais, as tubulações *Amanco PEX* devem ter passagem livre, sendo necessário, então, deixar passantes ou *shafts* que possibilitem a dilatação proveniente das mudanças de temperatura.

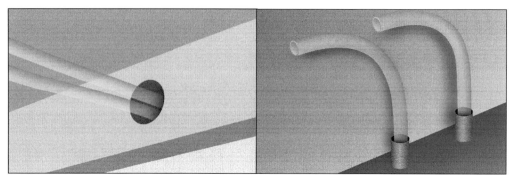

FIGURA 2.13 Folgas garantem a integridade dos tubos flexíveis.

2.9.4.7 Instrução de fixação

A fixação do sistema *Amanco PEX* deve ser feita a cada 80 cm por meio de abraçadeiras.

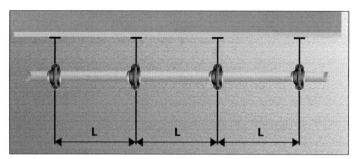

FIGURA 2.14 Fixação dos tubos.

Drywall

Deve-se utilizar um protetor de montante para *drywall* para evitar o contato da tubulação com o aço do montante que serve para fixar a conexão utilizada à estrutura de *drywall*.

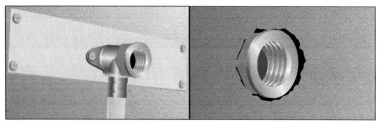

FIGURA 2.15 Evitar o contato com a estrutura.

Alvenaria

É necessária a utilização de tubo guia quando a tubulação PEX é utilizada embutida na alvenaria.

Esse tubo guia além de funcionar como passante, evita contato direto do PEX com os blocos, reduzindo os ruídos e permitindo dilatações. Os tubos guia devem ser fixados à alvenaria.

Manutenção

Toda manutenção deve ser realizada com o registro de entrada de água fechado.

No ponto desejado desrosqueia-se a conexão do módulo distribuidor e a do ponto final, corta-se o tubo e puxa-se o mesmo. Assim, o novo tubo é inserido no tubo guia já fixado ou no local de passagem da tubulação anterior e a instalação é feita novamente.

2.9.5 Transporte e estocagem

Embalagem

- As bobinas de tubos *Amanco PEX* são embaladas uma a uma em sacos plásticos.
- Armazene-os em sua embalagem original até utilização.
- As conexões também serão fornecidas em sacos plásticos.

Informações importantes

- Utilizar fita veda rosca quando existir conexão metálica roscável entre diferente sistemas utilizados.

- O PEX é um polímero termofixo e deve ser descartado de acordo com a legislação aplicável.

- Em conexões móveis utilizar somente o anel de vedação, não é indicado o uso de veda rosca.

- Os tubos e conexões *Amanco PEX* não devem permanecer expostos a raios ultravioleta (luz solar) e intempéries no transporte e armazenamento.

Manuseio e armazenamento das bobinas e conexões

1. Não armazene as bobinas diretamente no solo, sobre terrenos ásperos, com superfícies cortantes ou que possam causar danos as paredes da tubulação.

2. Não amasse, jogue ou rompa a tubulação.

3. Inspecione todo sistema antes e depois da instalação. Corte e/ou substitua todas as áreas danificadas de tubo ou conexão.

4. As bobinas devem ser armazenadas em local protegido de danos mecânicos (rompimento, queda etc.) e intempéries. Os tubos e conexões devem estar armazenados em local coberto, limpo e sem exposição aos raios solares.

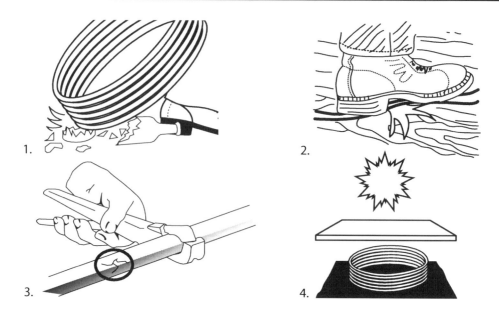

2.9.6 Produtos

TUBO – AMANCO PEX				
Disponível nas bitolas				
DN			Embalagem	
16 × 1,8			Bobina 100 m	
20 × 1,9			Bobina 100 m	
25 × 2,3			Bobina 50 m	
32 × 2,9			Bobina 50 m	
FERRAMENTAS – AMANCO PEX				
Disponível nas bitolas				
DN	Maleta com		Embalagem	
16-25	Alargador, Ferramenta de montagem, Tesoura		1	
CAP MACHO METÁLICO – AMANCO PEX				
Disponível nas bitolas				
DN			Embalagem	
1/2"			10	
3/4"			10	
1"			10	

2 – Projeto e Execução de Instalações Prediais de Água Quente

CAP FÊMEA METÁLICO – AMANCO PEX			
Disponível nas bitolas			
DN			Embalagem
1/2"			10
3/4"			10

UNIÃO MÓVEL ROSCA FÊMEA 03 METÁLICO – AMANCO PEX		
DN		Embalagem
16 × 1/2"		10
16 × 3/4"		10
20 × 1/2"		10
20 × 3/4"		10
25 × 1"		10
25 × 3/4"		10
32 × 1"		10

UNIÃO ROSCA MACHO 04 METÁLICO – AMANCO PEX		
DN		Embalagem
16 × 1/2"		10
16 × 3/4"		10
20 × 1/2"		10
20 × 3/4"		10
25 × 1"		10
25 × 3/4"		10
32 × 1"		10

UNIÃO MÓVEL ROSCA FÊMEA 01 METÁLICO – AMANCO PEX		
DN		Embalagem
16 × 1/2"		
20 × 1/2"		
20 × 3/4"		
25 × 3/4"		
32 × 1"		

MÓDULO DE DISTRIBUIÇÃO METÁLICO PEC 34 × 12 4501 – AMANCO PEX			
DN	Tamanho	Entrada	Embalagem
2 saídas × 1/2"	2	M 3/4"	2
2 saídas × 1/2"	2	M 1"	2
3 saídas × 1/2"	3	M 3/4"	2
3 saídas × 1/2"	3	M 1"	2
4 saídas × 1/2"	4	M 3/4"	2

TÊ METÁLICO 03 – AMANCO PEX			
DN			Embalagem
16			10
20			10
35			5
32			5

TÊ DE REDUÇÃO METÁLICO 03 – AMANCO PEX			
DN			Embalagem
16 × 20 × 16			10
16 × 25 × 16			10
20 × 16 × 20			10

UNIÃO DE REDUÇÃO METÁLICA 03 – AMANCO PEX			
DN			Embalagem
16 × 20			10
16 × 25			10
25 × 16			10
25 × 16			10

UNIÃO METÁLICA 03 – AMANCO PEX			
DN			Embalagem
16			10
20			10
25			10
32			10

JOELHO METÁLICO 03 – AMANCO PEX			
DN			Embalagem
16			10
20			10
25			10
32			10

JOELHO ROSCA FÊMEA METÁLICO 01 – AMANCO PEX			
DN			Embalagem
16 × 1/2"			10
20 × 1/2"			10
25 × 3/4"			10

2 – Projeto e Execução de Instalações Prediais de Água Quente

JOELHO ROSCA MACHO METÁLICO 01 – AMANCO PEX			
DN			Embalagem
16 × 1/2"			10
20 × 1/2"			10
25 × 3/4"			10

JOELHO BASE FIXA METÁLICO 03 – AMANCO PEX			
DN			Embalagem
16 × 1/2"			10
20 × 1/2"			10
25 × 3/4"			10

JOELHO FÊMEA BASE FIXA METÁLICO LONGO – AMANCO PEX			
DN			Embalagem
16 × 1/2"			10
20 × 1/2"			10

ANEL METÁLICO 02 – AMANCO PEX			
DN			Embalagem
16			50
20			50
25			50
32			50

TÊ ROSCA MACHO METÁLICO 015 – AMANCO PEX			
DN			Embalagem
16 × 1/2"			10
20 × 1/2"			10
25 × 3/4"			10

TÊ ROSCA FÊMEA METÁLICO 04 – AMANCO PEX			
DN			Embalagem
16 × 1/2"			10
20 × 1/2"			10
25 × 3/4"			10

MONTAGEM 3 ROSCA LISA TDSC 01614 – AMANCO PEX				
DN			Embalagem	
16 × 1/2"			10	
20 × 3/4"			10	

ANEL DE VEDAÇÃO DSC 01614 – AMANCO PEX				
DN			Embalagem	
16 × 1/2"			10	
16 × 3/4"			10	
20 × 1/2"			10	
20 × 3/4"			10	
25 × 3/4"			10	
25 × 1"			10	
32 × 1"			10	

2.10 O USO DO MATERIAL CPVC – TUBOS E CONEXOES

2.10.1 A linha Amanco CPVC

A linha *Amanco Ultratemp* CPVC atende instalações hidráulicas prediais de água quente e fria, segura, econômica, com facilidade e rapidez de execução, com ótimo desempenho hidráulico, face à baixa rugosidade interna. Usada principalmente nos ramais de distribuição de água quente e fria, a partir de colunas de distribuição de PVC e CPVC. O *Amanco Ultratemp* CPVC é fabricado em Policloreto de Vinila Clorado, semelhante ao PVC, porém com maior percentual de cloro, disponível nos diâmetros 15, 22 e 28 mm, com linha completa de peças de conexões.

A linha *Amanco Ultratemp* CPVC (tubos e conexões) acha-se em conformidade com a NBR 15884-1:2010 – 2011 – Sistemas de tubulações plásticas para instalações prediais de água quente e fria – Policloreto de Vinila Clorado (CPVC) – Parte 1: Tubos, a NBR 15884-1:2010 – 2011 – Sistemas de tubulações plásticas para instalações prediais de água quente e fria – Policloreto de Vinila Clorado (CPVC) – Parte 2: Conexões – Requisitos e a NBR 7198:1993 – Projeto e execução de instalações prediais de água quente, bem como diversas outras normas constantes no catálogo do fabricante.

2.10.2 Vantagens da utilização da linha CPVC

- Rapidez e facilidade de instalação;
- Não necessita de equipamentos específicos e mão de obra especializada;
- Instalação realizada por juntas soldáveis a frio com o Adesivo *Amanco Ultratemp* CPVC e *Amanco Veda Rosca* para juntas com roscas metálicas;

2 – Projeto e Execução de Instalações Prediais de Água Quente

- Facilidade de manutenção com o uso de luva de correr;
- Baixa perda de calor, em virtude da baixa condutividade térmica;
- Não necessita isolamento térmico;
- Alta resistência química e à corrosão, suportando águas ácidas ou alcalinas;
- Sistema com linha completa, totalmente intercambiável com as demais tubulações Amanco;
- Durabilidade de 50 anos;
- Material de menor custo para água quente.

2.10.3 Características

Características técnicas

- Tubos nas bitolas de DN 15, 22, 28, 35,48 e 54 mm;
- Barra de 3 m de comprimento;
- Peças roscáveis e soldáveis;
- Conexões com roscas atendendo a NBR NM ISO 7-1 e NBR 8133.

Pressão

Pressão de serviço:

24,0 kgf/cm² (240 m.c.a.) conduzindo água a 20 °C;

9,0 kgf/cm² ou (90 m.c.a.) conduzindo água a 70 °C.

Temperatura de serviço

De acordo com a NBR 15939:2011, a temperatura de serviço para um campo padrão de distribuição de água quente é de 70 °C, para uma vida útil de 50 anos e a temperatura máxima de trabalho é 80 °C.

Propriedades do tubo CPVC

- Coeficiente de Dilatação Térmica Linear: $6,12 \times 10^{-5}$ mm/m °C.
- Bitolas equivalentes

DN	Eq. polegada
15	1/2
22	3/4
28	1
35	1 1/4
42	1 1/2
54	2

Vazão (m³/s)	Vazão (L/s)	15 V (m/s)	1/2 PL (mca/m)	22 V (m/s)	3/4PL (mca/m)	28 V (m/s)	1 PL (mca/m)	35 V (m/s)	11/4 PL (mca/m)	42 V (m/s)	11/2 PL (mca/m)	54 V (m/s)	2 PL (mca/m)	73 V (m/s)	21/2 PL (mca/m)	89 V (m/s)	3 PL (mca/m)	114 V (m/s)	4 PL (mca/m)
0,00005	0,05	0,46	0,027	0,20	0,003	0,12	0,001	0,08	0,000	0,06	0,000	0,03	0,000	0,02	0,000	0,01	0,000	0,01	0,000
0,00010	0,10	0,91	0,098	0,39	0,013	0,24	0,004	0,16	0,001	0,11	0,001	0,07	0,000	0,04	0,000	0,02	0,000	0,01	0,000
0,00015	0,15	1,37	0,207	0,59	0,027	0,36	0,008	0,24	0,003	0,17	0,001	0,10	0,000	0,05	0,000	0,04	0,000	0,02	0,000
0,00020	0,20	1,84	0,353	0,79	0,045	0,48	0,014	0,31	0,005	0,22	0,002	0,13	0,001	0,07	0,000	0,05	0,000	0,03	0,000
0,00030	0,30	2,74	0,748	1,18	0,096	0,72	0,029	0,47	0,010	0,34	0,005	0,20	0,001	0,11	0,000	0,07	0,000	0,04	0,000
0,00040	0,40	3,66	1,274	1,57	0,163	0,96	0,049	0,63	0,017	0,45	0,008	0,26	0,002	0,14	0,000	0,10	0,000	0,060	0,000
0,00050	0,50	4,57	1,925	1,96	0,246	1,20	0,075	0,78	0,026	0,56	0,012	0,33	0,003	0,18	0,001	0,12	0,000	0,07	0,000
0,00060	0,60	5,49	2,697	2,36	0,345	1,44	0,105	0,94	0,037	0,67	0,016	0,39	0,004	0,21	0,001	0,14	0,000	0,09	0,000
0,00070	0,70			2,75	0,459	1,68	0,139	1,10	0,049	0,78	0,022	0,46	0,006	0,25	0,001	0,17	0,000	0,1	0,000
0,00080	0,80			3,14	0,587	1,93	0,178	1,25	0,063	0,90	0,028	0,52	0,007	0,28	0,002	0,19	0,001	0,12	0,000
0,00090	0,90			3,54	0,730	2,17	0,221	1,41	0,078	1,01	0,034	0,59	0,009	0,32	0,002	0,21	0,001	0,13	0,000
0,00100	1,00			3,93	0,887	2,41	0,269	1,57	0,095	1,12	0,042	0,65	0,011	0,35	0,003	0,24	0,001	0,14	0,000
0,00120	1,20			4,72	1,243	2,89	0,377	1,88	0,133	1,35	0,059	0,78	0,016	0,42	0,004	0,29	0,001	0,17	0,000
0,00140	1,40			5,50	1,654	3,37	0,501	2,19	0,176	1,57	0,078	0,91	0,021	0,49	0,005	0,33	0,002	0,20	0,001
0,00160	1,60					3,85	0,642	2,51	0,226	1,79	0,100	1,04	0,027	0,56	0,005	0,38	0,002	0,23	0,001
0,00180	1,80					4,33	0,798	2,82	0,281	2,02	0,124	1,17	0,033	0,63	0,007	0,43	0,003	0,26	0,001
0,00200	2,00					4,81	0,970	3,14	0,341	2,24	0,151	1,30	0,040	0,71	0,009	0,48	0,003	0,29	0,001
0,00220	2,20					5,30	1,157	3,45	0,407	2,47	0,180	1,43	0,048	0,78	0,011	0,52	0,004	0,32	0,001
0,00240	2,40							3,76	0,478	2,69	0,211	1,56	0,056	0,85	0,013	0,57	0,005	0,35	0,001
0,00260	2,60							4,08	0,554	2,91	0,245	1,69	0,065	0,92	0,015	0,62	0,006	0,37	0,002
0,00280	2,80							4,39	0,636	3,14	0,281	1,82	0,075	0,99	0,017	0,67	0,006	0,40	0,002
0,00300	3,00							4,70	0,723	3,36	0,319	1,96	0,085	1,06	0,019	0,71	0,007	0,43	0,002
0,00325	3,25							5,09	0,838	3,64	0,370	2,12	0,099	1,15	0,022	0,77	0,008	0,47	0,003
0,00350	3,50							5,49	0,961	3,92	0,425	2,28	0,113	1,23	0,025	0,83	0,010	0,50	0,003
0,00375	3,75									4,2	0,483	2,44	0,139	1,32	0,029	0,89	0,011	0,54	0,003
0,00400	4,00									4,48	0,544	2,61	0,145	1,41	0,033	0,95	0,012	0,589	0,004

V = Velocidade da água (m/s)   PL = Perda de carga (m.c.a/m)

Perda de carga

- Perda de carga na tubulação
  Tabela na página anterior.

2.10.4 Instalação

a) Apoio lateral (a)

   O apoio lateral deve se construído entre o fundo da vala e a parte superior do tubo ou da conexão, também utilizando material selecionado, isento de pedras e objetos pontiagudos.

   A altura desse apoio dependerá do diâmetro externo do tubo.

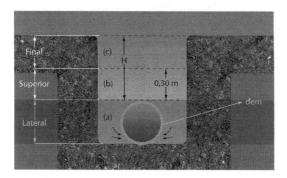

b) Recobrimento superior (b)

   Material selecionado, isento de pedras e objetos pontiagudos deve ser utilizado acima do tubo. A altura mínima de recobrimento é de 30 cm, sendo que existe uma profundidade mínima de assentamento recomendada (H) para cada situação de tráfego.

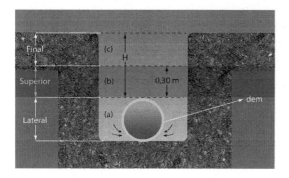

Condição de tráfego acima dos tubos	Altura H recomendada (cm)
Ferrovias	150
Caminhões carregados	120
Veículos estacionados nas laterais da rua	80
Veículos em passeio	60
Sem tráfego	30

c) Situações especiais

Cuidados especiais são necessários se:

- O recobrimento das tubulações for inferior a 1 metro;
- Existir tráfego pesado;
- A vala for muito profunda.

Obs.: O envolvimento de tubo diretamente com o concreto não é recomendado, pois pode danificar os tubos causando rupturas ou trincas.

O que fazer?

- Os tubos devem ser embutidos dentro de outros tubos com DN superiores e devem ser envolvidos com material selecionado;
- Execute a laje em concreto armado, envolvendo o tubo com material selecionado.

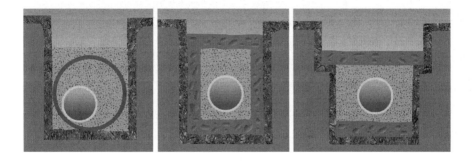

2.10.4.1 Instalações aéreas ou aparentes

Nas ocasiões em que as tubulações forem aparentes, o comportamento dos tubos e conexões de CPVC não será muito diferente dos demais materiais. Sua fixação deverá ser realizada por meio de suportes não cortantes tipo abraçadeiras e fita de borracha, posicionando as tubulações e evitando vibrações bruscas sem aperto excessivo para não gerar uma tensão nas tubulações fixadas.

O apoios utilizados para a fixação dos Tubos Amanco *Ultratemp* CPVC deverão ter o formato circular, com largura mínima aproximadamente igual ou superior a 75% do diâmetro do tubo ($L_{mín.} = 0{,}75 \times DN_{tubulação}$).

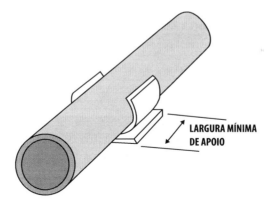

LARGURA MÍNIMA DE APOIO

Apenas um dos suportes poderá ser fixo e servirá como ancoragem. Os demais suportes deverão estar livres, permitindo o deslocamento longitudinal das tubulações causado pelo efeito da expansão térmica.

Quando existirem cargas concentradas em razão da presença de registros, por exemplo, os suportes deverão ser apoiados independentemente do sistema de tubos.

Na prática, o espaçamento dos suportes para a sustentação de tubulações depende de vários fatores, entre eles: o diâmetro do tubo, a espessura da parede e, ainda, a temperatura do líquido a ser conduzido.

Para facilitar a tarefa de instalação, os valores recomendados para a utilização do Tubos Amanco *Ultratemp* CPVC conduzindo água quente ou água fria são apresentados a seguir.

Instalação horizontal

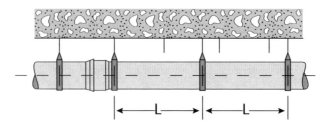

DN	ESPAÇAMENTO ENTRE SUPORTES (L) – (m)			
	Temperatura máxima na tubulação (°C)			
	20 °C	38 °C	60 °C	80 °C
15 (1/2")	1,2	1,2	1,1	0,9
22 (3/4")	1,5	1,4	1,2	0,9
38 (1")	1,7	1,5	1,4	0,9
35 (1 1/4")	1,8	1,6	1,5	1,2
42 (1 1/2")	2,0	1,8	1,7	1,2
54 (2")	2,3	2,1	2,0	1,2

Instalação Vertical

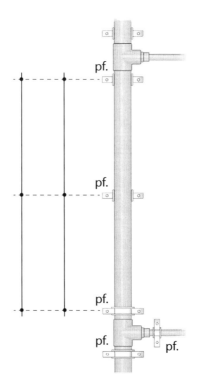

Pontos de fixação

É necessário um cuidado especial quando as tubulações forem ligadas a ponto de fixação

1. *Apoio*: o ponto fixo ou ponto deslizante, sendo a ligação estrutural entre as tubulações e o elemento de construção. Estes pontos são formados por braçadeiras fabricadas com material rígido, geralmente metálico, e devem ser revestidas de borracha (ou material similar) para não provocar danos na superfície externa dos tubos.
2. *Ponto fixo* (**Pf**): apoio que não permite a movimentação das tubulações, em nenhuma direção.
3. *Ponto deslizante* (**Pd**): apoio que permite a movimentação das tubulações.

Exemplos:

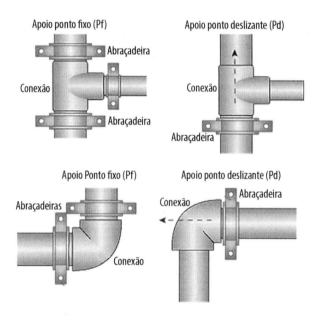

Execução de braços elásticos na instalação

O cálculo da compensação com braços elásticos deve ser realizado de acordo com a seguinte equação:

$$Ls = C \cdot \sqrt{de \cdot \Delta L}$$

onde:
Ls = Comprimento do braço elástico (mm);
de = Diâmetro externo do tubo (mm);
Δ = Comprimento de dilatação linear (mm);
C = Constante = 30.

A dilatação térmica e a consequente necessidade de execução de braços elásticos e liras, tem as mesmas características apresentadas para o PPR, Seção 2.5.4 – Dilatação térmica, sendo que para o CPVC AQ devem ser observadas as características próprias do material, qual seja, Coeficiente de Dilatação Térmica Linear: $6{,}12 \times 10^{-5}$ mm/m °C.

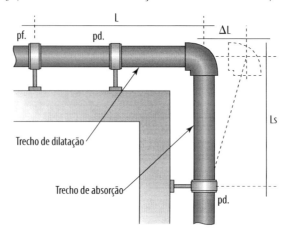

Execução de liras na instalação

$$LC = 10 \times De$$

onde:

LC = comprimento da lira (mm);
De = diâmetro externo do tubo (mm).

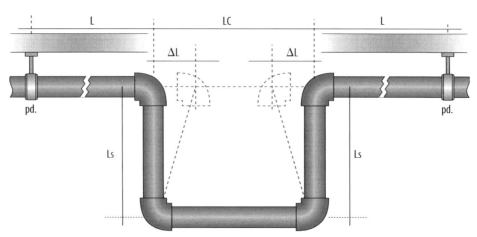

Ilustração da lira de centro.

Importante

- Não utilize dispositivos de fixação que possam causar danos às tubulações, como arames, pregos, parafusos e outros.

- Quando aparentes, se expostas às intempéries, as tubulações *Amanco Ultratemp* CPVC devem ser protegidas de raios UV. A tubulação pode ser coberta com isolantes expandidos ou fita de borracha.

- Entre dois pontos fixos, é necessário prever pontos que permitam a dilatação do material, por meio de braços elásticos e liras.

Manutenção

A manutenção é mínima sendo usadas, em caso de furos, as luvas de correr, além da facilidade da junta soldável. A proteção da tubulação enterrada deve ser feita de acordo com o catálogo do fabricante, nos moldes do item 2.10.4 – Instalação.

2.10.4.2 Ligações com aquecedores

As conexões ou luvas de transição poderão ser utilizadas para as ligações de Tubos e Conexões *Amanco Ultratemp* VPVC com aquecedores de acumulação.

A Linha *Amanco Ultratemp* CPVC está dimensionada para conduzir água à temperatura de até 70 °C. Sendo assim, a obrigatoriedade de regulagem de temperatura por dispositivos de segurança deve ser observada na instalação com aquecedores de água, além de garantir que o equipamento possua manutenção periódica, seguindo as orientações do fabricante.

Obs.: Equipamentos que não contemplem estes requisitos estão em desacordo com a especificação desta linha de produtos.

Os esquemas a seguir foram retirados da NBR 7198 – Projeto e execução de instalações prediais de água quente, e ilustram a ligação CPVC e aquecedores.

Exemplo de obra horizontal

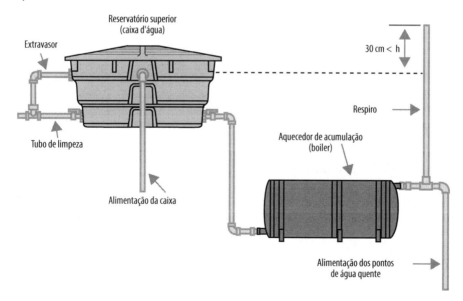

Exemplo de obra vertical

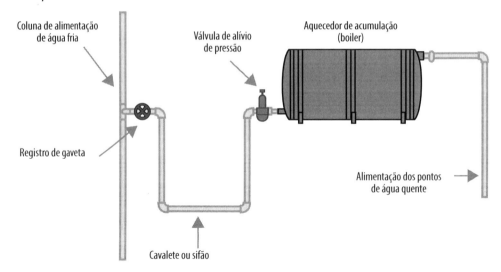

Válvula de controle de temperatura

As juntas são soldáveis e de fácil aplicação. O principal critério a ser observado quanto ao uso de CPVC é o limite de temperatura, que é de 80 °C (de acordo com a norma ABNT 7198). Esse limite exige a instalação de uma termoválvula utilizada para impedir que a água ultrapasse a temperatura de 80 °C, por meio da mistura com água fria. Essa válvula para o controle da temperatura deve ser instalada entre o aquecedor e a tubulação de água quente.

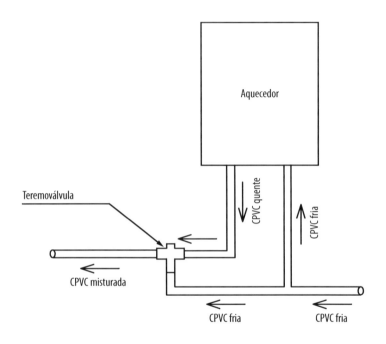

2.10.4.3 Ligações com peças de utilização

Para as interligações dos Tubos *Amanco Ultratemp* CPVC com peças de utilização como registros de pressão ou gavetas, diferentes tipos de conexões, como conectores e luvas de transição, poderão ser utilizados.

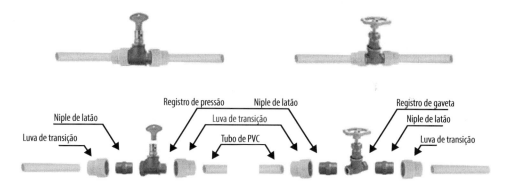

Para as interligações dos Tubos *Amanco Ultratemp* CPVC com peças de utilização como torneiras, misturadores, monocomandos, termostatos, ligações flexíveis, chuveiro etc., as conexões com inserto metálico *Amanco Ultratemp* CPVC, que possuem uma ponta soldável em CPVC e um inserto metálico com rosca na outra ponta, devem ser utilizadas.

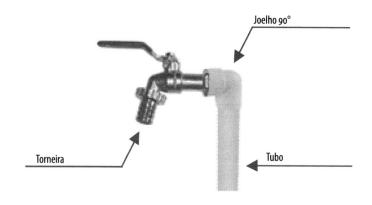

Quando for necessário fazer a transição de tubos de outros materiais para a Linha *Amanco Ultratemp* CPVC, conexões podem ser utilizadas, como mostrado no esquema a seguir:

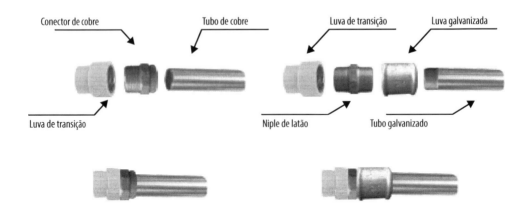

2.10.4.4 Isolamento térmico

Os Tubos e Conexões *Amanco Ultratemp* CPVC dispensam qualquer tipo de isolamento em trechos de até 20 metros. O uso de isolantes térmicos é recomendado para instalações com tubulações de grande comprimento, que requerem maior eficiência térmica, cabendo ao projetista fazer o cálculo.

No caso de produtos de CPVC, essas trocas de calor atingem valores mínimos, causados pela baixa condutividade térmica dos tubos e conexões desse composto, e a água quente chega mais rápido ao ponto considerado, em função da pequena perda de temperatura.

Nas instalações usuais de sistemas de aquecimento, em que se procura manter os aquecedores em áreas de fácil acesso para manutenção e controle (como por exemplo, áreas de serviço de apartamentos), esse desempenho dos Tubos e Conexões *Amanco Ultratemp* CPVC significa melhores resultados em relação à eficiência do sistema, bem como economia de energia (gás ou eletricidade), e sensível redução da perda de água.

Como exemplo, para um trecho de 1 metro (temperatura interna de 50 °C e temperatura ambiente de 20 °C), com tubulações de 22 mm (DN 22), há uma perda de calor de 109,6 W. E nas mesmas condições, em um tubo com 5 mm de isolamento (k = 0,035 W/(m °C)) a perda resulta em 12,9 W. Portanto, nessas condições, há uma economia de 96,7 W.

2.10.4.5 Dilatação térmica

Como a maioria dos materiais utilizados em instalações prediais de água quente e fria, os Tubos e Conexões *Amanco Ultratemp* CPVC também estão sujeitos aos efeitos da dilatação térmica, expandindo-se quando aquecidos e contraindo-se quando resfriados. Na maioria dos casos, e principalmente em tubulações embutidas, essa movimentação pode

2 – Projeto e Execução de Instalações Prediais de Água Quente

ser absorvida pelo traçado e pela flexibilidade das instalações, em virtude do elevado número de conexões utilizadas e aos pequenos comprimento dos trechos.

A dilatação térmica pode ser linear, superficial ou cúbica. No caso dos Tubos *Amanco Ultratemp* CPVC, há uma dilatação linear, e a variável adotada, neste caso, é o coeficiente de dilatação linear.

Ao projetar e executar uma instalação é indispensável conhecer o valor do coeficiente de dilatação linear, para que os valores de dilatação possam ser calculados e as soluções possam ser adotadas de forma correta.

Cálculo da dilatação e contração linear

A variação do comprimento do tubo em CPVC, em função da alteração de temperatura, pode ser determinada pela seguinte equação:

$$\Delta L = \Delta T \cdot L \cdot \alpha$$

onde:

ΔL = Variação do comprimento da tubulação (mm);

ΔT = Diferença entre a temperatura no momento da instalação (temperatura ambiente) e a temperatura em fase de exercício (temperatura de serviço) (°C);

L = Comprimento da tubulação (m);

α = Coeficiente de dilatação linear do material = 0,06 mm/m °C.

Exemplo 1 Dilatação da tubulação em razão da variação da temperatura

Tubo com comprimento L = 0,80 m;

T = 20 °C (temperatura ambiente);

$T_{máx}$ = 75 °C (temperatura máxima de exercício deste exemplo);

$\Delta L = \Delta T \cdot L \cdot \alpha = 55 \times 0,80 \times 0,06 = 2,6$ mm.

Conclusão: o tubo sofreu uma dilatação longitudinal de 2,6 mm.

Exemplo 2 Contração da tubulação em razão da variação da temperatura

Tubo com comprimento L = 0,80 m;

T = 30 °C (temperatura ambiente);

$T_{mín.}$ = 5 °C (temperatura máxima de exercício deste exemplo);

$\Delta L = \Delta T \cdot L \cdot \alpha = (-25) \times 0,80 \times 0,06 = -1,2$ mm.

Conclusão: o tubo sofreu uma retração longitudinal de 1,2 mm.

2.10.4.6 Perda de carga

O movimento da água dentro das tubulações provoca dois fenômenos que produzem resistência a esse deslocamento, o atrito e a turbulência, e promovem a perda de energia. Essa perda de energia se traduz em perda de pressão e é denominada perda de carga.

As principais causas da perda de carga são:

- Traçados de tubulações – quanto maior o comprimento da rede, maior será a perda de carga;
- Número de conexões – quanto mais conexões, maior será a perda de carga;
- Rugosidade – quanto mais rugosas as paredes internas dos tubos, maior será a perda de carga;
- Diâmetros menores – quanto menores os diâmetros dos tubos, maior será a perda de carga.

2.10.5 Produtos Amanco Ultratemp CPVC

Tubo

 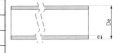

Comp. (m)	Código CCB	Bitola	Emb.	e (mm)	De (mm)
3	18157	DN 15	20	1,6	15
3	18158	DN 22	20	2,2	33
3	18159	DN 28	20	2,7	28,1
3	18770	DN 35	5	3,2	34,8
3	18771	DN 42	1	3,8	41,2
3	18772	DN 54	1	4,9	53,9

Os tubos Amanco Ultratemp CPVC são fornecidos ponta-ponta.

Bucha de redução

 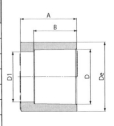

Cód. CCB	Bitola DN	Emb.	D (mm)	De (mm)	D1 (mm)	A (mm)	B (mm)
18129	22x15	10	15,25	22	13,6	18,5	13,5
18130	28x15	10	15,25	28,1	16,6	23,5	13,5
18131	28x22	10	22,25	28,1	20,4	23,5	18
98480	35x28	10	28,3	34,8	28,3	32	24
98481	42x35	10	25,1	41,2	35,1	37	29
98482	54x35	10	35,1	53,9	35,1	48	29
98483	54x42	10	41,6	42,6	41,6	48	34

Cap

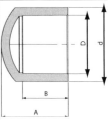

Cód. CCB	Bitola	Emb.	D (mm)	d (mm)	A (mm)	B (mm)
18089	DN 15	10	15,25	20,3	19	13,5
18090	DN 22	10	22,25	28,3	26	18
18091	DN 28	10	28,3	35,7	33,5	23
98470	DN 35	10	35,1	42,5	35	29
98472	DN 42	10	41,6	50	41,5	34
98473	DN 54	10	54,3	65	50	44

Conector de transição

Cód. CCB	Bitola DN	Emb.	D1 (mm)	D2 (mm)	d2 (mm)	d1 (mm)	A (mm)	B1 (mm)	B2 (mm)
18078	25x1/2	10	15,25	14	20,4	27,5	47	13,5	14
18079	22x1/2	10	22,25	14	28,3	28,3	51,5	18	14
18080	22x3/4	10	22,25	19	28,3	35	53,5	18	15,5
98081	28x1	10	28,3	25	35,7	40,3	62,5	23	17,5
98490	35x11/4	10	35,1	63	28	43	85,4	29	20,5
98491	42x11/2	1	41,6	73	34	50,5	91,4	34	20,5
98492	54x2	5	54,3	87	43	65,5	111,7	44	25

Curva de transposição

A (mm)	B (mm)	L (mm)	DE (mm)	R (mm)	Cód. CCB	Bitola	Emb.
66	14	132	15,25	32	97793	DN 14	1
83	19	166	22,25	40	97794	DN 22	1

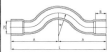

Curva 90°

D (mm)	d (mm)	B (mm)	R (mm)	Z (mm)	Cód. CCB	Bitola	Emb.
15,25	18,45	14	40	57	97749	DN 15	10
22,25	26,5	19	55	81	97750	DN 22	10
28,3	33,3	24	70	96	97751	DN 28	10

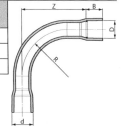

Joelho 45°

D (mm)	d (mm)	A (mm)	B (mm)	Cód. CCB	Bitola	Emb.
15,25	20,4	23,5	13,5	18122	DN 15	10
22,25	28,3	32	18	18123	DN 22	10
28,3	35,7	40	23	18124	DN 28	10
35,1	42,5	48,3	29	98477	DM 35	10
41,6	50	58	34	98478	DN 42	10
54,3	65	75	44	98479	DN 54	5

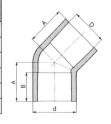

Joelho 90°

D (mm)	d (mm)	A (mm)	B (mm)	Cód. CCB	Bitola	Emb.
15,25	20,4	23,5	13,5	18119	DN 15	10
22,25	28,3	32	18	18120	DN 22	10
28,3	35,7	40	23	18121	DN 28	10
35,1	42,5	48,3	29	98474	DM 35	10
41,6	50	58	34	98475	DN 42	10
54,3	65	75	44	98476	DN 54	5

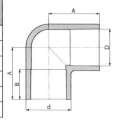

Joelho 90° de transição

Cód. CCB	Bitola DN	Emb.	D1 (mm)	d1 (mm)	D2 (mm)	d2 (mm)	A1 (mm)	A2 (mm)	B1 (mm)	B2 (mm)
18137	15x1/2	10	15,25	13,6	20,4	32,9	27,2	27	13,5	16,5
18138	22x1/2	10	22,25	13,6	28,3	32,9	30,25	32	18	16,5
18139	22x3/4	10	22,25	18,65	28,3	37,9	31,05	32	18	17,5

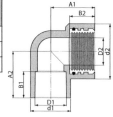

Luva de correr

Cód. CCB	Bitola	Emb.	D1 (mm)	d1 (mm)	D2 (mm)	d2 (mm)	A1 (mm)	A2 (mm)	B (mm)
18495	DN 15	10	15,4	27,1	18,5	22,9	49,8	39,8	10
18496	DN 22	10	22,4	33,8	27,4	29,5	55,5	44,4	10
18497	DN 28	10	28,4	40	33,6	35,7	60,2	48,5	10

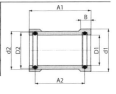

Luva simples

Cód. CCB	Bitola	Emb.	D1 (mm)	d1 (mm)	A (mm)	B (mm)
18079	DN 15	10	15,25	20,4	30,2	13,5
18070	DN 22	10	22,25	28,3	40,2	18
18071	DN 28	10	28,3	35,7	50	23
98484	DN 35	10	35,1	42,5	60	29
98485	DN 42	10	41,6	50	70	34
98486	DN 54	10	54,3	65	80	44

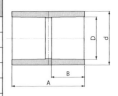

Luva de transição

Cód. CCB	Bitola DN	Emb.	D1 (mm)	D2 (mm)	d1 (mm)	d2 (mm)	A (mm)	B1 (mm)	B2 (mm)
18074	25x1/2	10	15,25	13,6	20,4	32,9	33,9	13,5	16,5
18075	22x1/2	10	22,25	13,6	28,3	38,4	38,4	18	16,6
18076	22x3/4	10	22,25	18,65	28,3	37,9	38	18	17,5
18077	28x1	10	28,3	24,6	35,7	44	45	23	18,5
98493	35x11/4	2	35,1	28	43	63	64,9	29	31,4
98494	42x11/2	2	41,6	34	50,5	73	70,9	34	31,4
98495	54x2	1	54,3	43	65,5	87	86,7	44	35,7

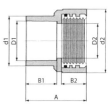

Luva de transição CPVC x PVC soldável

d (mm)	D (mm)	E (mm)	D1 (mm)	d1 (mm)	A (mm)	B (mm)	B1 (mm)	Cód. CCB	Bitola DN	Emb.
15,25	20,4	13,6	20	27	34	13,25	16	18072	15x20	10
22,25	28,3	30,3	25	34	39	18	18,8	18073	22x25	10

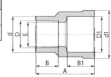

Tê

D (mm)	De (mm)	D1 (mm)	A (mm)	B (mm)	Cód. CCB	Bitola	Emb.
15,25	20,4	47	13,5	23,5	18125	DN 15	10
22,25	28,3	64	18	32	18126	DN 22	10
28,3	35,7	80	23	40	18127	DN 28	10
35,1	42,5	100	29	50,5	98487	DN 35	10
41,6	50	115	34	59,3	98488	DN 42	5
54,3	65	150	44	76,8	98489	DN 54	5

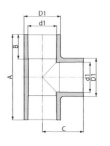

Tê de transição

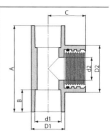

D1 (mm)	D2 (mm)	d1 (mm)	d2 (mm)	A (mm)	B (mm)	C (mm)	Cód. CCB	Bitola DN	Emb.
15,25	13,6	20,4	32,9	54	13,5	27,3	18140	15x1/2	10
22,25	13,6	28,3	32,9	64	18	30,25	18141	22x1/2	10
22,25	18,65	28,3	37,9	70	18	31,05	18142	22x3/4	10

Tê misturador

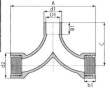

D (mm)	d1 (mm)	d2 (mm)	A (mm)	B1 (mm)	b1 (mm)	C (mm)	Cód. CCB	Bitola DN	Emb.
15,25	20,4	32,9	132	13,5	17,5	65,5	18132	15x1/2	10
22,25	28,3	37,9	132	18	17,5	65,5	18133	22x3/4	10

União

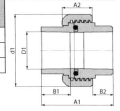

Cód. CCB	Bitola	Emb.	D1 (mm)	d1 (mm)	A1 (mm0)	A2 (mm)	B1 (mm)	B2 (mm)
18134	DN 15	10	15,25	37,5	42,3	19,5	13,5	10,8
18135	DN 22	10	22,5	45,3	46,1	21	18	12,3
18136	DN 28	10	28,3	54,7	56,1	23,1	23	16,1

Adesivo plástico

Código CCB	Peso líquido	Embalagem
98063	75 g	20
97673	175 g	12

Fita veda rosca

Código CCB	Dimensão	Embalagem
10431	12 mm x 10 m	60
10432	12 mm x 25 m	30
10434	18 mm x 10 m	60
10435	18 mm x 25 m	30
10436	18 mm x 50 m	30

Pasta lubrificante

	Código CCB	Peso líquido	Embalagem
com bico aplicador	90131	80 g	16
com bico aplicador	90129	300 g	8
com bico aplicador	90130	1.000 g	1
com tampa lacrada	92678	2.400 g	1

Aqui você pode fazer as suas anotações

3 O SISTEMA PREDIAL DE ESGOTOS SANITÁRIOS

3.1 CONCEITOS GERAIS

A instalação predial de esgotos é o conjunto de aparelhos sanitários, tubulações e dispositivos destinados a coletar e afastar da edificação as águas servidas para fins higiênicos, encaminhando--as ao destino adequado. Estas instalações regem-se pela NBR 8160/99 – Sistemas Prediais de Esgoto Sanitário – Projeto e Execução. Observe-se que algumas cidades possuem regulamentação específica, a qual também deve ser respeitada.

3.2 COMPONENTES E CARACTERÍSTICAS DO SISTEMA PREDIAL DE ESGOTOS

Uma instalação de esgotos pode ser descrita, de maneira extremamente simplificada, como um sistema que se inicia em um aparelho sanitário, (lavatório, banheira etc.), do qual a água servida passa para uma tubulação (ramal de descarga), que deságua em uma caixa sifonada. Esta, também recebendo outros ramais, concentra as descargas e deságua por meio de outra tubulação (ramal de esgoto), em uma caixa de inspeção. A partir desta caixa se desenvolve o coletor, último trecho de tubulação, horizontal, que carrega os esgotos até a sua ligação final ao coletor público ou em uma disposição individual como fossa ou um poço de absorção no terreno. O ramal de descarga das bacias sanitárias, em razão das características do material que transporta, despeja diretamente no ramal de esgoto.

Em uma instalação em pavimento superior de edificação, o sistema é idêntico até o ramal de esgoto, o qual se liga a um tubo de queda, vertical, o qual, por sua vez, se liga, em sua base, no pavimento térreo, a uma caixa de inspeção. A partir desta se desenvolve o coletor, ocorrendo, então, a disposição final. O ramal de descarga das bacias sanitárias liga-se diretamente ao tubo de queda.

Ao longo deste caminho, existem dispositivos e conexões apropriadas, os quais, juntamente com as recomendações da NBR 8160 – Sistemas Prediais de Esgotos Sanitários, constituem um sistema predial de esgotos, como será visto a seguir, em detalhes.

O conjunto de tubulações e dispositivos nos quais não há acesso de gases provenientes do coletor público ou dos dispositivos de tratamento é denominado instalação secundária de esgotos, como os ramais de descarga. Por outro lado, o ramal de esgoto, o tubo de queda e os coletores constituem a instalação primária de esgotos, já que os gases provenientes da rede pública ou dos dispositivos de tratamento têm acesso a ela.

3.2.1 Desconectores, sifões e caixas

O desconector é um dispositivo dotado de fecho hídrico, destinado a vedar a passagem de gases e insetos, no sentido oposto ao fluxo do esgoto. É o caso dos sifões, ralos sifonados e caixas sifonadas. Separa o esgoto primário do esgoto secundário. Todas as instalações de esgoto devem ter desconectores, os quais permitem, ainda, a limpeza do sistema.

Os desconectores devem ser protegidos contra as variações de pressão que ocorrem no interior da instalação, as quais podem comprometer os fechos hídricos, por meio de conveniente ventilação do sistema, bem como possuir dimensões apropriadas.

Todos os aparelhos sanitários ligados às tubulações primárias devem ter a interposição de desconectores, conectados o mais próximo possível dos aparelhos, com exceção dos aparelhos que já o possuem, como os vasos sanitários ou aqueles que são protegidos em grupo por um só sifão, caixa ou ralo sifonado. As pias de copa e cozinha devem possuir sifões, mesmo quando forem ligadas à caixas retentoras de gordura.

3.2.1.1 Sifão

Dispositivo acessório destinado a receber efluentes de pias, lavatórios e tanques, impedindo o retorno de gases, graças ao fecho hídrico, instalados junto às respectivas válvulas. Com grande versatilidade, pode ser facilmente instalado, mesmo com esperas desalinhadas (válvula ou tubo de ligação), inclusive permite a inserção de tubo extensível, para facilitar, ainda mais, a ligação do sifão. Encontrado nas diversas bitolas apropriadas. Devem ser munidos de inspeção na sua parte inferior (copo roscável), para facilitar e permitir a completa limpeza do sifão, sem a necessidade de retirada do mesmo.

Obs.: A eventual utilização do tubo extensível devidamente curvado como sifão (com sifonamento mínimo de 50 mm), apesar de possível, deve ser evitada, pois uma alteração na curvatura pode torná-lo ineficaz, necessitando constante verificação. O sifão tipo copo é um sifão definitivo, com possibilidade de fácil limpeza, devendo ser sempre preferido.

3 – O Sistema Predial de Esgotos Sanitários   197

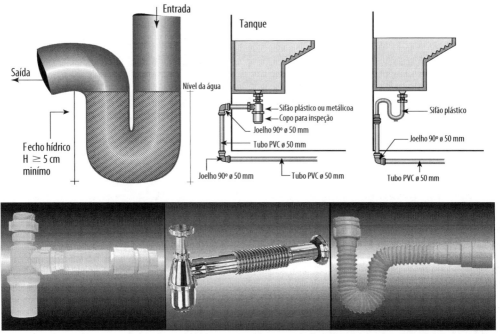

FIGURA 3.1 Sifões. De copo universal, idem, com tubo extensível e sifão montado com tubo extensível (notar que este possui os 50 mm mínimos de altura de sifonagem).

3.2.1.2 Ralo sifonado

Caixa destinada a receber águas de piso (chuveiro ou lavagem), encaminhando-as à caixa sifonada ou ao ramal de esgoto. O ralo possui entrada somente pela parte superior (grelha) e uma saída, na lateral ou no fundo. O ralo sifonado é dotado de fecho hídrico, podendo ter forma quadrada, cilíndrica ou redonda.

FIGURA 3.2 Ralo sifonado.

3.2.1.3 Caixa sifonada

Caixa destinada a receber efluentes do ramal de descarga de aparelhos sanitários (exceto vaso sanitário) e águas de piso (chuveiro ou lavagem), portanto, instalação secundária, encaminhando-as ao ramal de esgoto. Possui várias aberturas laterais para entradas (3,5 ou 7) e uma saída, nos diâmetros apropriados aos diâmetros dos ramais de descarga e esgoto, possibilitando entradas por qualquer ângulo. Possui grelha ou tampa de vedação na parte superior. A caixa sifonada é dotada de fecho hídrico. Deve-se lembrar que a caixa sifonada, sozinha, não resolve o problema da sifonagem, sendo necessário haver a ventilação do sistema de esgotos, para um perfeito funcionamento (veja a Seção 3.4.6). As caixas sifonadas Amanco dispõem de diversos outros acessórios facilitando uma nova instalação ou adaptação à instalação existente e a futura manutenção do sistema.

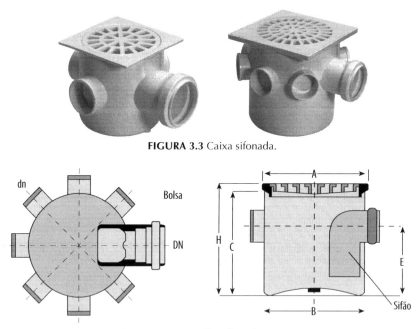

FIGURA 3.3 Caixa sifonada.

FIGURA 3.4 Caixa sifonada – planta e corte.

3.2.1.4 Fecho hídrico

É a camada de líquido, que veda a passagem de gases e de insetos, convenientemente disposta em um desconector. O fecho deve ter altura mínima de 50 mm. $D \geq (50\ mm.)$

NOTA:
O fecho hídrico, por melhor que esteja projetado e instalado, pode ser afetado e ter sua função comprometida, com a redução de sua altura ou mesmo chegar a secar, em função da periodicidade de uso dos aparelhos sanitários e da velocidade de evaporação da água do sifão. São comuns os casos de sifões e caixas sifonadas pouco ou sem nenhum uso, nas quais a água acaba por se evaporar, em poucas semanas, o que se agrava no período de verão, em particular nas caixas localizadas em áreas descobertas, sob ação direta do sol. A única solução é colocar água no ralo, periodicamente, para se manter a altura mínima do fecho hídrico.

3 – O Sistema Predial de Esgotos Sanitários

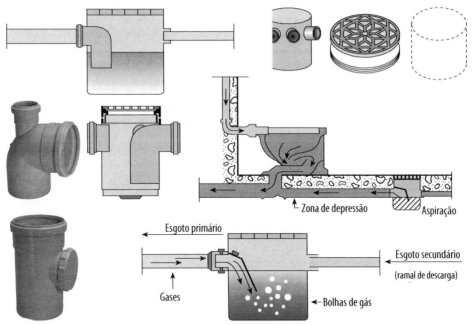

FIGURA 3.5 Casos de perda de fecho hídrico em instalações mal projetadas: aspiração ou compressão, quando do uso da bacia sanitária.

3.2.1.5 Caixa de passagem

Caixa destinada a possibilitar a junção de tubulações de esgoto sanitário. Não possui fecho hídrico, não sendo um desconector.

3.2.1.6 Caixa ou ralo seco

Caixa destinada a receber águas provenientes do piso (lavagem ou de chuveiro). O ralo possui entrada somente pela parte superior (grelha) e uma saída, na lateral ou no fundo, a qual deve se ligar a uma caixa sifonada, para a devida proteção, visto não ser dotado de sifão.

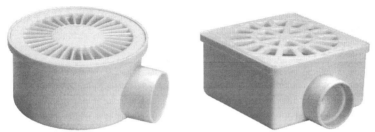

FIGURA 3.6 Caixa ou ralo seco.

3.2.1.7 Anti-infiltração

Dispositivo acessório de forma cilíndrica com abas, desenvolvido pela Amanco (1998), que possibilita o recolhimento das águas provenientes de infiltrações provocadas pelas diferentes dilatações do PVC e do concreto que circunda a caixa. Sendo assim, volta para a caixa sifonada a água que, eventualmente, passou entre ela e a parede de concreto, evitando infiltração no andar inferior.

FIGURA 3.7 Anti-infiltração.

3.2.2 Aparelho sanitário

Aparelho conectado a uma instalação predial e destinado para o fornecimento de água para fins higiênicos ou receber dejetos e águas servidas. Por exemplo, lavatório, vaso sanitário etc.

3.2.3 Ramal de descarga

Tubulação que recebe efluentes diretamente dos aparelhos sanitários, sendo, portanto, uma tubulação secundária de esgoto, com exceção do ramal de descarga das bacias sanitárias, o qual pode ser considerado como tubulação primária de esgotos.

3.2.4 Ramal de esgoto

Tubulação destinada a receber efluentes dos ramais de descarga, a partir das caixas sifonadas, sendo, portanto, uma tubulação primária de esgoto.

3.2.5 Tubo de queda

Tubulação vertical que recebe os efluentes do ramal de esgoto, ramal de descarga (como no caso de vasos sanitários) e subcoletores, devendo ser instalada em um único alinhamento reto, preferencialmente, evitando-se desvios.

3.2.6 Caixa de gordura

A caixa de gordura é um dispositivo destinado a separar e reter gorduras, graxos e óleos indesejáveis contidos no esgoto, provenientes de dejetos de pias de copas e cozinhas (limpeza dos pratos e utensílios e preparação de alimentos, ou tanques de despejo), impedindo-os de escoarem pelas tubulações, nas quais obstruirão as mesmas, além de possibilitar a limpeza periódica do sistema.

As razões para uso da caixa de gordura são:

a) evitar entupimentos da rede predial de esgotos, tendo em vista as matérias graxas que ficam presas às paredes internas das tubulações prediais, reduzindo seu diâmetro útil;

b) facilita a manutenção do sistema;

c) aumenta a vida útil do sumidouro, caso este sistema seja usado;

d) melhora as condições da rede pública coletora de esgotos;

e) impede o retorno dos gases da instalação primária para a instalação secundária.

A caixa de gordura é um dispositivo no qual o esgoto entra pela parte superior e cria-se uma zona tranquila, na qual se espera que a matéria graxa (gordura) seja retida por flutuação, pelo menos parcialmente. Esta matéria graxa solidifica com o tempo pelo resfriamento, adere às paredes da caixa e deve ser retirada periodicamente e disposta no lixo, ou enterrada em um local distante do lençol freático.

Em várias cidades litorâneas em que a rede pública tem pouca declividade e, portanto, a velocidade dos esgotos é reduzida, é altamente necessária a instalação, em cada residência, de uma caixa de gordura, face à grande probabilidade de entupimento. Em restaurantes, pela grande quantidade de gordura residuária, a caixa de gordura é indispensável e a sua utilização faz parte da boa técnica.

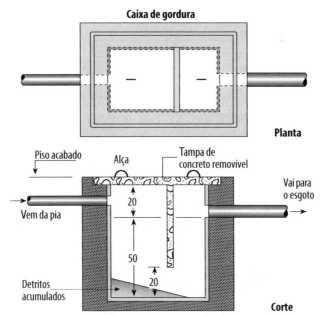

FIGURA 3.8 Caixa de gordura genérica, vista em planta e corte.

Nos postos de gasolina e de troca de óleo, de lavagem e similares, torna-se ainda mais necessária a utilização da caixa de gordura. Nestes casos, a matéria graxa retida é de origem mineral, diferentemente da gordura vegetal ou animal da preparação de alimentos.

FIGURA 3.9 Amanco Caixa de gordura.

3.2.7 Caixa de inspeção

Caixa convenientemente disposta, de modo a permitir um melhor fluxo dos resíduos, inspeção do sistema, limpeza e desobstrução das tubulações.

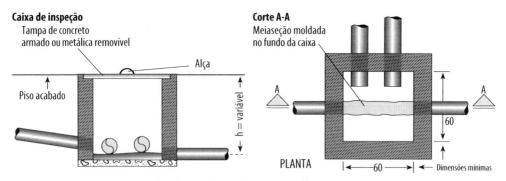

FIGURA 3.10 Caixa de inspeção, planta e corte.

FIGURA 3.11 Caixa de inspeção Amanco.

3.2.8 Subcoletor e coletor predial

Subcoletor é a tubulação que recebe efluentes de ramais de esgoto ou tubos de queda. O coletor predial é o trecho final de ligação entre a última caixa de inspeção e o coletor público.

Toda edificação deve ter a própria instalação de esgotos, independente de prédios vizinhos, com ligação ao coletor público, ou seja, deve haver um só coletor predial. Excetuam-se as construções de grande porte (hospitais, hotéis etc.) ou edificações localizadas em esquina, que podem, a critério da concessionária local, terem mais de uma ligação ao coletor público.

Caso a distância entre a primeira caixa de inspeção e o ponto de ligação ao coletor público seja muito grande, impossibilitando o caimento mínimo necessário para o esgotamento por gravidade no coletor público, deve-se construir caixa coletora e instalar sistema elevatório, para elevar o esgoto até uma caixa de inspeção, situada em nível adequado. Esta solução é indesejável, em face de seu custo. Nesses casos, para as edificações unifamiliares pode ser necessário adotar o escoamento pelos fundos, pelo lote vizinho; caso também não seja possível, restarão somente a adoção de fossa séptica e infiltração no próprio terreno.

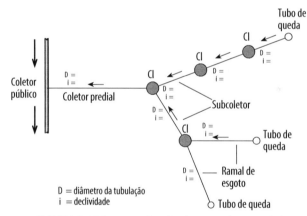

FIGURA 3.10 Esquema de subcoletor e coletor predial.

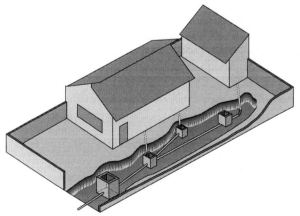

FIGURA 3.11 Perspectiva de ligação domiciliar de esgotos.

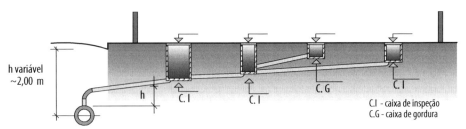

FIGURA 3.12 Corte de uma ligação domiciliar de esgotos.

3.2.9 Ventilação

A NBR 8160/99 estabelece que as instalações primárias de esgoto devem ser dotadas de ventilação, visando evitar a ruptura do fecho hídrico dos desconectores por aspiração ou compressão e, também, para que os gases emanados dos coletores sejam encaminhados para a atmosfera[1].

A ventilação primária é, portanto, um item obrigatório e deve ser observada, em qualquer instalação, por menor que seja. É um precioso elemento de proteção da instalação, encaminhando para a atmosfera os gases provenientes dos coletores públicos e da própria instalação. Além disso, ao promover a circulação de ar no interior do sistema, protege o fecho hídrico dos desconectores da ruptura por aspiração ou compressão. O ramal de ventilação e o tubo ventilador são as tubulações que compõem o sistema. O esquema básico da ventilação é apresentado adiante.

Toda edificação de um só pavimento deve ter, pelo menos, um tubo ventilador de DN 100. O tubo se liga diretamente à caixa de inspeção ou em junção ao coletor predial, subcoletor ou ramal de descarga de um vaso sanitário e se prolonga até acima da cobertura. Caso esta edificação seja residencial e tenha no máximo três vasos sanitários, o diâmetro poderá ser reduzido para DN 75.

Em edificações de dois ou mais pavimentos, os tubos de queda devem ser prolongados até acima da cobertura, para que o último trecho superior funcione como tubo de ventilação, além de que todos os desconectores (vasos sifonados, sifões e caixas sifonadas) devem ter tubos ventiladores individuais, ligados à coluna de ventilação. Para o melhor conhecimento dos termos empregados, a NBR 8160/99 assim define:

> Tubo ventilador: Tubo destinado a possibilitar o escoamento de ar da atmosfera para o sistema de esgoto e vice-versa ou a circulação de ar no interior do mesmo, com a finalidade de proteger o fecho hídrico dos desconectores e encaminhar os gases para a atmosfera.
>
> Ramal de ventilação: Tubo ventilador interligando o desconector ou ramal de descarga de um ou mais aparelhos sanitários a uma coluna de ventilação ou a um tubo ventilador primário.
>
> Tubulação de ventilação primária: Prolongamento do tubo de queda acima do ramal mais alto a ele ligado e com extremidade superior aberta à atmosfera situada acima da cobertura do prédio.

---

[1] A versão 1999 da norma NBR 8160 criou, além da ventilação tradicional e fundamental (ventilação primária), a ventilação secundária, só necessária em casos especiais, fora do escopo deste livro. Ver item 4.3.1 da referida NBR.

3 – O Sistema Predial de Esgotos Sanitários

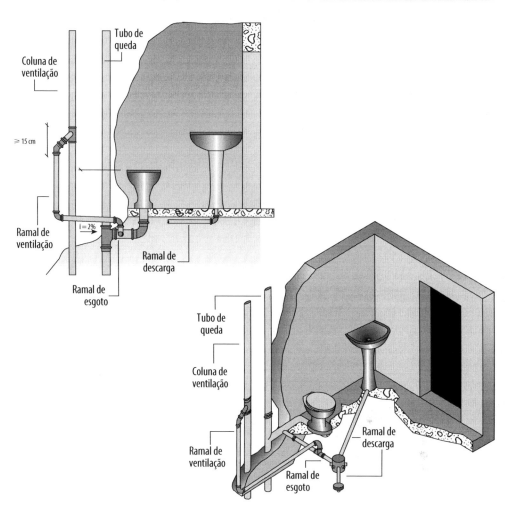

FIGURA 3.13 Esquema de ventilação com tomada acima do ramal de esgotos e saída em nível superior aos aparelhos.

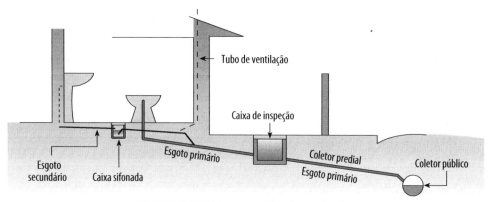

FIGURA 3.14 Esquema genérico de ventilação.

3.2.10 Disposição final

3.2.10.1 Considerações gerais

A disposição do líquido coletado pelo coletor predial de uma instalação predial de esgotos sanitários pode ser efetuada de duas maneiras:

a) no coletor da rede pública; ou

b) em sistema particular, quando não houver rede pública de esgotos sanitários.

A disposição final dos esgotos deve ser na rede pública de coleta de esgotos, preferencialmente, ou, na impossibilidade desta, em sistema particular, no caso as fossas sépticas, regidas pela NBR 7229/93 – Projeto, Construção e Operação de Sistemas de Tanques Sépticos – Procedimentos.

O coletor público adotado no Brasil é, em tese, do tipo separador absoluto, ou seja, recebe somente efluentes dos coletores prediais de esgoto, não se admitindo a inclusão de coletores de águas pluviais, as quais devem se ligar à rede própria. O líquido recolhido deve ser tratado antes de sofrer disposição final, embora na realidade isso nem sempre ocorra.

Nas regiões sem redes de esgotos sanitários, os resíduos provenientes do uso da água para fins higiênicos somente podem ser despejados em rios, lagos ou no mar caso tenham recebido tratamento para reduzir seu índice poluidor a níveis compatíveis com os corpos receptores.

Em regiões com rede pública de esgotos sanitários, pode ser determinado, a critério da concessionária local, algum tipo de dispositivo, tipo caixa retentora de gordura, visando proteger a rede.

3.2.11 Instalações abaixo do nível da rua

Nas instalações em nível abaixo do nível da rua, é necessário retirar os esgotos por elevação, até o nível da rua. Tal procedimento é apresentado no item sistema de esgotamento de esgotos. Outra solução seria o esgotamento pelos terrenos vizinhos, caso as condições topográficas o permitirem, apesar dos inconvenientes desta solução.

3.3 CRITÉRIOS E ESPECIFICAÇÕES PARA PROJETO

3.3.1 Considerações gerais

A fase de projeto é muito importante e não deve ser relegada a um plano secundário, devendo ser conduzida pelo profissional legalmente habilitado, com fiel aplicação das normas pertinentes. O atendimento da NBR 8160/99 não exclui a que se atenda, também, as regulamentações e posturas já citadas anteriormente em Componentes e Características do Sistema Predial de Esgoto e Dimensionamento.

Segundo a boa técnica, as instalações devem ser projetadas para:

a) permitir rápido escoamento dos esgotos sanitários e fáceis desobstruções;

b) vedar a passagem de gases e animais das tubulações para o interior das edificações;

3 – O Sistema Predial de Esgotos Sanitários   207

c) não permitir vazamentos, escapamento de gases e formação de depósitos no
    interior das tubulações;
d) impedir a poluição do sistema de água potável;

As referidas recomendações são muito esclarecedoras, destacando-se, ainda, a
necessidade de previsão de pontos para inspeção para desobstruções, não apenas nas
tubulações internas como nos subcoletores e coletores.

O projeto completo, via de regra, compreende:

• memorial descritivo e justificativo;
• memorial de cálculo;
• normas adotadas;
• especificações de materiais e equipamentos;
• relação de materiais e equipamentos;
• plantas, isométricos, esquemas (detalhes construtivos), enfim, todos os detalhes necessários ao perfeito entendimento do projeto.

3.3.2 Etapas do projeto

O projeto se divide em três etapas distintas: o planejamento, o dimensionamento, propriamente dito, e os desenhos e memoriais descritivos. No planejamento devem ser
observadas todas as recomendações das normas, bem como as constantes do item Componentes e Características do Sistema Predial de Esgotos e as do presente capítulo. Na
Seção 3.4, acham-se as recomendações e os cálculos do projeto e no Capítulo 11, os
critérios para apresentação de projetos (Desenhos) e memoriais.

O maior mérito de um adequado projeto de esgotos acha-se na concepção, que deve
levar em conta os diversos fatores intervenientes, não só de ordem técnica, mas os de
ordem econômica e, principalmente, os de ordem prática, executiva, para facilitar a execução e não comprometer o cronograma físico da obra. A definição do posicionamento
das tubulações e dispositivos, com suas interferências com as demais tubulações, na
estrutura e no projeto arquitetônico, é o principal problema do projetista hidráulico, ao
lado da definição das cotas do projeto de esgotos, adaptadas ao projeto arquitetônico.

3.3.3 Tipos e características da edificação

O tipo da edificação deve ser analisado: se residencial térreo, sem complexidade, o planejamento é simples e imediato, mas já para uma edificação residencial em sobrado, há
critérios a serem observados. As demais edificações, industriais e comerciais, exigem
planejamento mais complexo e detalhado, além de análise minuciosa, caso a caso.

O projeto arquitetônico elaborado é outro item importante para o planejamento,
pois, para um mesmo tipo de edificação, podem haver diversas soluções arquitetônicas
e hidráulicas. Considerando o diâmetro básico de 100 mm para os tubos de queda e a
imperiosa necessidade de sua passagem, no sentido vertical, este problema pode con-
flitar com as concepções arquitetônicas adotadas, devendo-se analisá-lo previamente.

Para projetos de edificações específicas, devem ser levados em conta as particularidades técnicas de cada um:

- escolas e hospitais: como são edifícios que não podem ter o funcionamento interrompido, localizar as caixas de gordura e inspeção fora de área de uso permanente e propiciar facilidades de inspeção e manutenção;
- hospitais ou salas com rígidos critérios de assepsia, colocar tampas cegas em ralos sifonados ou mesmo localizá-los em outras áreas;
- estádios e sanitários públicos: fazer o dimensionamento adequado e embutir as tubulações, protegendo as instalações contra atos de vandalismo de alguns usuários;
- edificações repetitivas (escolas, conjuntos habitacionais etc.) utilizar soluções padronizadas, visando reduzir os custos de manutenção e operação.

3.3.4 Recomendações gerais para projetos

MATERIAIS UTILIZADOS EM TUBULAÇÕES E DISPOSITIVOS DE ESGOTO							
Tubulações	PVC	Latão	Ferro fundido	Fibro-cimento[A]	Concreto	Cerâmica vidrada	Alvenaria
Ramal de descarga	sim	não	sim	sim	não	sim	—
Ramal de esgoto	sim	não	sim	não	não	sim	—
Tubo de queda	sim	não	sim	sim	sim	sim	—
Subcoletor	sim	não	sim	sim	sim	sim	—
Coletor predial	sim	não	sim	sim	não	não	—
Ventilação	sim	não	sim	sim	não	não	—
Dispositivos							
Caixas de ralos	sim	sim	sim	sim	não	não	não
Caixas de gordura	sim	não	não	sim	sim	sim	sim
Caixas de inspeção	sim	não	não	não	sim	não	sim
Sifão	sim	sim	sim	não	não	não	não

[A] Observar que diversos municípios restringem ou proíbem a utilização de componentes em cimento amianto, como o município de São Paulo (Lei 13.103 de 2001).

3.3.4.1 Tubulações

As tubulações do sistema de esgoto devem possuir:

    a) desenvolvimento retilíneo;
    b) inspeção para limpeza e desentupimento;
    c) o menor comprimento possível;
    d) atender às declividades mínimas.

- O sistema deve obedecer à correta ventilação, de acordo com os detalhes da NBR 8160/99.

- Os materiais a serem empregados devem ser especificados conforme o tipo de efluente a ser conduzido, bem como a sua temperatura, efeitos químicos e físicos.

- As tubulações enterradas devem ser interligadas por caixas de inspeção; as aparentes devem ser conectadas por junções a 45°, com peças de inspeção nos trechos adjacentes, não podendo utilizar TEs ou duplo TE sem a necessária inspeção.
- As peças de inspeção devem ser os TEs com inspeção, joelho 90°, sifão com bujão etc.

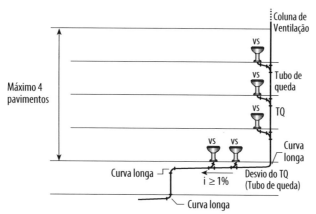

FIGURA 3.15 Esquema de ramais de descarga em edifícios com até quatro pavimentos.

3.3.4.2 Ramal de descarga

- Os ramais de descarga de pias de cozinha ou de copa ligam-se diretamente a tubos de queda específicos para caixa de gordura; não devem jamais ser ligados a ralos sifonados.
- No caso de ligação de pias a tubos "de gordura", ou seja, tubos de queda específicos para ramais de descarga de pias de cozinha, estes devem ser os mais curtos possíveis e ter dispositivo de limpeza, considerando a facilidade de entupimento destas tubulações.
- As bacias sanitárias devem se ligar diretamente à caixa de inspeção (edificação térrea) ou a tubo de queda (quando de instalação em pavimento superior).
- Os ramais de descarga de lavatórios, bidês, banheiras, ralos e tanques devem ser ligados diretamente, ou por meio de caixa de passagem, à caixa sifonada ou sifão, exceto:
    a) conjuntos de lavatórios ou mictórios, quando instalados em bateria nos sanitários coletivos, desde que o ramal de esgoto que reúne os ramais de descarga de cada aparelho seja facilmente inspecionável;
    b) lavatórios e pias de cozinha sejam do tipo com duas cubas.
- Os ramais de descarga de vasos sanitários, caixas ou ralos sifonados, caixas retentoras e sifões devem se ligar diretamente à caixa de inspeção ou à outra tubulação primária, desde que a mesma seja inspecionável.
- Os ramais de descarga anteriormente referidos somente podem ser conectados a trechos horizontais de desvios de tubos de queda que tenham declividade maior que 1%

e que não recebam efluentes de mais de quatro pavimentos superpostos; quando isto não puder ser atendido, as ligações devem ser efetuadas abaixo do trecho do desvio.

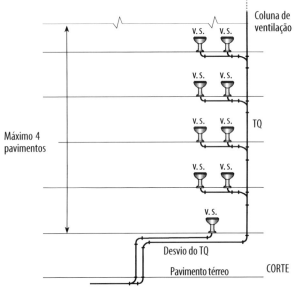

FIGURA 3.16 Esquema de ramais de descarga em edifícios com mais de quatro pavimentos.

- Os ramais devem desaguar em ralos sifonados situados no mesmo pavimento.
- O comprimento do trecho entre um ramal de descarga e um ponto de inspeção (caixa ou peça de inspeção) não deve ser maior que 10 m.
- Os ramais de descarga de vasos sanitários ligados em série ou bateria, quando ligados a um mesmo ramal de esgoto, devem ter as ligações em junção de 45°, com curvas ou joelhos.

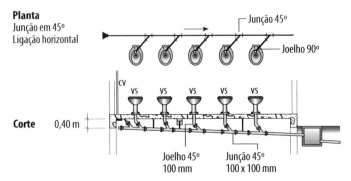

FIGURA 3.17 Planta e corte de ligação de ramais de descarga de bacias sanitárias.

3.3.4.3 Caixa sifonada

- Deve ter localização conveniente para receber os ramais de descarga e encaminhar a água servida para o ramal de esgoto. A posição ideal é a central em relação às peças, mas isso na maioria dos casos não é possível, devendo-se procurar uma posição que atenda à estética e à hidráulica;

- A tampa deve ser facilmente removível para facilitar a manutenção, mesmo a tampa dos ralos cegos.

- Os chuveiros e as águas de lavagem de pisos podem ser coletadas em ralos simples (secos), os quais devem se ligar às caixas sifonadas.

- As caixas sifonadas localizadas no térreo podem se ligar diretamente à caixa de inspeção.

- Os desconectores em geral (sifões, caixas sifonadas) e mesmo os ralos simples devem se posicionar em local de fácil acesso, de modo a permitir a limpeza e manutenção periódica.

- A instalação em áreas descobertas somente deve ocorrer em casos extremos; quando não puder ser evitada, a caixa precisa ser protegida de eventuais infiltrações de águas pluviais e o seu fecho hídrico deve ser periodicamente verificado, pois tende a evaporar rapidamente.

3.3.4.4 Caixa de passagem

- Pode ter tampa tipo grelha, ou mesmo ser uma grelha, com declividade apropriada em seu fundo. Nesses casos, como recebem tubulações secundárias, devem se ligar a outra secundária. Se a ligação for feita a uma tubulação primária, deve ser protegida por fecho hídrico.

- Não podem receber despejos fecais.

- As caixas com grelhas que recebem águas de lavagem de piso devem ser dotadas de dispositivo protetor (tipo grelha, tela plástica ou similar) na ligação à tubulação, de modo que as eventuais obstruções sejam facilmente constatadas e retiradas, impedindo a entrada de material indesejável na tubulação.

- As caixas que recebem efluentes de pias de cozinha ou mictórios devem ter tampa hermética (tampa cega).

- As que recebem efluentes de mictórios devem ser de material apropriado e resistentes à urina.

3.3.4.5 Ramal de esgoto

- Ramais de mictórios devem ser ligados às caixas sifonadas com tampa cega, para evitar a ocorrência de odores no ambiente.

- O ramal de esgoto do térreo deve ser ligado diretamente à caixa de inspeção, por tubulação independente e não a um tubo de queda, pois, em caso de seu entupimento, poderá ocorrer refluxo para os ralos do térreo.

- Os ramais de esgoto que recebem efluentes de lavatórios e pias de despejo de hospitais, lavatórios de consultórios médicos etc., devem ser consideradas tubulações primárias, não podendo se ligar a caixas sifonadas, mas diretamente a caixas de inspeção ou tubos de queda, devendo ser devidamente protegidas.

- As ligações de ramal de esgoto ao subcoletor ou coletor predial devem ser efetuadas por caixa de inspeção ou, caso não seja possível, por junção simples, com ângulo máximo de 45° provida de inspeção ou TE de inspeção.

- A ligação do ramal de esgoto ao ramal de descarga do vaso sanitário não pode ser efetuada nos pontos de inspeção existentes em joelhos e curvas, e sim com ligações apropriadas.

- O comprimento do trecho entre um ramal de esgoto de vaso sanitário, caixa retentora ou caixa sifonada e um ponto de inspeção (caixa de inspeção, poço de visita ou peça de inspeção) não deve ser maior que 10 m.

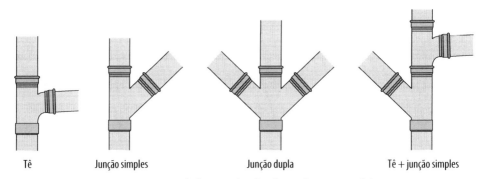

Tê   Junção simples   Junção dupla   Tê + junção simples

FIGURA 3.18 Esquema de ligação de tubo de queda com ramal de esgoto.

3.3.4.6 Tubo de queda

- Deve ter diâmetro constante ao longo de seu comprimento.

- Sempre que possível, deve ser instalado em uma única prumada ou único alinhamento reto.

- Havendo necessidade de mudanças de direção, as peças que serão utilizadas devem ter ângulo central não superior a 90°, ser de raio longo e dispor de peças de inspeção.

- Os tubos de queda devem se prolongar até acima da cobertura, para ventilação, mantendo o mesmo diâmetro, com exceção dos casos previstos na Seção ventilação.

- Prédios distintos não devem utilizar o mesmo tubo de queda; os tubos devem ser independentes.

- O tubo de queda deve ser locado o mais próximo possível da bacia sanitária, pois o trecho desta até o tubo é de DN 100 mm, apresentando um custo maior. Assim, facilita-se também a execução, pois o trecho de maior diâmetro terá menor percurso, com menor probabilidade de interferências.

- As peças de inspeção devem se localizar em trechos apropriados da tubulação, de modo a serem facilmente utilizadas, quando necessário.

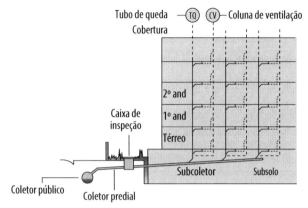

FIGURA 3.19 Corte geral de um edifício com tubos de queda e ramais de esgoto.

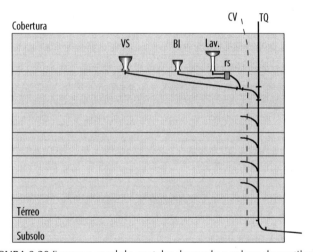

FIGURA 3.20 Esquema geral de um tubo de queda e coluna de ventilação.

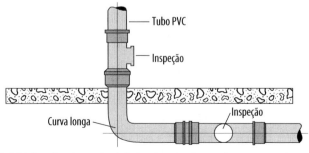

FIGURA 3.21 Detalhe do trecho inferior do tubo de queda com curva longa e peças de inspeção para eventual desobstrução.

3.3.4.7 Ventilação primária

- A coluna de ventilação deverá possuir diâmetro constante.
- Toda tubulação de ventilação deve ser instalada de modo que uma eventual penetração de líquido que venha nela ingressar possa escoar completamente por gravidade.
- A extremidade inferior deve ser ligada a um subcoletor ou a um tubo de queda, conectado em ponto situado abaixo da ligação do primeiro ramal de esgoto ou descarga ou, ainda, nesse ramal de esgoto ou descarga.
- A extremidade superior deverá situar-se acima da cobertura da edificação ou ligada a tubo ventilador primário a 150 mm ou mais, acima do nível de transbordamento da água do mais elevado aparelho sanitário por ele servido, quando for necessário conectar a outra tubulação de ventilação.
- Em casos especiais de ventilação, deve-se considerar as particularidades de cada caso e consultar a NBR 8160/99.
- A NBR 8160, na sua versão de 1983, especifica: "A ligação de um tubo ventilador a uma tubulação horizontal deve ser feita acima do eixo da tubulação, elevando-se o tubo ventilador até 15 cm, ou mais, acima do nível de transbordamento da água do mais alto dos aparelhos servidos, antes de ligar-se ao tubo ventilador."

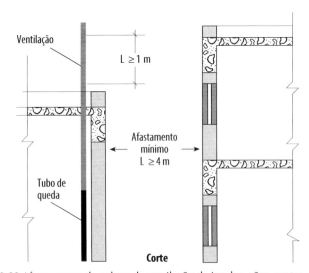

FIGURA 3.22 Afastamentos da coluna de ventilação de janelas, vãos, portas, vergas etc.

- A extremidade aberta de um tubo ventilador deve estar situada a mais de 4 m de qualquer janela, porta ou outro vão de ventilação, exceto se elevada 1 m acima das vergas dos referidos vãos.
- Todo desconector deve ser ventilado e a distância de um desconector à conexão com o tubo ventilador ao qual estiver ligado deve atender ao disposto na tabela a seguir:

Diâmetro nominal do ramal de esgoto DN	Distância máxima (m)
40	1,0
50	1,2
75	1,8
100	2,4

- É necessário tomar as devidas precauções no projeto e na obra quanto à conexão do tubo ventilador em seus dois extremos: na parte inferior, junto à ligação com o ramal de esgoto, em que deve se posicionar na parte superior ou conectar a 45° para evitar a entrada de efluentes na tubulação de ventilação em situações de uso normal e, principalmente, em entupimentos e refluxos. A ligação na parte superior, deve ocorrer, no mínimo, 15 cm acima do mais alto dos aparelhos servidos, para impedir o eventual refluxo para o tubo ventilador, quando de entupimentos, pois, os efluentes fluirão pelos aparelhos e não atingirão o tubo.

- Os erros cometidos nestas ligações são mais comuns do que podem parecer e uma das causas de mau cheiro constante e indeterminado em certas instalações poderá ser, sem dúvida, uma má ligação da tubulação de ventilação. Nas Figuras 3.23 e 3.24, pode-se ver, para efeitos didáticos, dois exemplos de ligações totalmente errados e danosos à instalação.

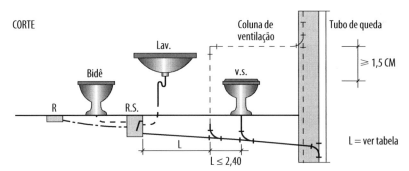

FIGURA 3.23 Sanitário, distância de inserção de ramal de ventilação.

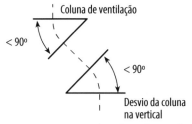

FIGURA 3.24 Desvios de coluna de ventilação.

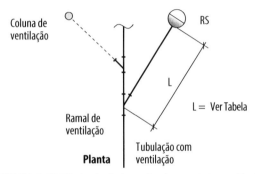

FIGURA 3.25 Distância de inserção de ramal de ventilação.

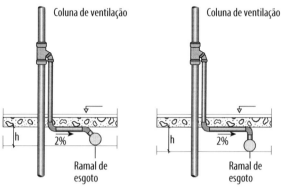

FIGURA 3.26 Esquema correto de ligação do ramal de ventilação ao ramal de esgoto.

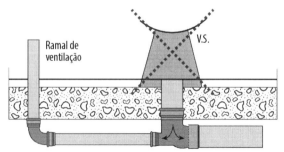

FIGURA 3.27 Ramal de ventilação ligado ao ramal do vaso sanitário: pode ser obstruído e perder sua função.

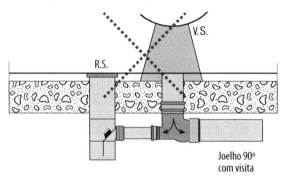

FIGURA 3.28 Caixa sifonada, ligada diretamente ao ramal do vaso sanitário: acarreta retorno de efluentes e mau cheiro.

3.3.4.8 Máquina de lavar

Nas instalações em prédios, a partir de dois andares, que recebem no tubo de queda descargas de aparelhos como pias, tanques, máquinas de lavar e similares, em que são usados produtos detergentes que provocam a formação de espuma, é preciso evitar a ligação de aparelhos ou tubos ventiladores nos andares inferiores, em trechos da instalação considerados zonas de pressão de espuma, conforme esquema da Figura 3.26.

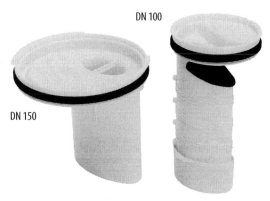

FIGURA 3.29 Amanco Antiespuma.

A NBR 8160, na sua versão de 1983, considera zonas de pressão de espuma:

a) o trecho do tubo de queda de comprimento igual a 40 diâmetros imediatamente a montante de desvio para a horizontal, o trecho horizontal de comprimento igual a 10 diâmetros imediatamente a jusante do mesmo desvio e o trecho horizontal de comprimento igual a 40 diâmetros imediatamente a montante do próximo desvio.

b) o trecho do tubo de queda de comprimento igual a 40 diâmetros imediatamente a montante da base do tubo de queda e o trecho do coletor ou subcoletor de comprimento igual a 10 diâmetros imediatamente a jusante da mesma base.

c) os trechos a montante e a jusante da primeira curva do coletor ou subcoletor, respectivamente com 40 a 10 diâmetros de comprimento.

d) o trecho da coluna de ventilação com comprimento igual a 40 diâmetros, a partir da ligação da base da coluna com o tubo de queda ou ramal de esgoto.

Estas significativas recomendações da norma precisam ser levadas em consideração. Caso seja possível, deve-se isolar o tubo de queda da máquina de lavar, apesar do pequeno aumento de custo, para minorar os problemas causados pelo refluxo da espuma para os ralos e os tubos ventiladores. Outra solução é a ligação da saída da máquina de lavar no tanque: posiciona-se o tubo de saída para o tanque, lançando nele a espuma. Essa opção apresenta o inconveniente de não permitir o uso simultâneo de máquina e tanque.

A seguir acha-se o esquema indicado pela NBR 8160, na sua versão de 1983, que minimiza o problema do refluxo da espuma.

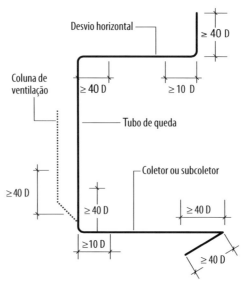

FIGURA 3.30 Esquema geral de ligação de tubo de queda para máquina de lavar.

3.3.4.9 Caixa de inspeção

- Deve ser prevista quando ocorrer:
    a) mudança de direção;
    b) mudança de diâmetro, quando de eventual conexão;
    c) mudança de declividade dos subcoletores ou do coletor predial;
    d) interligação de subcoletores.

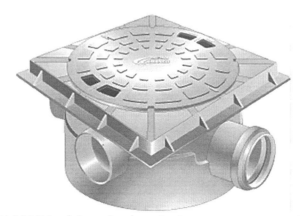

FIGURA 3.31 Caixa de Inspeção, alternativa Amanco para concreto e alvenaria.

- A caixa pode ser de plástico, concreto ou alvenaria, mas a caixa de inspeção da Amanco, em PVC, é vantajosa, pois:
    a) facilita a instalação;
    b) possui forma cilíndrica, facilitando o escoamento;

c) conta com peças removíveis, facilitando a limpeza e manutenção;
d) tem entradas com diâmetros variados;
e) apresenta as dimensões mínimas necessárias, eliminando-se a possibilidade de eventuais erros de execução de caixas em alvenaria ou concreto.

- A execução pode ser em alvenaria de tijolo, revestida internamente com argamassa de cimento e areia (1:3); o fundo será de concreto magro, com declividade em direção à tubulação de escoamento, nele moldando-se a meia seção da tubulação de saída, para facilitar o fluxo dos dejetos.

- As tampas devem ficar completamente desobstruídas, de modo a serem prontamente retiradas, se necessário.

- A tampa deve ser visível, no nível do terreno, de material resistente e fácil remoção, com alça (pegador), propiciando facilidade de operação; ter vedação perfeita (impedindo a saída de gases), obtido com a correta execução da tampa e da borda de apoio e aplicação de mástique elástico no friso entre a tampa e esta borda.

- Em locais sujeitos a tráfego de veículos, as caixas de inspeção devem ser localizadas, se possível, de forma a não serem afetadas pelo peso dos veículos, que será a elas transmitido pelas rodas. Em garagens, por exemplo, o ideal é que as caixas fiquem no centro dos corredores de acesso, impedindo-se, assim, que o peso dos veículos as danifique. As tampas serão em concreto armado, com dimensões apropriadas, apoiadas em bordas protegidas por cantoneiras metálicas; como alternativa, podem ser em ferro fundido ou chapa metálica.

- Em prédios com mais de cinco pavimentos, as caixas de inspeção devem se localizar a mais de 2 m de distância dos tubos de queda a elas ligados, tendo em vista as interferências estruturais.

- A distância entre a última caixa de inspeção e o coletor público não deve ser superior a 15 m; em alguns municípios é exigida caixa de inspeção no passeio frontal do lote ou em área próxima, com menor distância ainda, de modo a facilitar um eventual desentupimento.

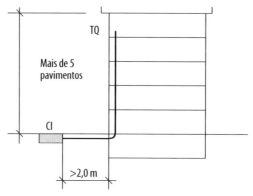

FIGURA 3.32 Posição da caixa de inspeção em edifícios com mais de cinco pavimentos.

- A distância máxima entre caixas é de 15 m, em razão do comprimento dos equipamentos de desobstrução (varas, hastes mecânicas etc.).

- A localização da caixa deve ser feita em função das condições locais do terreno e do traçado da tubulação, devendo-se ter em mente que uma eventual desobstrução será obrigatoriamente efetuada por intermédio destas caixas, as quais, portanto, devem ser convenientemente localizadas.

- As caixas devem ser locadas individualmente para cada edificação, ou seja, não receberão efluentes provenientes de outra unidade.

- Nas caixas localizadas em poços de ventilação ou áreas internas das edificações, estes locais devem possuir as condições mínimas para acesso e limpeza das mesmas.

- Quando vários subcoletores contribuem para a mesma caixa, o posicionamento desta deve ser em nível compatível com a chegada das tubulações (lembrando que cada um provém de um determinado nível), para as contribuições adentrarem à caixa no sentido do fluxo.

- As peças de inspeção somente devem ser instaladas quando não for possível colocar caixas de inspeção, pois apresentam maior facilidade de utilização.

3.3.4.10 Caixa de gordura

- Recomenda-se a sua utilização, pois proporciona várias vantagens. É exigida, por diversos códigos sanitários estaduais e posturas municipais.

- Deve ser instalada em local de fácil acesso, com boas condições de ventilação. Recomenda-se que seja colocada, preferencialmente, na parte externa da edificação. Nas edificações térreas, situá-la próxima às pias, caso isto não seja possível, adaptá-la sob as pias, como última solução, lembrando-se que em algumas localidades, tal posicionamento é proibido pelas autoridades sanitárias. Quanto mais longe se localizar a caixa de gordura, menos protegerá a tubulação, pois os resíduos gordurosos se depositarão ao longo da tubulação que se destina à caixa e não na mesma.

- Em edificações com pavimentos superpostos, os ramais de pias devem descarregar em tubo de queda independente, que conduzirá os efluentes para uma caixa de gordura coletiva situada no pavimento térreo, sendo vedado o uso de caixas individuais em cada pavimento.

- As caixas de gordura devem ser vedadas hermeticamente, ter tampa facilmente removível e localizada de modo a ser facilmente utilizada, visando permitir a limpeza periódica.

- A caixa de gordura pode ser de plástico, concreto ou alvenaria, mas a *Amanco Top* caixa de gordura, em PVC, é vantajosa, pois:
  a) facilita a instalação;
  b) possui forma cilíndrica, facilitando o escoamento;
  c) conta com peças removíveis, facilitando a limpeza e manutenção;
  d) tem entradas com diâmetros variados;
  e) apresenta as dimensões mínimas necessárias, eliminando-se a possibilidade de eventuais erros de execução de caixas em alvenaria ou concreto.

- Pode ser pré-fabricada ou moldada no local.

- Recomenda-se a divisão da caixa de gordura em duas câmaras, uma receptora e outra vertedora, separadas por um septo, não removível. A parte submersa do septo deve possuir 20 cm no mínimo, altura esta abaixo do nível da geratriz inferior da tubulação de saída. O outro segmento, acima do líquido, deve ter, por sua vez, cerca de 20 cm.

FIGURA 3.33 Amanco Top Caixa de Gordura.

3.3.4.11 Subcoletor e coletor predial

- O coletor predial deve ter cota suficiente (mais elevada) para se ligar ao coletor público, por gravidade. Atentar-se para o nível em que se encontra o coletor (informado pela concessionária local), e, geralmente, com cerca de 2 m de profundidade. Além disso, deve-se conhecer a posição do coletor público em relação ao lote, que pode ser no mesmo lado, no centro da via pública ou no lado oposto da mesma, situação esta a mais desfavorável, pois o caminho a percorrer é mais longo.

  O projetista deve considerar, também, as interferências com a estrutura e fundações, ao longo do caminho até o coletor público, verificando as cotas de ambos, para garantir a continuidade da tubulação.

- O comprimento máximo do coletor predial deve ser de 15 m para facilitar eventuais manutenções; caso não seja possível, prever caixas de inspeção ou peça de inspeção.

- O coletor deve ser o mais retilíneo possível e, havendo mudança de direção ou de nível, motivada pela configuração da edificação ou do terreno, é necessário instalar caixa de inspeção ou peças de inspeção, para permitir a limpeza e desobstrução dos trechos adjacentes a estes dispositivos.

- Devem ser utilizadas caixas de inspeção ao longo destes trechos, tendo em vista a maior facilidade de operação destas; as peças de inspeção somente devem ser instaladas em casos excepcionais, quando não for possível a instalação de caixas de inspeção.

- Os subcoletores e coletores serão projetados somente na parte não edificada do terreno; caso isto não seja possível, ou seja, localizem-se na parte interna da edificação, deve-se providenciar a sua proteção e facilidade de inspeção.

- As mudanças de diâmetro de subcoletores e coletores devem ser efetuadas por intermédio de caixas de inspeção, preferencialmente, ou peças de inspeção.

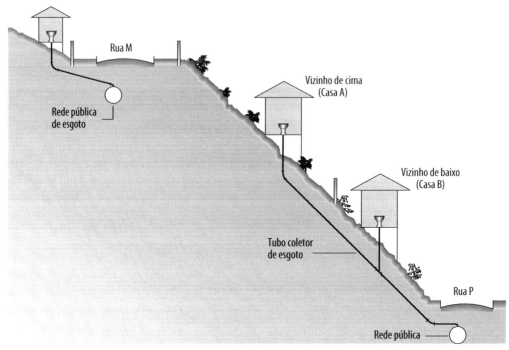

FIGURA 3.34 Exemplo de tubos coletores com destinação à rede pública.

- Em casos excepcionais, nas edificações situadas em cota inferior à via pública (terrenos com declive para o fundo do lote), há duas opções de esgotamento: por instalação elevatória ou por canalização que percorreria o terreno vizinho (dos fundos ou da lateral), de cota inferior, até se atingir o coletor público. Tal procedimento deve ser evitado e provoca problemas com os vizinhos, além de não ter amparo legal, ao contrário do que ocorre com as águas pluviais, na chamada "servidão de passagem", uma obrigação legal. Pode-se prever essa passagem na elaboração do projeto do loteamento, tornando-a oficial e, portanto, legal, mas isto nem sempre ocorre.

- Pode ser instalada válvula de retenção para rede de esgoto, no coletor predial, em local apropriado, de fácil acesso para manutenção, para evitar o retorno (refluxo) do esgoto do coletor público para o coletor predial. Isto pode vir a ser necessário em casos de constantes retornos da rede pública, face a entupimentos ou problemas de manutenção, bem como em casos de ligação inapropriada do coletor predial, o qual não se liga de topo no coletor público e sim lateralmente, por problema de nível do terreno. Uma vantagem adicional é evitar o acesso de animais (ratos etc.) ao subcoletor predial.

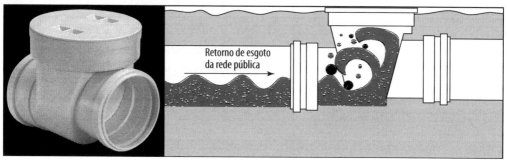

FIGURA 3.35 Válvula de retenção de esgoto.

3.4 DIMENSIONAMENTO

3.4.1 Generalidades

O sistema de esgoto funciona por gravidade, ou seja, existe pressão atmosférica ao longo de todas as tubulações, característica mantida pela ventilação do sistema.

Assim, o dimensionamento é simples, por tabelas, em função do material e da declividade mínima fixada. Não há necessidade de verificação da pressão. Com base nas Unidades Hunter de Contribuição (UHC) e nas declividades mínimas prestabelecidas dimensiona-se todo o sistema.

A fórmula básica adotada é a de Chèzy, utilizada para cálculo de canais (condutos livres), a meia seção, materializada em tabelas, as quais fornecem diretamente os diâmetros dos trechos calculados. As tubulações de DN igual ou menor que 75 devem ser previstas com declividade mínima de 2% e as tubulações com DN igual ou superior a DN 100 devem ser instaladas com declividade mínima de 1%, com exceção dos casos previstos na Tabela de Dimensionamento de Coletores e Subcoletores. As tabelas utilizadas nos cálculos de cada um dos trechos horizontais das tubulações de esgoto devem obedecer, obrigatoriamente, as declividades anteriores, as quais devem ser constantes.

3.4.2 Ramal de descarga

O cálculo do diâmetro do ramal de descarga (trecho entre o aparelho e a caixa sifonada, ou, no caso do vaso sanitário, entre ele e o subcoletor ou o tubo de queda) é função apenas do número de UHC, conforme as duas tabelas adiante. Essas UHC, da mesma maneira como para o cálculo da água fria, facilitam a determinação do DN do ramal de descarga, de acordo com o tipo e característica do aparelho sanitário.

O dimensionamento é imediato, a partir dos valores indicados na tabela, ressaltando-se, apenas, a adoção do diâmetro mínimo DN 40.

Por se tratar de ramal interno, exclusivo do cômodo sanitário, o exemplo a seguir é válido tanto para residências como para prédios.

3.4.3 Ramal de esgoto

O diâmetro do ramal de esgoto (trecho entre a saída da caixa sifonada e a ligação ao ramal da bacia sifonada) é determinado em função do somatório das UHC, conforme tabela adiante.

O dimensionamento é imediato, a partir dos valores indicados na tabela, em função do número de UHC de cada aparelho.

Por se tratar de ramal interno, exclusivo do cômodo sanitário, o exemplo a seguir é válido tanto para residências como para prédios.

Ramais: (Tabelas)

    Chuveiro – DN 40
    Lavatório de residência – DN 40
    Bidê – DN 40
    Vaso Sanitário – DN 100

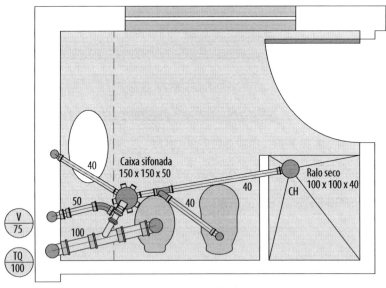

FIGURA 3.36 Ramais de descarga.

Dimensionamento de esgoto

A partir da tabela de UHC dos aparelhos, determina-se o número de UHC de cada aparelho:

    Lavatório = 1
    Bidê = 2
    Chuveiro de residência = 2
    Total = 5 UHC

Considerando a tabela anterior, com o somatório, o diâmetro do ramal de esgoto da caixa sifonada é DN 50. Total de UHC contribuindo para a mesma coluna: ramal da caixa sifonada (5) + ramal do vaso sanitário (6) = 11 UHC.

3 – O Sistema Predial de Esgotos Sanitários

225

UNIDADES HUNTER DE CONTRIBUIÇÃO (UHC) DOS APARELHOS SANITÁRIOS E DIÂMETRO NOMINAL DO RAMAL DE DESCARGA		
Aparelho	Número de unidades (Hunter) de contribuição	Diâmetro nominal DN do ramal de descarga
Banheira de residência	3	40
Banheira de uso geral	4	40
Banheira hidroterápica – fluxo contínuo – uso geral	6	75
Banheira de emergência (hospital)	4	40
Banheira infantil (hospital)	2	40
Bacia de assento (hitroterápica)	2	40
Bebedouro	0,5	40
Bidê	2	40
Chuveiro de residência	2	40
Chuveiro coletivo	4	40
Chuveiro hidroterápico	4	75
Chuveiro hidroterápico tipo tubular	4	75
Ducha escocesa	6	75
Ducha perineal	2	40
Lavador de comadre	6	100
Lavatório de residência	1	40
Lavatório geral	2	40
Lavatório de quarto de enfermeira	1	40
Lavabo cirúrgico	3	40
Lava-pernas (nidroterápico)	3	50
Lava-braços (hidroterápico)	3	50
Lava-pés (hidroterápico)	2	50
Mictório – válvula de descarga	6	75
Mictório – caixa de descarga	5	50
Mictório – descarga automática	2	50
Mictório – de calha por metro	2	50
Mesa de autópsia	2	40
Pia de residência	3	40
Pia de serviço (despejo)	5	75
Pia de lavatório	2	40
Pia de lavagem de instrumentos (hospital)	2	40
Pia de cozinha industrial – preparação	3	40
Pia de cozinha industrial – lavagem de panelas	4	50
Tanque de lavar roupa	3	40
Máquinas de lavar pratos	4	75
Máquinas de lavar roupas até 30 kg	10	75
Máquinas de lavar roupas de 30 até 60 kg	12	100
Máquinas de lavar roupas acima de 60 kg	14	150
Vaso sanitário	6	100

Observação: O diâmetro indicado, referente ao número de UHC, é considerado como mínimo.

DIMENSIONAMENTO DE RAMAIS DE ESGOTO	
Diâmetro nominal do tubo DN	Número máximo de unidades Hunter de contribuição
40	3
50	6
75	20
100	160
150	620

Observação: o DN mínimo do ramal de esgoto de caixa de passagem que receba efluentes de lavatórios, banheiras, ralos, bidês e tanques é DN 50.

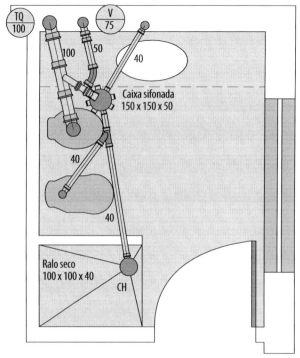

FIGURA 3.37 Amostra de ramal de esgoto.

3.4.4 Tubo de queda

O dimensionamento também é função do somatório das UHC dos ramais de esgoto que se conectam ao tubo de queda, por pavimento. O tubo de queda deve ter diâmetro uniforme. A tabela adiante fornece os diâmetros, subdividida em prédios de até três pavimentos e acima de três pavimentos. Observe-se que o DN mínimo de um tubo de queda que descarregue vaso sanitário é DN 100.

O dimensionamento é imediato, a partir dos valores indicados na tabela, em função do somatório do número de UHC de cada ramal de esgoto ligado ao tubo de queda. O exemplo a seguir é válido tanto para residências (sobrados) como para prédios.

Para um prédio de sete pavimentos, a coluna em questão recebe contribuição de cada sanitário, em cada um dos sete pavimentos. Considerando o sanitário do exemplo anterior (ramal de esgoto), com um somatório de 77 UHC, em todo o tubo. Considerando a Tabela de Dimensionamento de Tubos de Queda, tem-se o DN 100.

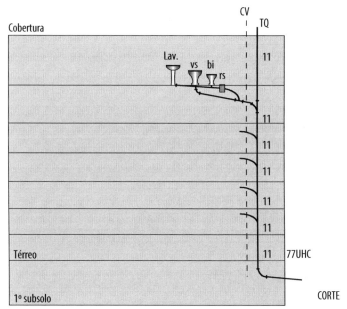

FIGURA 3.38 CV coluna de ventilação, TQ tubo de queda.

Caso o somatório fosse inferior a 70, não se poderia adotar o DN 75, em razão do mínimo DN para tubos de queda que recebem efluentes de vasos sanitários ser DN 100. Por outro lado, também, teria de se utilizar DN mínimo 100, pois não poderia ser inferior ao menor diâmetro a ele ligado, no caso o ramal de esgotos do vaso sanitário, DN 100.

Havendo desvios na vertical, os tubos de queda devem ser dimensionados como a seguir:

a) desvio com ângulo menor que 45° com a vertical, o tubo de queda deve ser dimensionado pela Tabela de Dimensionamento de Tubos de Queda;

b) desvio com ângulo maior que 45°;

- trechos acima e abaixo do desvio: trata-se de trecho normal, dimensionado pela Tabela de Dimensionamento de Tubos de Queda;
- trecho horizontal do desvio: trata-se de um subcoletor, dimensionado pela Tabela de Dimensionamento de Coletores e Subcoletores;
- o trecho abaixo do desvio não poderá ter diâmetro inferior ao do trecho horizontal;

DIMENSIONAMENTO DE TUBOS DE QUEDA			
Diâmetro nominal do tubo DN	Número máximo de unidades Hunter de contribuição		
	Prédio de três pavimentos	Prédio com mais de três pavimentos	
		Em um pavimento	Em todo o tubo
40	4	2	8
50	10	6	24
75	30	16	70
100	240	90	500
150	960	350	1.900
200	2.200	600	3.600
250	3.800	1.000	5.600
300	6.000	1.500	8.400

NOTAS:

a) nenhum vaso sanitário deve descarregar em tubo de queda de diâmetro nominal inferior a DN 100;

b) nenhum tubo de queda deve ter diâmetro inferior ao da maior tubulação ligada a ele;

c) nenhum tudo de queda que receba descarga de pias de copa, de cozinha ou de pias de despejo deve ter diâmetro nominal inferior a DN 75, excetuando-se o caso de tubos de queda que recebam até 6 UHC de contribuição em prédios de até dois pavimentos, quando pode, então, ser usado o DN 50.

3.4.5 Coletor predial (e subcoletor)

O dimensionamento do coletor e subcoletor baseia-se no somatório das UHC, bem como nas declividades mínimas da tabela adiante. O diâmetro mínimo exigido é DN 100. No caso específico de dimensionamento de coletores e subcoletores, para prédios residenciais, deve ser considerado apenas o aparelho de maior descarga de cada sanitário, para o cálculo do número de UHC.

O dimensionamento é imediato, em função do somatório do número de UHC e da declividade a ser estabelecida, utilizando-se a tabela a seguir.

Seja o exemplo da Figura 3.32, de um edifício com cinco tubos de queda e as respectivas caixas de inspeção, subcoletores e coletor predial, até a ligação ao coletor público. Observem-se os tubos de queda e o somatório do número de UHC de cada um, bem como as contribuições para cada caixa de inspeção. Verifique-se o caminhamento do esgoto, pelos subcoletores, para as diversas caixas de inspeção e, a partir da última caixa, o caminhamento final, pelo coletor predial, até o coletor público. A tabela elaborada permite visualizar as contribuições em cada caixa, o número total de UHC e o respectivo DN de cada trecho de subcoletor e do coletor predial, a partir da Tabela de Dimensionamento de Coletores Prediais e Subcoletores.

DIMENSIONAMENTO DE COLETORES PREDIAIS E SUBCOLETORES

Diâmetro nominal do tubo DN	Número máximo de unidades Hunter de contribuição (UHC)			
	Declividades mínimas			
	0,50%	1%	2%	4%
100	—	180	216	250
150	—	700	840	1.000
200	1.400	1.600	1.920	2.300
250	2.500	2.900	3.500	4.200
300	3.900	4.600	5.600	6.700
400	7.000	8.300	10.000	12.000

NOTAS:

1. Para fins didáticos, adotou-se o somatório total de UHC, apesar de se poder adotar apenas a contribuição do aparelho de mais vazão de descarga.

2. Verificar, pela Tabela de Dimensionamento de Coletores Prediais e Subcoletores, a declividade da tubulação. Foi adotado 1%, visto ser a declividade mínima.

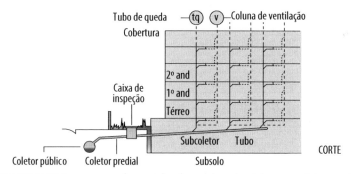

FIGURA 3.39 Esquema geral com tubo de queda, subcoletores e coletor predial.

Tubo de queda	Número de UHC
TQ 1	77
TQ 2	144
TQ 3	56
TQ 4	72
TQ 5	70

UHC – Unidade Hunter de Contribuição

Caixa de inspeção	Contribuições: tubos de queda e subcletores	Número total de UHC	Diâmetro nominal DN
CI 1	TQ 1	77	100
CI 2	CI 1 + TQ 2	77 + 144 = 221	150
CI 3	CI 2	221	150
CI 4	CI 3 + CI 8	221 + 363 = 584	150
CI 5	TQ 3	56	100
CI 6	TQ 4	72	100
CI 7	CI 6 + TQ 5	70 + 72 = 142	100
CI 8	CI 7 + CI 5	142 + 221 = 363	150

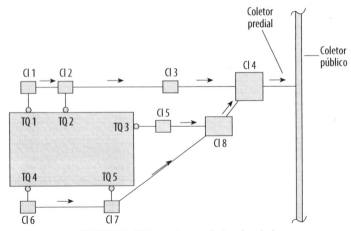

FIGURA 3.40 Exemplo dos dados da tabela.

3.4.6 Ventilação

O dimensionamento baseia-se, a exemplo dos itens anteriores, em UHC. Para o ramal de ventilação e as colunas de ventilação encontram-se adiante as tabelas utilizadas e, para os demais elementos, verificar as notas junto às tabelas. A distância máxima de um desconector a um tubo de ventilação também acha-se tabelada.

3.4.6.1 Ramal de ventilação

No caso do sanitário constante da Figura 2.30, já se verificou que tem o total de 11 UHC. Observando a tabela da página 124, nota-se que, para grupo de aparelhos com vaso sanitário, para UHC = 11, o diâmetro do ramal de ventilação é DN 50.

3.4.6.2 Coluna de ventilação

No caso do mesmo sanitário, para o mesmo edifício com sete pavimentos, tem-se o total de 7 × 11 = 77 UHC. Na Tabela de Dimensionamento de Colunas e Barriletes de Ventilação, adiante, entra-se com DN 100 para o tubo de queda e 140 para UHC (adota-se o primeiro valor acima de 77). A altura do edifício é, no mínimo, 3 × 11 = 33 m, logo, adota-se a coluna DN 75 para o DN mínimo da coluna de ventilação, a qual tem comprimento máximo permitido de 61 m.

DIMENSIONAMENTO DE RAMAIS DE VENTILAÇÃO			
Grupo de aparelhos sem vasos sanitários		Grupo de aparelhos com vasos sanitários	
Número de unidades de Hunter de contribuição	Diâmetro nominal do ramal de ventilação DN	Número de unidades de Hunter de contribuição	Diâmetro nominal do ramal de ventilação DN
Até 2	40	Até 17	50
3 a 12	40	18 a 60	75
13 a 18	50	—	—
19 a 36	75	—	—

3.4.6.3 Distância máxima de um desconector ao tubo ventilador

Na figura, observe que a distância do desconector (ralo sifonado) à sua ligação com o ramal de ventilação é pequena, L = 0,10 m, inferior ao máximo permitido pela tabela L = 1,2 m.

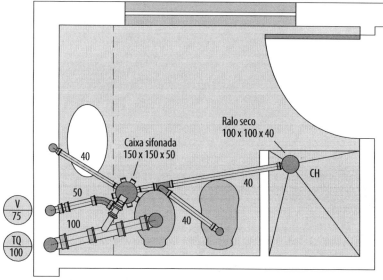

FIGURA 3.41 Distâncias máximas possíveis para coletores.

DISTÂNCIA MÁXIMA DE UM DESCONECTOR AO TUBO VENTILADOR	
Diâmetro nominal do ramal de esgoto DN	Distância máxima (m)
40	1,0
50	1,2
75	1,8
100	2,4

3.4.7 Elementos acessórios

3.4.7.1 Caixa de inspeção

Caso tenha forma prismática de base retangular, o menor dos lados deverá ter 0,60 m livre; se a forma for cilíndrica, deverá ter diâmetro interno mínimo 0,60 m. A profundidade máxima é variável, em função da declividade dos subcoletores, não devendo ser superior a 1 m. A profundidade mínima da primeira caixa é função dos DN das tubulações de entrada e de saída e da declividade da tubulação de entrada. Para edificações de maior porte e mesmo nas últimas caixas, junto ao coletor público (maior concentração de volume de efluentes) é desejável aumentar as dimensões planas para 0,80 × 0,80 m e mesmo 1,00 × 1,00 m. Apenas em instalações especiais as caixas devem ser calculadas em função dos volumes de esgotos.

Diâmetro nominal do tubo de queda ou ramal de esgoto DN	Número de unidades Hunter de contribuição	Diâmetro nominal mínimo de ventilação DN									
		30	40	50	60	75	100	150	200	250	300
		Comprimento máximo permitido (m)									
40	8	15	46								
40	10	9	30								
50	12	9	23	61							
50	20	8	15	46							
75	10		13	46	110	317					
75	21		10	33	82	247					
75	53		8	29	70	207					
75	102		8	26	64	189					
100	43			11	26	76	299				
100	140			8	20	61	229				
100	320			7	17	52	195				
100	530			6	15	46	177				
150	500					10	40	305			
150	1.100					8	31	238			
150	2.000					7	26	201			
150	2.900					6	23	183			
200	1.800						10	73	286		
200	3.400						7	57	219		
200	5.600						6	49	186		
200	7.600						5	46	171		
250	4.000							24	94	293	
250	7.200							18	73	225	
250	11.000							16	60	192	
250	15.000							14	55	174	
300	7.300							9	37	116	287
300	13.000							7	29	90	219
300	20.000							6	24	76	186
300	26.000							5	22	70	152

3 – O Sistema Predial de Esgotos Sanitários   233

3.4.7.2 Caixa de gordura

A caixa deve ter dimensões iguais ou superiores as mínimas, para que o líquido esfrie e, com isso, a gordura solidifique ficando retida nessa caixa nos limites especificados a seguir:

a) para despejos provenientes apenas de uma pia, utilizar a caixa tipo pequena;

b) para uma ou duas cozinhas, utilizar, no mínimo, a caixa tipo simples;

c) acima de duas, até 12 cozinhas, utilizar a caixa tipo dupla;

d) acima de 12 cozinhas ou para cozinhas industriais, de restaurantes, escolas, quartéis etc., utilizar as caixas do tipo especial, com dimensões calculadas;

- Existem caixas pré-fabricadas dos tipos pequena, simples e dupla, não necessitando cálculo, podendo ser adotadas. No caso da *Amanco Top* caixa, a mesma possui dimensões (21,8 L) acima do mínimo da NBR 8160/83 (18.1) e as dimensões mínimas apropriadas, bem como as conexões para facilitar o acoplamento com as tubulações de entrada e saída;

- O tipo especial precisa ser calculado de acordo com a fórmula:

$$V = (2 \times N) + 20$$

onde:

V = volume da caixa, em litros;

N = número de pessoas servidas pela cozinha.

Exemplo: Residência com 8 pessoas, $V = (2 \times 8) + 20 = 36$ litros.

3.4.7.3 Caixa de Passagem

- Dimensões mínimas:

a) cilíndrica: diâmetro mínimo interno 15 cm;

b) prismática de base poligonal: deve permitir a inscrição de um círculo de 15 cm de diâmetro;

c) altura: 10 cm.

- A tubulação de saída deve ser dimensionada como ramal de esgoto.

3.4.7.4 Caixa sifonada

O dimensionamento é imediato, bastando atender a tabela seguinte:

Efluentes até 6 UHC — DN 100

Efluentes até 10 UHC — DN 125

Efluentes até 15 UHC — DN 150

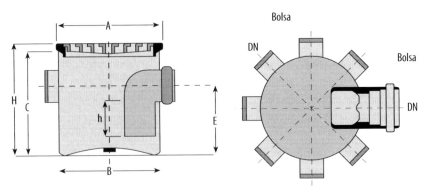

FIGURA 3.42 Esquema de caixa sifonada.

3.5 FOSSA SÉPTICA

3.5.1 Considerações gerais

A disposição do líquido coletado pelo coletor predial de uma instalação predial de esgotos sanitários pode ser efetuada de duas maneiras:

a) no coletor da rede pública;
b) em sistema individual (particular), quando não houver no local rede pública de esgotos sanitários.

O sistema público adotado no Brasil é, em tese, do tipo separador absoluto, ou seja, recebe somente efluentes dos coletores prediais de esgoto, não se admitindo a inclusão de coletores de águas pluviais, que devem se ligar à rede própria. Espera-se que o líquido recolhido pelo sistema público de esgotos seja tratado antes de sofrer disposição, embora se saiba que isto nem sempre ocorre na realidade.

Nas regiões sem redes de esgotos sanitários, os resíduos provenientes do uso da água para fins higiênicos somente podem ser despejados em rios, lagos ou no mar caso tenham sido objeto de tratamento que reduza o seu índice poluidor a níveis compatíveis com os corpos receptores. Uma solução muito usada é a fossa séptica para tratar os esgotos sanitários. Rege-se pela NBR 7229/93 – Projeto, Construção e Instalação de Fossas Sépticas e Disposição dos Efluentes Finais – Procedimentos.

Em regiões com rede pública de esgotos sanitários, pode ser solicitado, a critério da concessionária local, o uso de algum dispositivo, do tipo caixa detentora de gordura, visando proteger a rede pública.

3.5.2 Definição

Fossa séptica é um recipiente geralmente de planta retangular ou circular em que o líquido sofre decantação, removendo-se os sólidos grosseiros, que retidos formam o lodo, que se liquefaz com o tempo.

Com isso, o efluente da fossa:

- tem removida parcialmente sua carga orgânica, que, se jogada em um corpo de água, causa poluição;

- fica mais fácil de ser infiltrado ou filtrado no solo graças à retirada de sólidos.

FIGURA 3.43 Fossa séptica da Amanco.

O efluente da fossa séptica deve ser disposto com cuidado e existem várias alternativas de disposição, sendo as mais usadas:

- O efluente da fossa é infiltrado no terreno usando-se, para isso, escavações no próprio terreno. Por razões de praticidade e estabilidade estrutural, usam-se principalmente escavações de formato circular.
- O efluente da fossa é lançado por valas no terreno para sofrer filtração. Depois, o líquido que percolou pelo terreno é recolhido e disposto. É o processo das linhas (valas) de filtração.
- O efluente da fossa é enviado a um dispositivo chamado filtro anaeróbio, um tanque de formato circular em planta no qual colocam-se pedras. O líquido percola pelo meio de pedras e a matéria orgânica que o esgoto ainda tem é parcialmente removida, Segundo a NBR 7229/93, o conjunto fossa/filtro pode remover de 75% a 95% da matéria orgânica do esgoto bruto.
- Além dos processos comumente utilizados, outros podem ser aceitos pelas autoridades sanitárias.

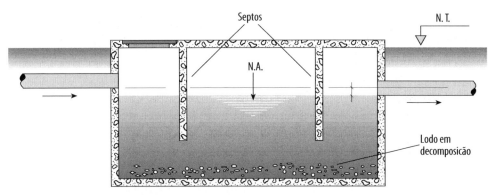

FIGURA 3.44 Aspecto de uma fossa séptica em corte.

3.5.2.1 Aspectos interessantes do uso da fossa séptica

1. No Estado de São Paulo, em 1997, uma rígida lei protegia os mananciais. Para a construção de edificações nas áreas protegidas dos mananciais, não era permitido lançar nenhum efluente de estação de tratamento de esgotos, mas se aceitava o uso de fossa sépticas com infiltração de esgotos.

2. A publicação *Assainissement individuel*, 1981, Ministère de l'Environnement, França, mostra, na sua página 69, o enorme decaimento bacteriano em um solo quando o esgoto é infiltrado. A 50 cm do local da disposição, o caimento de micro--organismo é maior que 99%, concluindo-se que o solo não constitui um meio adequado para a sobrevivência dos micro-organismos presentes nos esgotos, sendo, pois, a infiltração um método eficaz de disposição.

   Na Figura 3.45, apresentam-se, esquematicamente, os três processos de tratamento e disposição do efluente da fossa séptica.

   Note-se que, usando qualquer processo com o esgoto bruto, portanto, sem passar pela fossa séptica, a probabilidade de entupimento aumenta muito. Em algumas localidades, o poço para receber esgotos sem tratamento por fossa séptica chama-se fossa negra. Quando essa fossa negra atinge o lençol freático e esse lençol está sendo usado por seres humanos, caracteriza-se o pior exemplo de disposição de esgotos.

3.5.3 Recomendações gerais para projetos

A localização das fossas sépticas e dos elementos destinados à disposição dos efluentes deverá ser feita de forma a atender às seguintes condições.

1. Possibilidade de fácil ligação do coletor predial ao futuro coletor público.

2. A fossa séptica deve se localizar na parte frontal do imóvel, próxima à futura ligação com a rede pública de esgotos sanitários, para permitir o acesso de caminhão limpa--fossa. Esta providência é importante, pois a fossa séptica necessita periodicamente de limpeza para a retirada parcial de seu lodo.

3. É importante, também, deixar uma derivação na rede de esgoto (normalmente uma caixa de inspeção), de maneira que, sem demolição de pisos, se possa desligar a alimentação da fossa dirigindo o esgoto para o sistema público, quando este vier a ser instalado.

4. Após algum tempo de uso (função direta da intensidade de utilização), o sumidouro se colmata em razão da gordura e sólidos que o efluente da fossa ainda possui. Quando isto ocorrer, não adianta esvaziar o sumidouro e colocá-lo para funcionar novamente. Com isso, o sumidouro durará somente alguns dias. A única solução é construir um novo sumidouro. O velho poderá continuar a ser usado como um dispositivo adicional da fossa séptica e ajudará na decantação dos sólidos. Assim, tem-se a sequência fossa/sumidouro, velho/sumidouro novo, com o sumidouro velho funcionando como um reforço da fossa. Por conseguinte, a posição da fossa, do sumidouro inicial e dos futuros sumidouros deve ser prevista adequadamente, em função da futura execução destes dispositivos, evitando-se interferências.

5. Na consulta à NBR 7229/93 é necessário se conhecer o significado de:

3 – O Sistema Predial de Esgotos Sanitários

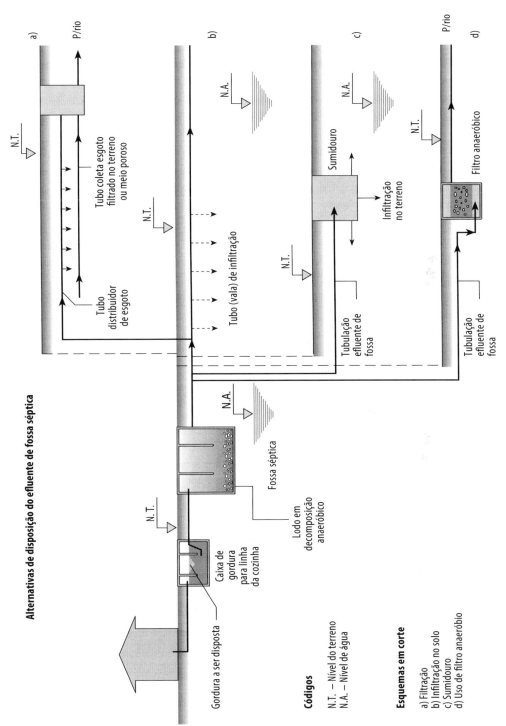

FIGURA 3.45 Processos de tratamento e disposição de efluentes de fossa séptica.

- junta tomada: oposto de junta aberta, sendo, portanto, junta executada e estanque;

- tampão de fechamento hermético: tampão não vazado por orifícios; evita a exalação de maus odores provenientes da produção do gás sulfídrico;

- nitrificação: estágio final da oxidação da matéria orgânica nitrogenada;

- tubo insaciado: tubo com furos ou com juntas abertas. A expressão insaciado quer dizer que não pode ser saciado, ou seja, enchido, em razão de seus furos ou juntas abertas.

6. No livro *Tratamento de Esgotos Domésticos*, 2.ª ed., páginas 211 a 213, os mestres Constantino de Arruda Pessoa e Eduardo Pacheco Jordão tecem críticas ao uso da fossa séptica, concluindo-se que pouco significa lançar em um curso de água um efluente, só com o tratamento da fossa séptica.

7. Mostra-se, no mesmo livro, que ao lançar via sumidouro os esgotos sanitários em um lençol freático, a poluição deste seguirá seu deslocamento, ou seja, a mancha de poluição irá para jusante (o lençol freático é um rio subsuperficial); portanto, um poço freático (poço raso) deve situar-se em posição acima do ponto do sumidouro.

8. Para avaliar a possibilidade de uso de um solo como local de infiltração, seja para sumidouro ou para vala de infiltração, utiliza-se um teste padronizado da norma que estima a quantidade máxima diária de líquido que o solo deixa infiltrar. Visando simular na seca a influência do alto nível do lençol freático, o teste é feito com a adição prévia de água. Ver item B-9 desta norma.

9. Nas fossas sépticas deverão estar registrados, em lugar visível e protegido, data de instalação, volume total, volume útil, capacidade normal, período de limpeza e referência, cota da sua exata localização, nome do fabricante.

10. O nível do fundo dos sumidouros deverá ficar, no mínimo, 1,00 m acima do lençol freático, posição a ser verificada na obra.

11. Atualmente, há fossas sépticas pré-fabricadas, em PVC, com volume a partir de 1.800 L, de facilitando e agilizando a instalação deste dispositivo, pois evita erros na eventual construção convencional, além de fácil manuseio na limpeza e manutenção.

Roteiro exemplo da medida do teste de infiltração no solo aplicado ao uso de sumidouro:

- inicialmente, seguir os detalhes previstos pela norma;

- visitar o local em que se pretende fazer o teste e verificar o tipo de solo; cada tipo de solo tem uma capacidade de infiltração;

- considerando a infiltração média do tipo de solo, faz-se uma estimativa grosseira da profundidade do futuro sumidouro;

- abrir uma vala com a profundidade média do futuro sumidouro, para efetuar o teste a uma profundidade média do solo;

- aberta a vala com essa profundidade, fazer três escavações do formato de uma caixa paralelepipédrica de $30 \times 3 \times 30 \times 3 \times 30$ cm cada;

- no dia anterior ao teste encher as três caixas com água;

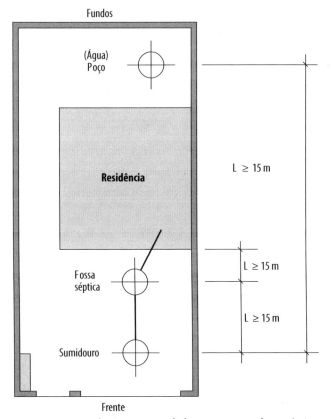

FIGURA 3.46 Distâncias recomendadas entre poço e fossa séptica.

- no dia do teste, esvaziar as três caixas e deixar secar;
- após secar, colocar em cada caixa 15 cm de água e medir o tempo que leva para abaixar o nível de água de 1 cm;
- adotar o menor dos três tempos, que será o tempo padrão de infiltração do solo na profundidade considerada;
- com o tempo obtido, entrar no gráfico da norma ou na tabela a seguir, e se terá o coeficiente de infiltração do solo;
- o cálculo da área útil do sumidouro é dado por: $A = V/C$, onde A é a área necessária, V é o volume de esgotos e C é o coeficiente de infiltração do solo;
- no cálculo das características volumétricas do sumidouro, considerar a área da parede e do fundo do sumidouro; a área da parede se calcula a partir da cota de chegada do esgoto no sumidouro.

Constituição provável do solo	Coeficientes de infiltração $(L/m^2 \times dia)$
Rochas, argilas compactas	Menor que 20
Argilas de cor amarela ou marrom medianamente compactas	20 a 40
Argila arenosa	40 a 60
Areia ou silte argiloso	60 a 90
Areia bem selecionada	Maior que 90

Tempo de infiltração para rebaixamento de 1 cm (mín)	Coeficientes de infiltração $(L/m^2 \times dia)$
22	22
20	23
18	24
16	25
14	27
12	33
10	40
8	47
6	57
4	73
2	100
1	110
0,5	130

3.5.4 Dimensionamento

A NBR 7229/93 traz todas as informações para um profissional projetar um sistema de tratamento de esgotos (fossa séptica e/ou filtro anaeróbio) e executar o sistema de infiltração ou filtração do efluente do tratamento.

3.5.4.1 Exemplo de cálculo de fossa séptica

Um hospital com 180 pessoas, entre pacientes e funcionários, deseja resolver sua disposição de esgotos. Em teste de infiltração de esgotos, como manda a norma, obteve-se o resultado de 90 L/m²/dia. Estudar a disposição com fossa séptica associada a um sumidouro.

Dimensionamento do tanque séptico (serão seguidas as tabelas da norma), no caso presente:

3 – O Sistema Predial de Esgotos Sanitários

V = volume útil do tanque, em litros, a determinar;

T = período de detenção – a norma fixa o período em função do porte da instalação – ver Tabela 2 do anexo da NBR 7229/93, página 5 = 1 dia;

N = número de pessoas = 180 pessoas;

C = taxa de esgotos *per capita* por dia – medida em litros = 100 litros;

L_f = taxa diária de contribuição de diária de lodo fresco – no caso ver Tabela 1 da Norma, medida em litros = 1;

K = taxa de acumulação de lodo digerido em dias – ver Tabela 3 – medida em litros = 65;

$$V = 1.000 + N \,(C \times T + k \times L_f) = 1.000 + 180\,(100 \times 1 + 65 \times 1) = 1000 + {} + 29.700 = 30.700 \text{ L}$$

Esta é a capacidade volumétrica da fossa séptica.

Ela pode ser ou de formato com planta retangular (caso de feitura no local) ou de formato cilíndrico (planta circular), muito comum quando se adquire uma peça pré--moldada.

3.5.4.2 Teste de infiltração

Como já destacado, para dimensionar os dispositivos de infiltração, sumidouro ou linhas de infiltração, a NBR 7229/93 determina um teste de infiltração no terreno para medir a permeabilidade. Ver item B-9 da norma. Se o teste fornecer para o terreno o coeficiente de infiltração, por exemplo, 90 L/m²/dia, o sumidouro deverá ter as seguintes características:

$$\text{Área sumidouro} = \frac{\text{Volume de esgoto/dia}}{\text{coeficiente de infiltração}} = 100 \times \frac{180}{90} = 200 \text{ m}^2$$

Logo, o sumidouro deverá ter como área de infiltração, abaixo do nível de chegada do esgoto, 200 m². Serão consideradas área de infiltração do sumidouro as paredes laterais abaixo da cota de chegada da tubulação de esgotos e o fundo do sumidouro.

Se o sumidouro for composto por 10 escavações no terreno de 2 m de diâmetro cada, a altura útil do sumidouro será de:

$$V = 10\,(2 \times 3{,}14 \times R \times h + 3{,}14\, r^2) = 200 \text{ m}^2$$
$$R = 1 \text{ m}$$

Fazendo-se as contas, resulta h = 2,7 m (abaixo da cota de chegada do esgoto).

3.5.4.3 Valas de infiltração

Opiniões dos autores sobre aspectos da norma sobre valas de infiltração:

• Até chegar à zona de infiltração de esgotos, a tubulação deve ser de tubos não drenantes. Essa é a explicação para o texto da norma que diz: A tubulação do efluente entre a fossa séptica e os tubos insaciados nas valas de infiltração deve ter juntas tomadas. Procura-se, com isto, evitar que o efluente da fossa prejudique algum poço freático nas imediações da casa. Assim, só haverá passagem do efluente da fossa no terreno para isto destinado.

- Ao limitar a declividade da tubulação drenante entre 1:300 e 1:500, procura-se evitar altas declividades que poderiam levar todo o esgoto para a extremidade inferior da tubulação, prejudicando a intenção de uma distribuição uniforme na alimentação no terreno.

- Limitar em 30 m a extensão da linha drenante é um reconhecimento que linhas drenantes (portanto, com furos ou juntas abertas) com comprimentos maiores ficariam com extremidades secas, pois o esgoto não chegaria a estes pontos e haveria uma falsa ideia de distribuição uniforme de esgotos.

- Para o cálculo da extensão e número das linhas de drenagem, a norma recomenda utilizar como área de cálculo somente a área do fundo da vala. Desta forma, acredita-se que não haverá acúmulo de líquido e, portanto, só o fundo colaborará.

- A função do poço de inspeção no final de cada linha de infiltração é permitir uma inspeção periódica.

- A Norma recomenda o uso de tampões herméticos nos poços de inspeção e nas fossas sépticas. Entenda-se como tampão hermético o de ferro fundido sem furos. Na cidade de São Paulo, os tampões da Sabesp são deste tipo, enquanto que os de águas pluviais são vazados. Os tampões não vazados impedem a saída de odores. Nas tampas de concreto armado, tampão hermético é o que se assenta sobre uma base de borracha impedindo a saída de odores.

- A Norma não se refere à eficiência do sistema fossa séptica mais vala de infiltração no quanto à remoção de matéria orgânica biodegradável (DBO). A razão é que neste sistema de infiltração não há efluente para que se possa medir a remoção de matéria orgânica. O efluente jogado no terreno se incorpora a este até alcançar o lençol freático. Sabe-se, entretanto, que a remoção de micro-organismos dos esgotos é eficiente neste tipo de disposição. Aliás, a remoção de micro-organismos é mais importante que a remoção de matéria orgânica, pois o grande problema sanitário da disposição de esgotos é a questão de transmissão de doenças; o vetor de transmissão são os micro-organismos e não a matéria orgânica.

- Nas caixas e nas valas é comum utilizar no fundo uma manta de pedra ou pedrisco. A função desta manta é receber e distribuir os esgotos sem que o fundo da vala sofra erosão ou desmoronamento. A manta de pedra amortece e distribui o líquido em disposição.

3.5.4.4 Vala de filtração

Observações recolhidas de especialistas a respeito da orientação normal sobre vala de filtração:

- Permanecem as observações feitas para a vala de infiltração quanto a detalhes construtivos.

3 – O Sistema Predial de Esgotos Sanitários   243

- Na vala de filtração, o efluente da fossa séptica será dirigido a um tubo alimentador, que o lançará em uma camada de pedra ali colocada; o esgoto passará por esta manta, até ser recolhido por uma outra tubulação coletora situada mais abaixo, que o destinará a um curso de água. Nesta passagem, o efluente deverá sofrer uma transformação na sua matéria orgânica. Se o terreno for naturalmente arenoso, funcionará como elemento filtrante e o esgoto passará por ele até alcançar a tubulação captora. Não são usados no processo com valas de filtração os dados do teste de infiltração.

- Na vala de filtração, o líquido no tubo alimentador não deve sair pela extremidade inferior. Para evitar isto, na parte mais baixa do tubo alimentador, coloca-se obstáculo fechando o tubo a 2/3 de sua altura. Assim, procura-se forçar o líquido a penetrar no solo natural ou na manta de pedra.

- O comprimento das valas de filtração com manta de pedra deve ser de 1 m para cada 25 L/dia de esgoto; nas valas de filtração em terreno naturalmente arenoso, a taxa é de 90 L/m²/dia.

- O efluente coletado pela tubulação coletora (posição inferior) poderá ser disposto em curso de água, dependendo da legislação local. Estima-se que a eficiência do processo é de 80% a 98%.

- A bibliografia recomenda que os terrenos das valas de filtração (e infiltração) sejam dotados de grama, pois favorece a evaporação. A proximidade de determinados tipos de árvores é prejudicial, pois as raízes "procuram" solos úmidos e ricos em sais minerais, entupindo as linhas de filtração e infiltração.

- Durante a construção das valas pode ocorrer desmoronamento do material de reenchimento da vala, que se mistura com o material filtrante colocado. Para evitar este problema, sugere-se separar os dois materiais com papel alcatroado. Bons resultados se conseguem também com o uso de ramagem natural nesta função temporária de separação dos solos. Com o tempo, os solos se estabilizam nas posições.

3.6   CUIDADOS DE EXECUÇÃO

3.6.1 Recomendações gerais

Verificar:
- a declividade das redes;
- a cota de saída do coletor predial;
- o posicionamento das inspeções, em locais de fácil utilização;
- a existência de pontos em que possa ocorrer retrossifonagem;
- a existência de detalhes de projeto (dispositivos etc.).

3.6.2 Tubulações

Verificar:

- a colocação de inspeção junto ao pé dos tubos de queda;
- as bitolas da tubulações, nos diversos ramais;

- o pH[2] do esgoto ou água, em indústrias, pois pH ácido pode atacar os coletores e os reservatórios;

- o embutimento de tubulações de esgoto e ventilação em vigas; se uma viga tem, por exemplo, 12 cm de largura e o tubo de queda usualmente possui 100 mm (10 cm), o embutimento de uma canalização é absolutamente inviável, pois simplesmente secciona a viga;

- se os tubos na posição vertical aproveitam a junta elástica para absorver as tensões térmicas decorrentes da contração e dilatação, além de compensar pequenos recalques de estrutura;

- a instalação de tampões nas tubulações, logo após a execução e até a sua ligação final, evitando-se a penetração de detritos;

- se os tubos de PVC estão protegidos contra choques, em particular os verticais localizados na área da garagem, por intermédio de muretas protetoras, construídas até a altura do para-choques dos veículos ou localizá-los em posição com proteção natural de pilares, paredes etc.

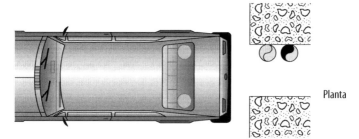

FIGURA 3.47 Proteção aos tubos de PVC em garagens.

3.6.3 Caixas de inspeção

Verificar:

- se as tampas das caixas de inspeção são removíveis;
- a vedação das tampas das caixas;
- o caimento no fundo das caixas de inspeção;
- as tubulações conectadas à caixa de inspeção têm sua bolsa colocada fora da caixa, para facilitar o fluxo dos dejetos;
- se o nível inferior da caixa está abaixo do perfil da tubulação de saída, pois dessa maneira dificultará o fluxo e reterá os dejetos.

---

[2] O pH mede a acidez, a alcalinidade ou a neutralidade de um meio líquido ou sólido. O pH entre 0 e 7 é ácido, acima de 7 é alcalino e em 7 neutro.

3.6.4 Caixas de gordura

Verificar:

- se o fecho hídrico de caixas de gordura pré-fabricadas ou construídas na obra (geralmente de alvenaria) tem o mínimo de 5 cm;

- o correto posicionamento da caixa, o mais próximo possível da pia, pois embora conste do projeto, às vezes, é transferida para outros locais;

- lembrar que a caixa de gordura protege a tubulação de esgoto a jusante dela e não a montante.

3.6.5 Caixas sifonadas/ralos

Verificar:

- se o ralo de subsolo tem ligação independente do sistema de águas pluviais, para evitar refluxos, em caso de entupimentos;

- a distância máxima de 12 m entre ralos;

- a ligação das pias, sempre em caixa de gordura e jamais em ralo sifonado, pois este se tornará uma caixa de gordura;

- a existência de canaleta de recolhimento de águas de lavagens em áreas e banheiros públicos;

- o número de ralos em banheiros públicos, que devem ser em quantidade que permita lavá-los rapidamente e colocá-los em linha, cortando a área;

- a correta posição dos ralos e seu tipo (seco ou sifonado).

3.6.6 Ventilação

Verificar:

- a correta ligação do ramal de ventilação ao de esgotos, sobre a tubulação e jamais ao lado ou sob a mesma;

- o ponto de inserção do ramal de ventilação com a coluna de ventilação, no mínimo 15 cm acima do nível de transbordamento da água do mais alto dos aparelhos a ele conectado;

- a posição dos tubos ventiladores, com o mínimo de 0,30 m acima de qualquer cobertura e se estiver a menos de 4,00 m de distância de mezaninos ou portas, deverá elevar-se 1,00 m acima da respectiva verga;

- proteção adicional por sifão no lavatório para o caso de quebra do fecho hídrico no ralo sifonado, bem como facilitar o desentupimento e a recuperação no sifão, de peças miúdas (alianças, brincos, anéis etc.);

- ligação da drenagem de ar-condicionado em ralo sifonado ou ramal de descarga e não diretamente em ramal de esgoto ou caixa de inspeção, para garantir a obstrução dos gases provenientes da tubulação secundária;

- o posicionamento da saída de tubulação de ventilação, que deve se situar longe de tomadas de ar-condicionado.

3.6.7 Tubo de queda

Verificar:

- nas interligações das tubulações horizontais com as verticais, o uso de junções a 45° simples ou duplas, ou, ainda, os TEs sanitários, não devendo ser utilizadas as cruzetas sanitárias;
- se os aparelhos situados em lados opostos de uma mesma parede divisória ou adjacentes, podem ser ligados a um mesmo tubo de queda, se for conveniente;
- a ligação do esgoto do térreo diretamente nas caixas de inspeção e não a tubos de queda.

3.6.8 Coletor predial

Verificar:

- em grandes instalações (hospitais, centros comerciais etc.), precauções com relação ao dimensionamento do coletor público, podendo ser necessária uma caixa retentora, antes da ligação com o coletor público, em razão de seu volume ou da deficiência da rede coletora pública;
- o saturamento das redes públicas, principalmente em áreas centrais, já antigas, que poderão não ter capacidade suficiente para atender às novas edificações de porte, acarretando entupimentos sistemáticos; nesses casos, deve-se adotar, na medida do possível, mais de um coletor, em pontos distintos, para distribuir a vazão dos efluentes.

3.6.9 Ligação de esgoto

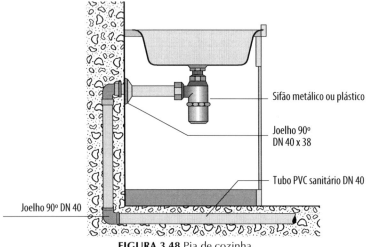

FIGURA 3.48 Pia de cozinha.

3 – O Sistema Predial de Esgotos Sanitários

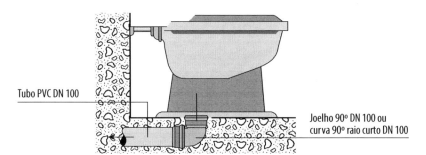

FIGURA 3.49 Bacia sanitária.

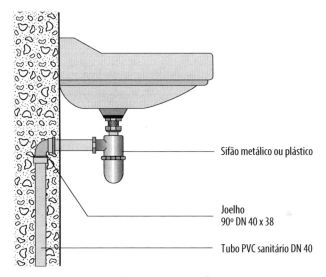

FIGURA 3.50 Lavatório.

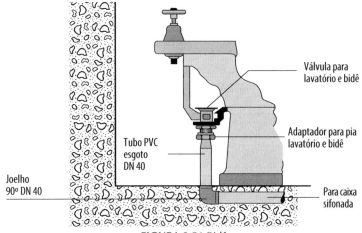

FIGURA 3.51 Bidê.

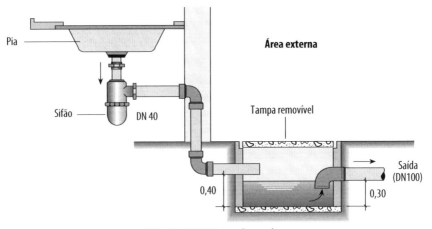

FIGURA 3.52 Caixa de gordura.

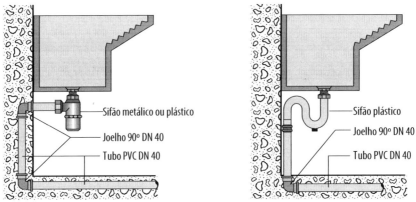

FIGURA 3.53 Tanque.

3.6.10 Assentamento de tubulações

A vala deverá ter largura suficiente para o perfeito assentamento, montagem e reenchimento.

3.6.10.1 Proteção contra carga acidental

Envolver os tubos instalados em valas com aterros cuidadosamente selecionados, isentos de pedras e corpos estranhos e adensados em camadas a cada 10 cm, até atingir a cota do terreno. Esse cuidado é extremamente importante para os tubos da linha sanitária, a fim de evitar a ovalação (deformação da tubulação).

Em locais sujeitos a tráfego de veículos, os tubos deverão ser protegidos de forma adequada. Recobrimento mínimo para tubulações enterradas:

- 0,30 m, em local sem tráfego de veículos;
- 0,50 m, em local sujeito a tráfego leve;
- 0,70 m, em local sujeito a tráfego pesado.

3 – O Sistema Predial de Esgotos Sanitários   249

FIGURA 3.54 Esquema de compactação correta da terra sobre os tubos.

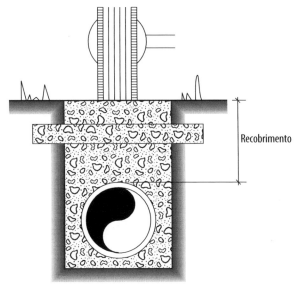

FIGURA 3.55 O tráfego pesado e os tubos.

FIGURA 3.56 Comportamento dos tubos nos diversos materiais protetores.

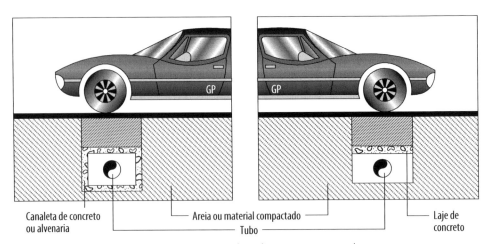

FIGURA 3.57 Proteção dos tubos nas vias e estradas.

Nota – Para resolver a questão de instalações prediais de esgoto com cota inferior à cota da rede pública, a CESAN tem em seu site um roteiro para a instalação de estação de bombeamento de esgoto.

4 O SISTEMA DE ÁGUAS PLUVIAIS

Denominam-se águas pluviais as águas provenientes das chuvas. Nas edificações existem os seguintes equipamentos e peças para proteger as edificações das águas pluviais:

- telhados e/ou coberturas, que procuram impedir a entrada de águas pluviais;
- sistema pluvial, que tem a função de recolher e dispor adequadamente as águas pluviais;
- rufos, peças metálicas ou plásticas, colocadas no encontro de planos de telhados ou entre o telhado e parede contígua para garantir a vedação contra a penetração de água;
- pingadeiras, buzinotes etc.

Uma solução inadequada para o assunto gera a umidade ou mesmo a entrada de água, ou seja, a presença não desejada da água no ambiente, nas paredes, nos pisos etc.

A umidade em uma edificação pode ter como origem as seguintes causas principais:

- deficiências de telhados e coberturas, facilitando a entrada e permanência de água proveniente das chuvas;
- deficiências do sistema de coleta e disposição das águas pluviais;
- subida de umidade pelas fundações;
- mau hábito de uso, em deixar vidraças permanentemente fechadas.

A umidade nas edificações pode causar:
- problemas de saúde, principalmente aqueles ligados ao sistema respiratório e alergias;
- danos físicos à pintura e partes de madeira da edificação;
- mal-estar e desconforto ao usuário em razão da excessiva umidade.

Combate-se a umidade nas edificações com:
- adequados telhados e sistemas de cobertura;
- adequado sistema pluvial;
- impermeabilização das fundações, impedindo a subida da umidade do terreno;
- boa ventilação natural nas dependências, cuidando-se, por exemplo, para ter, em cada dependência, uma ventilação cruzada;
- se possível, prever uma boa insolação que propicie o aquecimento do ar interno, movimentado-o e trocando-o com o ar externo, favorecendo a saída da umidade interna à edificação;
- deixando venezianas e vidraças as mais abertas possíveis.

Na periferia pobre das cidades é comum encontrar edificações com umidade extremamente alta, resultado de:
- telhados e coberturas que deixam passar umidade;
- não impermeabilização das fundações;
- não previsão de ventilação cruzada ou, quando esta existe, janelas permanentemente fechadas, impedindo a troca de ar.

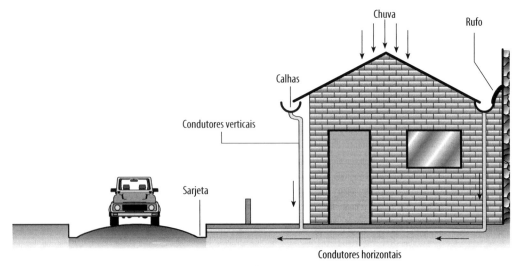

FIGURA 4.1 Calhas, rufos e condutores verticais.

4.1 AMPLITUDE DO ESTUDO

O estudo em questão abordará, principalmente, o sistema predial de águas pluviais composto por: calhas e condutores (verticais e horizontais).

O projeto e construção do sistema de águas pluviais deve atender à NBR 10844/89 – Instalações Prediais de Águas Pluviais.

4.1.1 Definições

calha – sistema normalmente em posição quase horizontal, que intercepta e recebe as águas de chuva de uma cobertura;

condutor – tubo vertical e/ou horizontal que recebe as águas coletadas das calhas e as transporta até o nível do chão;

águas – jargão técnico: um prédio tem tantas águas conforme sejam as direções que as águas possam escoar. No passado faziam-se casas com o telhado constituindo parte decisiva da arquitetura e que compunha um verdadeiro mosaico de planos que se cruzavam. Era o que se chamava um telhado de muitas águas. Rufos e águas furtadas eram, então, elementos estratégicos.

Os desenhos a seguir mostram estes elementos.

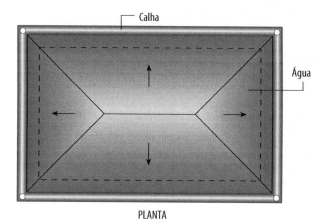

FIGURA 4.2 Calha e "águas".

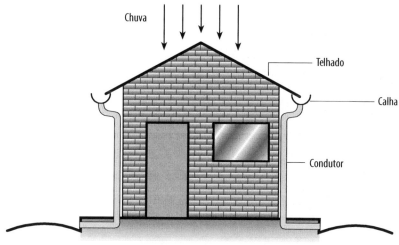

FIGURA 4.3 Condutor – rua.

O destino das águas pluviais pode ser:

- disposição no terreno, com o cuidado para não haver erosão, usando para isso leito de pedras no local do impacto;

- disposição na sarjeta da rua ou por tubulação enterrada sob o passeio; pelo sistema público, as águas pluviais chegam a um córrego ou rio;

- cisterna (reservatório inferior) de acumulação de água, para uso posterior.

4.2 ELEMENTOS DE HIDROLOGIA

Para compreender o assunto "águas pluviais" deve-se conhecer os conceitos hidrológicos seguintes, ligados às precipitações:

- Intensidade pluviométrica – É a medida (mm/h) do quanto de chuva que cai em um determinado local em um espaço de tempo. Mede-se este valor pelo uso de um equipamento denominado pluviógrafo, que registra a intensidade da chuva.

- Tempo de retorno (ou tempo de recorrência) – Estudando os registros de intensidade de chuva em um local, pode-se concluir que chuvas com determinada intensidade repetem-se a cada "x" anos. Assim, pode-se afirmar que chuvas pouco intensas ocorrem todos os anos. Chuvas muito intensas só a cada "y" anos. Ao projetar um sistema pluvial, cabe escolher o período de tempo que a chuva, com esta intensidade, costuma acontecer.

- Tempo de duração – É o período de tempo que dura uma chuva. Dados estatísticos nos mostram que chuvas fortes duram pouco (são chuvas de verão que duram minutos) e chuvas fracas duram muito (horas e até dias).

- Tempo de concentração – É o tempo que uma bacia hidrográfica (área contribuinte) leva para toda ela estar contribuindo para o ponto considerado. No caso de telhados e áreas que interessam a este estudo, o tempo de concentração é, no máximo, um minuto, ou seja, depois de um minuto de chuva já se tem a máxima vazão sendo coletada no tubo condutor; por conseguinte, após um minuto do fim da chuva não deverá haver água correndo no sistema. Para sistemas maiores, o tempo de concentração é de horas ou dias.

4.3 A NBR 10844/89 E OS ELEMENTOS HIDROLÓGICOS

A NBR 10844/89 – Instalações prediais de águas pluviais, de forma detalhada, fornece os critérios para se dimensionar:

- calhas;
- condutores verticais e horizontais.

Esta norma fixa que cada obra, em face do seu vulto ou responsabilidade, deve ter seu tempo de retorno (grau de segurança hidrológico) adotado e deverá ser:

T = 1   ano para obras externas, em que um eventual alagamento pode ser tolerado;
T = 5   anos para cobertura e telhados;
T = 25 anos para locais em que um empoçamento seja inaceitável.

Quanto ao valor da intensidade da chuva a se usar no projeto, a norma fornece, em função do tempo de retorno e em função do local (cada localidade geográfica tem sua característica), a intensidade pluviométrica.

Para obras de vulto corrente e de área de telhado até 100 m², pode-se adotar a medida de chuva padrão de 150 mm/h de intensidade e duração de 5 minutos.

Conhecida a medida de chuva do projeto e que corresponde a uma vazão unitária sobre a cobertura, pode-se estimar a vazão a ser coletada pelas calhas pela chamada fórmula racional e que vale:

$$Q = i \times A/3600$$

onde:
  i = intensidade pluviométrica, em mm/h;
  A = área de contribuição, em m²;
  Q = L/s.

Para i = 250 mm/h, tem-se Q = 0,069 L/s/m².

Considerando que as chuvas não caem horizontalmente, a norma dá critérios para se determinar a área de contribuição em função da arquitetura dos telhados.

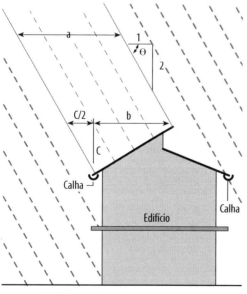

FIGURA 4.4 Influência do vento na inclinação da chuva.

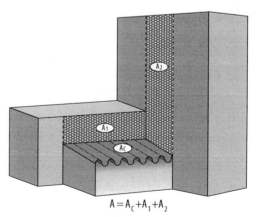

FIGURA 4.5 Exemplo de área de contribuição de vazão.

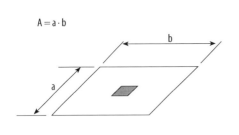

a – Superfície plana horizontal

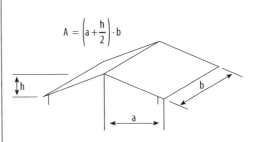

b – Superfície inclinada

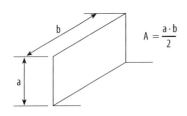

c – Superfície plana vertical única

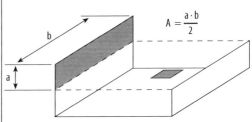

d – Duas superfícies planas verticais opostas

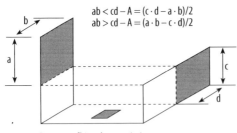

e – Duas superfícies plana verticais opostas

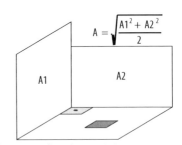

f – Duas superfícies planas verticais adjacentes e perpendiculares

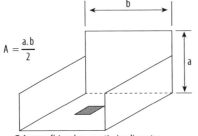

g – Três superfícies planas verticais adjacentes e perpendiculares

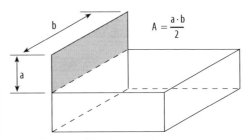

h – Quatro superfícies planas verticais, sendo uma com maior altura

FIGURA 4.6 Esquemas de áreas de contribuição de vazão.

4 – O Sistema de Águas Pluviais

		Intensidade pluviométrica (mm/h)		
	Local	Período de retorno (anos)		
		1	5	25
1	Alegrete – RS	174	238	313 (17)
2	Alto Itatiaia – RJ	124	164	240
3	Alto Tapajós – PA	168	229	267 (21)
4	Alto Teresópolis – RJ	114	137 (3)	—
5	Aracaju – SE	116	122	126
6	Avaré – SP	115	144	170
7	Bagé – RJ	126	204	234 (10)
8	Barbacena – MG	156	222	265 (12)
9	Barra do Corda – MA	120	128	152 (20)
10	Bauru – SP	110	120	148 (9)
11	Belém – PA	138	157	185 (20)
12	Belo Horizonte – MG	132	227	230 (12)
13	Blumenau – SC	120	125	152 (15)
14	Bonsucesso – MG	143	196	—
15	Cabo Frio – RJ	113	146	218
16	Campos – RJ	132	206	240
17	Campos do Jordão – SP	122	144	164 (9)
18	Catalão – GO	132	174	198 (22)
19	Caxambu – MG	106	137 (3)	—
20	Caxias do Sul – RS	120	127	218
21	Corumbá – MT	120	131	161 (9)
22	Cruz Alta – RS	204	246	347 (14)
23	Cuiabá – MT	144	190	230 (12)
24	Curitiba – PR	132	204	228
25	Encruzilhada – RS	106	126	158 (17)
26	Fernando de Noronha – RN	110	120	140 (6)
27	Florianópolis – SC	114	120	144
28	Formosa – GO	136	176	217 (20)
29	Fortaleza – CE	120	156	180 (21)
30	Goiânia – GO	120	178	192 (17)
31	Guaramiranga – CE	114	126	152 (19)
32	Iraí – RS	120	198	228 (16)
33	Jacarezinho – PR	115	122	146 (11)
34	Juaretê – AM	192	240	288 (10)

continua

continuação

		\multicolumn{3}{c}{CHUVAS INTENSAS NO BRASIL}

| | Local | \multicolumn{3}{c|}{Intensidade pluviométrica (mm/h)} |
| | | \multicolumn{3}{c|}{Período de retorno (anos)} |
		1	5	25
35	João Pessoa – PB	115	140	162 (23)
36	km 47 – Rod. Presidente Dutra – RJ	122	164	174 (14)
37	Lins – SP	96	122	137 (13)
38	Maceió – AL	102	122	174
39	Manaus – AM	138	180	198
40	Natal – RN	113	120	143 (19)
41	Nazaré – PE	118	134	155 (19)
42	Niterói – RJ	130	183	250
43	Nova Friburgo – RJ	120	124	156
44	Olinda – PE	115	167	173 (20)
45	Ouro Preto – MG	120	211	—
46	Paracatu – MG	122	233	—
47	Paranaguá – PR	127	186	191 (23)
48	Parintins – AM	130	200	205 (13)
49	Passa Quatro – MG	118	180	192 (10)
50	Passo Fundo – RS	110	125	180
51	Petrópolis – RJ	120	126	156
52	Pinheiral – RJ	142	214	244
53	Piracicaba – SP	119	122	151 (10)
54	Ponta Grossa – PR	120	126	148
55	Porto Alegre – RS	118	146	167 (21)
56	Porto Velho – RO	130	167	184 (10)
57	Quixeramobim – CE	115	121	126
58	Resende – RJ	130	203	264
59	Rio Branco – AC	126	139 (2)	—
60	Rio de Janeiro – RJ (Bangu)	122	156	174 (20)
61	Rio de Janeiro – RJ (Ipanema)	119	125	160 (15)
62	Rio de Janeiro – RJ (Jacarepaguá)	120	142	152 (6)
63	Rio de Janeiro – RJ (Jardim Botânico)	122	167	227
64	Rio de Janeiro – RJ (Praça 15)	120	174	204 (14)
65	Rio de Janeiro – RJ (Praça Saenz Pena)	125	139	167 (18)
66	Rio de Janeiro – RJ (Santa Cruz)	121	132	172 (20)
67	Rio Grande – RS	121	204	222 (20)
68	Salvador – BA	108	122	145 (24)
69	Santa Maria – RS	114	122	145 (16)

continua

4 – O Sistema de Águas Pluviais

continuação

		Intensidade pluviométrica (mm/h)		
	Local	Período de retorno (anos)		
		1	5	25
70	Santa Maria Madalena – RJ	120	126	152 (7)
71	Santa Vitória do Palmar – RS	120	126	152 (18)
72	Santos – Itapema – SP	120	174	204 (21)
73	Santos – SP	136	198	240
74	São Carlos – SP	120	178	161 (10)
75	São Francisco do Sul –SC	118	132	167 (18)
76	São Gonçalo – PB	120	124	152 (15)
77	São Luís – MA	120	126	152 (21)
78	São Luís Gonzaga – RS	158	209	253 (21)
79	São Paulo – SP (Congonhas)	122	132	—
80	São Paulo – SP (Mirante Santana)	122	172	191 (7)
81	São Simão – MG	116	148	175
82	Sena Madureira —AC	120	160	170 (7)
83	Sete Lagoas – MG	122	182	281 (19)
84	Soure – PA	149	162	212 (18)
85	Taperinha – PA	149	202	241
86	Taubaté – SP	122	172	208 (6)
87	Teófilo Otoni – MG	108	121	154 (6)
88	Teresina – PI	154	240	262 (23)
89	Teresópolis – RJ	115	149	176
90	Tupi – SP	122	154	—
91	Turiaçu – MG	126	162	230
92	Uauapés – AM	144	204	230 (17)
93	Ubatuba – SP	122	149	184 (7)
94	Uruguaiana – RS	120	142	161 (17)
95	Vassouras – RS	125	179	222
96	Viamão – RS	114	126	152 (15)
97	Vitória – ES	102	156	210
98	Volta Redonda – RJ	156	216	265 (13)

Observação:

1. Para locais não mencionados nesta tabela, deve-se procurar correlação com dados dos postos mais próximos que tenham condições meteorológicas semelhantes às do local em questão.
2. Os valores entre parênteses indicam os períodos a que se referem as intensidades pluviométricas, em vez de 5 ou 25 anos, em virtude de os períodos de observação dos postos não terem sido suficientes.
3. Os dados apresentados foram obtidos do trabalho "Chuvas intensas no Brasil", de Otto Pfafstetter, Ministério da Viação e Obras Públicas, DNOS, 1957.

4.3.1 Calhas

Destacam-se dois tipos de calhas, conforme os sistemas pluviais anteriores.

Definida a vazão de projeto, serão estudados o tipo e a capacidade das calhas. Em função do tipo de calha, a norma dá sua capacidade hidráulica.

A tabela de capacidade de calhas mostra que elas devem ter declividade mínima de 0,5%. Este é um item que os maus construtores alegam ser difícil de atender e, na prática, constroem as calhas horizontais e, às vezes, com declividade invertida, ou seja, a declividade afasta as águas do ponto de coleta. Erro grave!

Outro fator que interfere na capacidade de escoamento das calhas é a existência de curvas na calha quando esta serve duas ou mais águas do telhado. Diante disto, toda calha com curva terá um fator de decréscimo de sua capacidade, se comparada com uma calha com desenvolvimento reto. Nestas situações, a tabela de capacidade das calhas será afetada por um fator menor que 1, reduzindo-se a capacidade hidráulica. Optou-se, na NBR 10844/89, em "aumentar" a vazão de projeto por um fator maior que 1, o que resulta, matematicamente, em um mesmo caminho de dimensionamento.

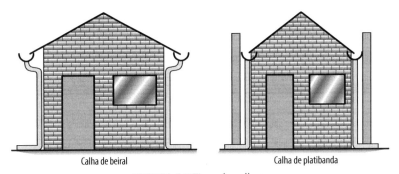

FIGURA 4.7 Tipos de calhas.

		CALHAS SEMICIRCULARES		
	Diâmetro interno D (mm)	Declividades		
		Capacidade: L/min.		
		0,5%	1%	2%
	100	130	183	256
	125	236	339	466
	150	384	541	757
	200	829	1.167	1.634

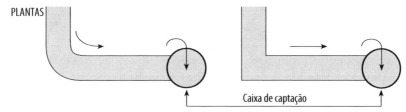

FIGURA 4.8 Plantas de calhas.

COEFICIENTES MULTIPLICATIVOS DA VAZÃO DE PROJETO		
Tipo de curva	Curva a menos de 2 m da saída da calha	Curva entre 2 e 4 m da saída da calha
Canto reto	1,20	1,10
Canto arredondado	1,10	1,05

O escoamento em calhas, tubos de águas pluviais e esgotos é o chamado "escoamento por gravidade" e sua compreensão difere muito do escoamento com pressão, típico das redes de água potável.

No escoamento em canal, a grande variável de dimensionamento é a declividade do canal ou do tubo. Há canais horizontais e até com declividade negativa e que escoam líquidos, mas com pouca eficiência (baixa capacidade). O estudo se aterá aos canais com declividade positiva (a água desce a rampa).

A NBR 10844/89, no caso de tubos, já fornece a capacidade em função da declividade, diâmetro, rugosidade e admitindo-se que o escoamento seja a 2/3 da altura. A tabela é:

Diâmetro interno	(n = 0,011)				(n = 0,012)				(n = 0,013)			
	0,5%	1%	2%	4%	0,5%	1%	2%	4%	0,5%	1%	2%	4%
50	32	45	64	90	29	41	59	83	27	38	54	76
75	95	133	188	267	87	122	172	245	80	113	159	226
100	204	287	405	575	187	264	372	527	173	243	343	486
125	370	521	735	1.040	339	478	674	956	313	441	622	882
150	802	847	1.190	1.690	552	777	1.100	1.550	509	717	1.010	1.430
200	1.300	1.820	2.570	3.650	1.190	1.670	2.360	3.350	1.100	1.540	2.180	3.040
250	2.350	3.310	4.660	6.620	2.150	3.030	4.280	6.070	1.990	2.800	3.950	5.600
300	3.820	5.380	7.590	10.800	3.500	1.930	6.950	9.870	3.230	4.550	6.420	9.110

Observação: As vazões foram calculadas utilizando-se a fórmula de Manning-Strickler, com altura de lâmina de água igual a 2/3.

Importante: a precisão numérica da tabela deve ser entendida como proveniente de cálculos por computador, ou seja, a precisão é exagerada. Quando se ler a capacidade de 3.230 L/min., leia-se algo como 3.200 L/min.

Exemplo de uso

Caso seja usado um tubo de diâmetro interno 100 mm, com declividade de 2%, a tabela mostra que, se nele for jogada uma vazão de 405 L/min, a altura do escoamento será de 2/3 do diâmetro. Se jogar uma vazão algo maior, o tubo a escoará com uma altura maior.

A tabela a seguir, do Eng. Nelson F. da Silva, é transcrita do livro *Manual de Hidráulica* (ref. bibliográfica n. 2), mostra como varia a altura de água em função da variação da vazão em um tubo circular.

Porcentagem do diâmetro h/D	Porcentagem em relação à vazão plena	Porcentagem do diâmetro h/D	Porcentagem em relação à vazão plena
5	0,5	60	67
10	2	66	77
20	9	70	83
30	20	80	97
40	34	90	106
50	50	100	100

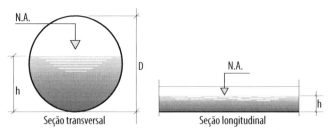

FIGURA 4.9 Amostra de diâmetro de acordo com a tabela.

Exemplos de uso

1. Qual a capacidade de um tubo de PVC, diâmetro 100 mm, com declividade de 4% escoando a água à seção plena?

   Pela tabela da NBR 10844/89, a capacidade a 2/3 da altura é de 575 L/min. Esta capacidade corresponde a 77% da capacidade a vazão plena. Logo:

   $$Q_{plena} = \frac{100 \times 575}{77} \text{ L/min} = 746 \text{ L/min}$$

2. Qual a altura de água deste tubo com a vazão de 430 L/min?

   $$\frac{430}{746} = 57\%$$

   A altura de água será próxima a 57% da altura do diâmetro, ou seja, 57 mm.

4 – O Sistema de Águas Pluviais

4.3.2 Condutores

Dimensionamento de condutores verticais

Definidas as calhas, serão estudados os coletores. Para o dimensionamento dos condutores, a NBR 10844/89 apresenta critérios para sua escolha. Como são peças verticais, seu dimensionamento não pode ser feito pelas fórmulas do escoamento em canal.

A NBR 10844/89, para isto, apresenta ábacos específicos. Os dados de entrada nestes ábacos são:

Q - vazão trazida pelas calhas que alimentarão o condutor;
L - altura do condutor (soma dos pés-direitos da edificação);
H - altura de água na calha (no topo do condutor).

Com estes dados escolhe-se nos ábacos o diâmetro do condutor. Existem dois tipos de entrada de água no condutor: entrada com aresta viva e entrada com funil. Cada tipo de entrada tem seu ábaco. A seguir, são apresentados os ábacos.

Considerando-se a complexidade destes ábacos, o exemplo numérico adiante fornece um critério prático muito usado pelos projetistas e que correlaciona a área do telhado com a seção do condutor vertical. Segue um exemplo numérico usando o critério prático de dimensionamento.

Um prédio tem duas alas que escoam suas águas pluviais para uma canaleta central superior, a qual descarrega em um funil alimentador de um condutor vertical. Dimensionar o condutor vertical pelo critério simplificado. As dimensões de cada ala são 7 m × 12 m (84 m²).

Vendo-se o diâmetro do condutor pelo critério prático, a correspondência a usar é:

ÁGUAS PLUVIAIS – CONDUTORES VERTICAIS			
Diâmetro (mm)	Capacidade de vazão (L/s)	Área do telhado (m²)	
		Chuva 150 mm/h	Chuva 120 mm/h
50	0,57	14	17
75	1,76	42	53
100	3,78	90	114
125	7,00	167	212
150	11,53	275	348
200	25,18	600	760

No caso, como a área a ser servida é de 12 × 7 × 2 = 168 m², dois tubos de 4" (100 mm) são suficientes.

A NBR 10844/89 determina, no seu item 5.6.3, que o diâmetro mínimo do condutor vertical seja de 70 mm; na inexistência deste, a prática leva ao conduto de 75 mm.

Também nos condutos verticais de águas pluviais podem ocorrer fenômenos transitórios de carga e subpressão. Por esta razão, recomenda-se a utilização, em edifícios altos, de tubos de maior espessura, disponíveis nos diâmetros DN 75, DN100 e DN 150 (Série Reforçada), pelo menos no trecho inicial, junto à conexão com a calha.

NOTA:

É muito comum e recomendável que, no encontro de duas calhas de alta capacidade hidráulica, a transição destas para o conduto vertical se faça por meio de uma caixa receptora (funil) que propicia condições de tranquilização e direcionamento do fluxo. Em velhos e belos prédios os arquitetos transformavam esta peça em um detalhe de alto valor estético.

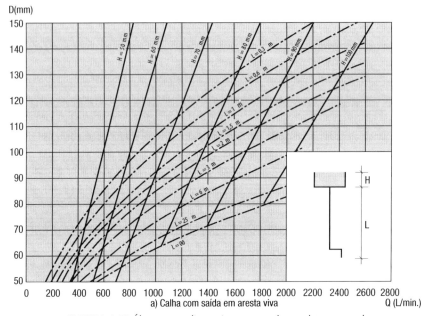

FIGURA 4.10 Ábaco para dimensionamento de condutor normal.

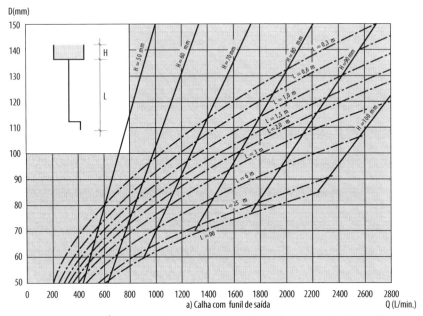

FIGURA 4.11 Ábaco para dimensionamento de condutor com funil de saída.

4.3.3 Utilização de águas pluviais para uso doméstico a partir de cisternas

Em regiões não dotadas de rede de água ou de obtenção difícil de água, é comum o uso de cisternas (reservatório inferior) coletando a que cai em telhados. A qualidade destas águas é suspeita, mas pode ser aceitável como água para uso menos nobre, como a lavagem de utensílios. Não se deve ingeri-la, pois trazem poluição do ar e sujeira dos telhados.

Cálculo do volume de água que se pode esperar de uma chuva média.

Dados:

Área: 100 m² de telhado;
Intensidade pluviométrica: 150 mm/h = 2,5 mm/min;
Tempo de duração da chuva: 5 min;
Volume = 2,5 mm/min × 5 min 3.100 m² = 1,25 m³.

Logo, o volume captado é de 1.250 litros. Admitindo-se que para esta situação específica o consumo *per capita* seja próximo de 30 litros por habitante/dia, tem-se que, com a ocorrência de uma chuva, uma família de cinco pessoas terá água para:

$$\frac{1.250}{30 \times 5} = 8,3 \text{ dias}$$

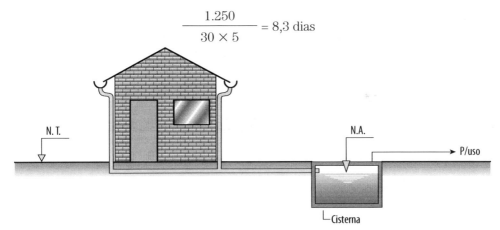

FIGURA 4.12 Uso de cisternas para captação de água pluvial.

FIGURA 4.13 Amanco Cisterna.

A caixa Amanco-Cisterna, com capacidade de 2.100, 3.300, 6.000 ou 10.000 litros, pode ser apoiada no solo, com as precauções anteriores citadas ou mesmo enterrada, possuindo tripla camada protetora. Resiste a pressões internas e externas, ou seja, da água e do terreno. Os reservatórios convencionais, em alvenaria ou concreto, devem ser projetados com estas premissas, o que se torna desnecessário com a Amanco-Cisterna, a qual também conta com as demais vantagens da caixa d'água Amanco, atendendo e superando os requisitos da NBR 5626:1998 – Instalações Prediais de Água Fria.

> NOTA:
> Para minimizar a entrada de pó, detritos ou crescimento de algas, as cisternas devem ser cobertas.

Consultar a norma NBR 15.527:2019 – Aproveitamento de água de chuva de cobertura para fins não potáveis.

4.4 ÁGUAS PLUVIAIS EM MARQUISES E TERRAÇOS – BUZINOTES

Nos terraços, em algumas estruturas de coberturas e marquises, a solução para escoar águas pluviais é totalmente diferente do visto até aqui. Nestes casos, usam-se para escoar as águas de chuva:

- ralos recolhendo a água que caiu sobre a cobertura;

- buzinotes, que são tubos de pequena extensão e pequeno diâmetro, que esgotam as águas que nele chegam.

Falhas nestes sistemas podem acumular água, gerando um peso que talvez a estrutura não suporte e ocorra ruína.

FIGURA 4.14 Tubo usado na saída tipo buzinote.

Em marquises, a deficiente disposição de águas pluviais pode provocar o acúmulo de água, facilitando a oxidação da armadura negativa do concreto armado. A armadura oxidada gera trincas que aumentam a penetração da água; agrava-se ainda mais o dano à armadura, levando, frequentemente, ao colapso da marquise. As marquises de concreto armado podem tornar-se, assim, verdadeiras armadilhas, pois uma deficiente drenagem as derrubará por umidade. Nem sempre a armadura negativa das marquises fica, por deficiências construtivas, na posição alta desejada, acentuando a perda de capacidade estrutural da peça.

Uma solução para o afastamento de águas de chuva das marquises é dotá-las de um sistema composto por:

4 – O Sistema de Águas Pluviais

- impermeabilização da sua face superior;
- número adequado de buzinotes;
- limpeza da marquise e manutenção periódica dos buzinotes.

Normalmente, usam-se buzinotes em marquises:

- a cada cinco metros do perímetro da cobertura;
- o diâmetro mínimo do buzinote deve ser de 50 mm (experiência dos autores);
- um mínimo de dois por marquise.

NOTAS:

1. Biselar (chanfrar) o tubo buzinote é uma prática tradicional na construção civil, em todo o país. O objetivo é direcionar o jato evitando o engolfamento, pois o corte superior da tubulação reduz a tensão superior da água na saída.

2. Em velhos e belos prédios, nas extremidades dos buzinotes, existiam as chamadas carrancas, que davam ao sistema pluvial uma nobreza toda peculiar.

4.4.1 Materiais a usar

CALHAS:

Pode-se usar calhas de PVC, metálicas (aço galvanizado etc.), de fibra de vidro ou de concreto armado.

CONDUTORES:

Utilizar tubos de PVC.

COLETORES:

Utilizar tubos de PVC.

CAIXAS DE INSPEÇÃO:

A caixa pode ser de plástico, concreto ou alvenaria, mas a *Amanco Top* caixa de inspeção da, em PVC, é vantajosa, pois :

a) facilita a instalação;
b) possui forma cilíndrica, facilitando o escoamento;
c) conta com peças removíveis, facilitando a limpeza e manutenção;
d) tem entradas com diâmetros variados;
e) apresenta as dimensões mínimas necessárias, eliminando-se a possibilidade de eventuais erros de execução de caixas em alvenaria ou concreto.

NOTAS:

1. A experiência de especialistas em manutenção de prédios públicos mostrou que o cuidado com os telhados e com os sistemas pluviais é estratégico para a vida útil de uma edificação e o conforto dos usuários. Falhas em telhados podem ocasionar umidade no madeiramento de sustentação; a madeira tende a apodrecer, aumentando a falha do telhado, resultando enorme prejuízo à edificação.

2. A Prefeitura de São Paulo inovou na tentativa de controlar as consequências das chuvas. A Lei n. 13.276, de 04/01/2002, tornou obrigatória a execução de reservatórios

para coleta de águas pluviais para lotes maiores que 500 m², regulamentada pelo Decreto n. 41.814, de 15/03/2002. É uma experiência cujos resultados devem ser cuidadosamente analisados antes de adotados em outros municípios.

3. Nas cidades, o escoamento das águas pluviais de lotes em aclive causa grandes problemas: inevitavelmente, elas precisam passar pelos lotes situados inferiormente para receber as águas pluviais. É comum nesses lotes inferiores brotar água, em geral proveniente de uma velha canalização do terreno vizinho. Se não houver caixas de inspeção, um reparo deixará marcas no ladrilhado do piso. Embora o Código Civil obrigue o lote de jusante a receber as águas pluviais do lote situado a montante, muitos aborrecimentos só serão evitados quando houver uma consciência cívica de cada morador.

4. Tornam-se evidentes as ligações pluviais em rede de esgoto depois de fortes chuvas, pois tampões de esgoto fora da posição de travamento são arrancados. A única explicação possível é a ligação com a rede de esgotos. Em dias secos ouve-se em bocas de lobo o ruído de líquidos em movimento; são águas de esgoto incorretamente ligadas à rede pública pluvial. Alguns poucos municípios brasileiros permitem o sistema misto, ou seja, a ligação de águas pluviais e esgoto em uma mesma rede.

5. Quanto aos aspectos legais, várias normas municipais estabelecem exigências semelhantes a uma antiga lei paulistana (Lei n. 8.266), que dizia, no seu artigo 106:

"Nas edificações implantadas no alinhamento dos logradouros, as águas pluviais provenientes dos telhados, balcões, terraços, marquises e outros locais voltados para o logradouro, deverão ser captadas em calhas e condutores e despejadas na sarjeta dos logradouros, passando sob os passeios."

Parágrafo único: "Nas fachadas situadas no alinhamento dos logradouros, os condutores serão embutidos no trecho compreendido entre o nível do passeio e a altura de 3 m, no mínimo, acima deste nível."

Isso decorre dos telhados serem concentradores de vazão, jogam toda a vazão que cai em uma área em uma linha (extremidade do telhado), daí a necessidade de calhas. A altura livre de 3 m para embutir o condutor evita interferência no uso da calçada.

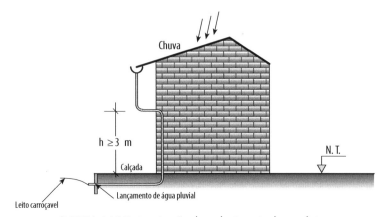

FIGURA 4.15 Determinação de embutimento do condutor.

4.5 PARTICULARIDADES DOS SISTEMAS PLUVIAIS

4.5.1 Água para frente ou para trás

Eis um exemplo de má solução de águas pluviais.

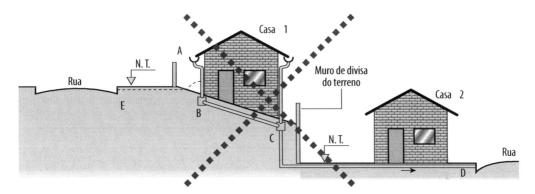

FIGURA 4.16 Uma ligação complicada.

A chuva que cai na casa 1 é recolhida em calha no ponto A, que joga na rampa inclinada (para dentro) em que existe um ralo B e tubulação enterrada, que a leva a um ralo em C; daqui sai uma tubulação enterrada entre C e D, (casa 2) em que finalmente ganha a sarjeta da rua.

Boa parte dos problemas se resolveria ligando a água pluvial do telhado da casa 1 diretamente até o ponto E, eliminando dessa forma o ponto B.

4.5.2 Jogando água de telhado em telhado

Veja-se o caso a seguir.

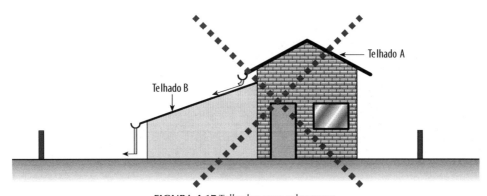

FIGURA 4.17 Telhados com sobrecarga.

As águas coletadas pelo telhado A caem em calha e daí são jogadas sobre o telhado B. Telhados são estruturas frágeis e não devem receber vazões concentradas (carga de impacto). Caso o telhado B não tenha sido calculado para isso, o correto seria transportar a água do telhado A até a rua, por um condutor.

4.5.3 Água despejada em transeunte

Este é um caso muito comum, infelizmente. A água do buzinote cai em cima do transeunte. A solução correta seria transportá-la por tubo, até a sarjeta.

FIGURA 4.18 Um banho inconveniente.

4.5.4 Água levada para local indevido

Observe-se o sistema pluvial desta casa.

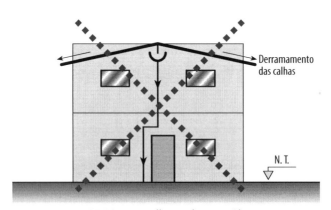

FIGURA 4.19 Calhas mal construídas.

As duas calhas no início levavam a água para o coletor central. Com o tempo, as calhas cederam nas extremidades; a água começou, então, a carregar o trecho mais deformável da calha, que é a parte mais distante do ponto de coleta junto ao condutor. O problema tende a se agravar e a casa não terá mais um sistema de calha condutor, e sim dois pontos de despejo da água, nas extremidades opostas ao ponto do condutor.

4.5.5 Uma solução, algo precária (mas criativa), quando chega a inundação

Uma indústria localizada em um terreno inundável em face da proximidade de um grande rio criou um sistema de condutor vertical com extravasor.

O tubo AB é o condutor que descarrega a água pluvial em uma caixa de passagem. Essa caixa de passagem fica junto de um estacionamento de carros e local de passagem de pessoas. Em razão disso, o descarregamento do condutor foi executado de maneira que se evitasse molhar transeuntes e os carros. Quando ocorre elevação do nível de água do rio, porém, a área é inundada, o nível da água sobe e o ponto de descarregamento do tubo vertical fica afogado; assim, o escoamento fica prejudicado, em virtude de fenômenos pulsantes. A solução foi criar um extravasor (saída de emergência) no tubo vertical.

Outra solução, simples e eficaz, seria a instalação de grelhas nas tampas das caixas de inspeção, para extravasar a água diretamente junto ao piso.

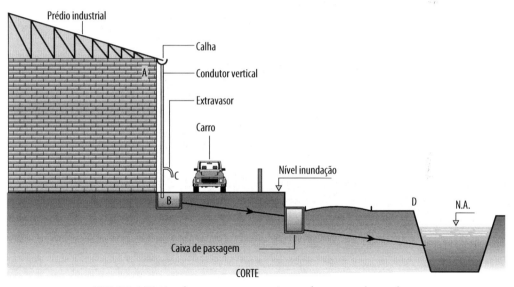

FIGURA 4.20 Uso de extravasor para evitar o afogamento do condutor.

4.5.6 Um microssistema pluvial predial

Em uma bela casa construída nos anos 1930 no bairro da Vila Mariana, em São Paulo, na época bairro de classe alta da cidade, havia um curioso microssistema pluvial. O colega engenheiro que a adquiriu nos anos 1970 descobriu um misterioso tubo de ¼" de cobre que terminava no jardim. Não se sabia de onde este tubo vinha e qual sua serventia. Um teste de fumaça descobriu seu início e função. O microtubo destinava-se a drenar um armário embutido dentro da casa, para guardar capas e galochas molhadas. Um exemplo da arte de construir.

4.5.7 Mau destino das águas de um coletor pluvial

Em uma estação de tratamento de potabilização de águas, um mau projeto das instalações permitiu que as águas coletadas por telhado, calha e condutor fossem lançadas no tanque de filtração, ou seja, depois de sofrer decantação. Tratar água com produtos químicos e decantação e depois receber água suja de telhado, é um erro de engenharia.

4.5.8 Águas pluviais carreiam areia

Um magnífico prédio foi construído com um condutor de fibra de vidro para que os usuários do prédio pudessem ver as águas escoando. Durou só alguns anos a bela solução. Como a área era descampada e sem revestimento vegetal, o telhado recebia muita areia, que as chuvas escoavam pela calha e condutor. A abrasão da areia atacou o tubo de fibra de vidro, tirando sua beleza e transparência.

4.5.9 Calhas a meia-encosta

O cliente de um arquiteto queria um telhado sem calhas, para poder ver a água de chuva caindo. Todavia, a área do telhado era enorme e na região chovia muito. Para atender ao pedido e não ocorrer uma enorme vazão, despencando do telhado, criou-se uma calha intermediária, a "meia-encosta"; parte da vazão foi captada e apenas uma lâmina de água corria na borda do telhado. Agradecimentos ao Arquiteto Reinach pela lembrança.

Na cidade de São Lourenço, Minas Gerais, o enorme telhado sobre um velho cinema apresenta um interessante dispositivo. Duas fileiras paralelas de calhas diminuem a seção das mesmas, resolvendo-se, com isso, o problema. Se toda a vazão desaguasse em uma só calha, esta teria dimensões atípicas, comprometendo-se a estética do imóvel e, até mesmo, inviabilizando a sua colocação junto ao telhado.

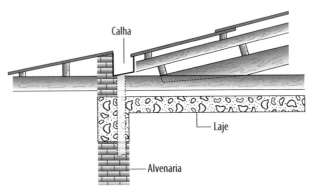

FIGURA 4.21 Corte da solução, calha a meia-encosta.

5 PVC O MATERIAL E OS TUBOS

5.1 CARACTERÍSTICAS E USOS

Os tubos de PVC e suas conexões são fabricados a partir do plástico policloreto de vinila, que tem como matérias-primas o sal comum (cloreto de sódio) e petróleo. Esse plástico apresenta grande versatilidade e várias aplicações em todas as áreas, particularmente na construção civil, em tubos e conexões.

As vantagens dos tubos e conexões de PVC são:

- leveza, facilitando o transporte e manuseio;
- alta resistência à pressão;
- grande durabilidade;
- facilidade de instalação;
- menor perda de carga;
- baixo custo;
- não propagação de chama.

Os tubos e conexões de PVC podem ser utilizados em:

- instalações prediais de água fria;
- instalações prediais de esgoto sanitário;
- instalações prediais de águas pluviais;
- sistemas públicos de abastecimento de água, adução e rede de distribuição;
- sistemas públicos de coleta de esgotos;
- outros sistemas hidráulicos e eletrodutos.

As tubulações de PVC Amanco para instalações prediais são comumente fabricadas em duas linhas distintas, em barras de 3 e 6 m de comprimento:

- linha para água fria (soldável e roscável);
- linha para sistemas de esgoto (série normal e série reforçada), ventilação e águas pluviais.

FIGURA 5.1 Modelos de tubos.

5.1.1 Pressões

Para uso em instalações prediais de água fria, os tubos e conexões soldáveis e roscáveis podem trabalhar com pressões de serviço de até 7,5 kgf/cm^2 (75 mca ou 750 kPa), ou seja, 75 m de coluna de água, valores especificados pela NBR 5648/99.

Relembrando o conceito de pressão de serviço: é a pressão que pode ser medida em um sistema em funcionamento, em serviço, portanto, situação em que podem ocorrer sobrepressões, como golpe de aríete etc.

As definições básicas de pressão, pressão estática (sem escoamento) e pressão dinâmica (com escoamento) podem ser vistas no Anexo 2 – Esclarecendo Questões de Hidráulica.

A rede de distribuição de água fria deve ter em qualquer dos seus pontos (NBR 5626/1998):

Pressão estática máxima: 400 kPa (40 m.c.a.);
Pressão dinâmica mínima: 5 kPa (0,5 m.c.a.).

O valor mínimo de 5 kPa (0,5 m.c.a.) da pressão dinâmica tem por objetivo fazer que o ponto crítico da rede de distribuição (via de regra o ponto de ligação do barrilete com a coluna) tenha sempre uma pressão positiva. Quanto à pressão estática, a mesma não pode ser superior a 400 kPa (40 m.c.a.) em nenhum ponto da rede. Esta precaução é tomada visando limitar a pressão e a velocidade da água em função de: ruído, golpe de aríete, manutenção e limite de pressão nas tubulações e nos aparelhos de consumo. Desta maneira, não deve ter mais de 13 pavimentos de pé-direito convencional (com altura de cerca de 3,00 m, ou seja, 13 × 3 = 39,00 m, ~ = 40,00 m), abastecidos diretamente pelo reservatório inferior, sem a devida proteção do sistema. Ver a Seção 1.2.5 – Capítulo 1. Portanto, a diferença de nível entre o fundo do reservatório inferior e o ponto mais baixo da tubulação deve ser no máximo 40 m.

A NBR 5626/98 determina pressão mínima de 5 kPa (0,5 mH$_2$O) (0,5 m.c.a.) em qualquer ponto da rede.

Eventuais sobrepressões devidas, por exemplo, ao fechamento de válvula de descarga, podem ser admitidas desde que não superem 200 kPa (20 m.c.a.).

Por conseguinte, admitindo-se uma situação-limite, com pressão estática máxima de 400 kPa (40 m.c.a.), havendo a sobrepressão de fechamento de válvula de descarga, também em seu limite máximo, 200 kPa (20 m.c.a.), teremos um total máximo de 600 kPa (60 m.c.a.), inferior ao valor máximo da pressão para tubulações prediais de água fria exigido pela NBR 5626:1998 – Instalações prediais de água fria – Procedimentos e pela NBR 5648:2010 – Tubos e conexões de PVC-U com junta soldável para sistemas prediais de água fria – Requisitos

> Nota:
>
> Este conceito de pressão máxima é de suma importância para o correto dimensionamento das tubulações. Note que a utilização de tubulações fora de norma e/ou a utilização de fornecedores desconhecidos coloca em risco a sua instalação. Observe, também, que o conceito de pressão máxima independe do tipo de tubulação a ser empregado. A utilização de tubos galvanizados ou de cobre, sob a premissa de serem "mais fortes" e, portanto, "resistentes a maiores pressões", não tem sentido prático, pois todas as tubulações, independentemente do seu material, devem obedecer ao mesmo limite máximo de pressão.

A grande preocupação dos projetista é com a correta pressão nos diversos pontos da instalação, quer nos pontos de utilização, quer nos pontos críticos do sistema, como um todo. Se a pressão for elevada, pode se instalar uma válvula redutora de pressão e se for baixa, existe a possibilidade de instalação de um pressurizador. Este aparelho deve ser instalado com certos cuidados, consultando-se o catálogo dos fabricantes e não fazem milagres, sendo que um bom projeto deve prescindir deles, se possível. Cuidados adicionais devem ser tomados com o ruído e vibração produzidos pelo mesmo, principalmente quando instalados próximo a sanitários contíguos a dormitórios ou locais que exigem silêncio.

As pressões dinâmicas dos pontos de utilização podem ser vistas em tabela, no item cálculo das pressões.

As pressões limites (mínimas e máximas), devem ser verificadas nos pontos mais desfavoráveis, como será visto no cálculo das pressões.

5.2 JUNTAS

5.2.1 Água Fria

Considerando-se as juntas, os tubos e conexões da linha de água fria podem ser classificados em: junta soldável e junta roscável.

O sistema de junta soldável é, atualmente, o mais utilizado, pelas vantagens que proporciona:

- facilidade de execução;
- rapidez de montagem;
- economia pela redução das perdas;
- dispensa do uso de ferramentas especiais (tarraxas etc.)

O sistema de junta roscável apresenta como única vantagem a possibilidade da reutilização dos tubos e conexões. Está em desuso, em razão das vantagens que o sistema soldável apresenta.

Existem conexões apropriadas para ligar tubos de PVC a outros tipos de tubulação (de aço galvanizado ou ferro fundido, por exemplo) e a peças especiais, como registros, hidrômetros etc. O tubo de PVC apresenta, assim, grande versatilidade de uso.

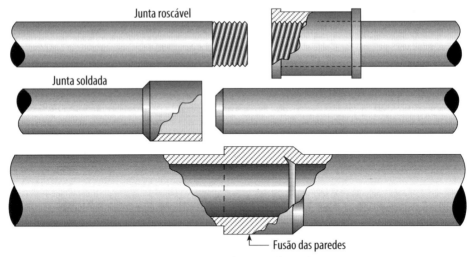

FIGURA 5.2 Tipos de juntas disponíveis.

5.2.2 Esgoto

A linha de esgoto proporciona duas opções ao sistema de acoplamento: junta elástica com anel de borracha ou junta soldável, com exceção do diâmetro DN 40 (esgoto secundário), que utiliza apenas a junta soldável.

Esta linha[1] apresenta também os diâmetros DN 50, DN 75, DN 100 e DN 150, com junta elástica ou soldável. Na Série Reforçada, as paredes do tubo tem maior espessura, destinando-se a instalações de esgoto, em particular as aparentes, e condutores de águas pluviais.

Os diâmetros DN 50, DN 75, DN 100 e DN 150 permitem escolher o sistema de junta mais adequado, para cada situação da obra, não devendo usar, simultâneamente, os dois tipos de junta na mesma extremidade.

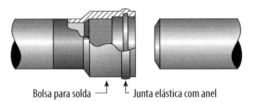

FIGURA 5.3 Conexão versátil, servindo tanto para cola como para encaixe.

---

[1] Tanto para a Série Normal quanto para Série Reforçada.

5.2.3 Execução das juntas

5.2.3.1 Preparação dos tubos

O sucesso nas instalações hidráulicas ou sanitárias depende da qualidade dos tubos e da conexão e da técnica correta de aplicação desses produtos.

A execução de juntas nos tubos de PVC é muito simples em todos os tipos de junta, principalmente nas soldadas e nas elásticas, que não exigem ferramentas especiais. Porém, uma operação correta e pequenos cuidados são essenciais para garantir perfeita estanqueidade e bom comportamento das tubulações.

Para cortar os tubos nas medidas desejadas, utiliza-se a serra de ferro ou serrotes de dentes pequenos. No caso de serra de ferro, coloca-se a lâmina no sentido contrário do corte, pois isso faz melhorar o rendimento.

Os tubos devem ser cortados perpendicularmente ao seu eixo longitudinal. Tubos cortados fora de esquadro causam uma série de problemas, tais como:

- vazamento em razão da má condição de soldagem ou insuficiência da área de vedação para anel de borracha;
- deslocamento do anel de borracha ao se fazer o acoplamento.

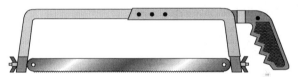

FIGURA 5.4 Ferramenta para cortar tubos de PVC.

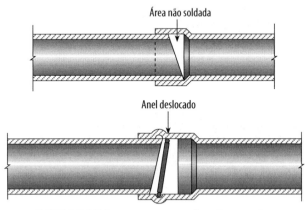

FIGURA 5.5 Evitar sempre o corte fora de esquadro.

Para cortar os tubos de grande diâmetro, deve-se utilizar a guia de madeira ou papel-cartolina, para obter melhor esquadrejamento.

Após o corte dos tubos, as pontas deverão ser chanfradas com uma lima. Esta operação é extremamente importante para obter melhor resultado em todos os sistemas de juntas.

Ao cortar os tubos, suas paredes, que estão em contato com a serra, se dilatam pelo calor originado pelo atrito, causando as seguintes inconveniências:

- dificuldade no encaixe da ponta e da bolsa;
- arrastamento da solda ao fundo da bolsa, comprometendo o comportamento do tubo;
- deslocamento do anel de borracha que está alojado na virola.

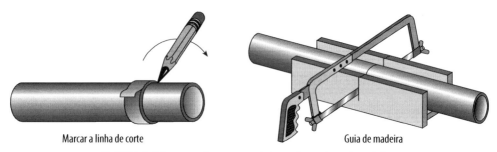

FIGURA 5.6 A marcação sempre ajuda na hora de cortar o tubo.

As pontas deverão ser chanfradas, igualmente em toda volta, em um ângulo aproximado de 15°, e também limpas das rebarbas formadas pelo corte.

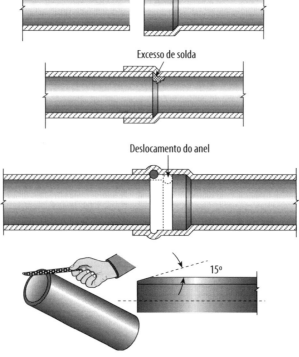

FIGURA 5.7 Acabamento necessário para juntas perfeitas.

5.2.3.2 Junta soldada

MATERIAIS NECESSÁRIOS

Os materiais necessários para execução da junta são:

- serra de ferro ou serrote, para cortar os tubos;
- lima meia-cana murça, para chanfrar a ponta dos tubos;
- lixa de água n. 100, para tirar o brilho das superfícies a serem soldadas;
- papel absorvente ou estopa, para limpar excesso de solda;
- solução limpadora, para limpar a superfície, antes de aplicar a solda;
- adesivo para PVC, para soldar os tubos.

O QUE É ADESIVO PARA PVC

O adesivo para PVC é basicamente um solvente com pequena quantidade de resina de PVC. Quando aplicada nas superfícies dos tubos, dissolve uma pequena camada de PVC e, ao se encaixar as duas partes, ocorre a fusão das duas paredes, formando um único conjunto. Portanto, a solda para PVC não serve para preencher vazios.

O solvente existente no adesivo é um material volátil. A permanência dos gases, formados pelo solvente, dentro da tubulação pode atacar as paredes de PVC.

Para evitar a ação dos gases é importante deixar abertos todos os registros e as torneiras, a fim de facilitar-lhes a saída.

Como se trata de material volátil, deve-se evitar trabalhar em ambientes muito quentes ou direto ao sol. O solvente, nas temperaturas altas, entra em ebulição e evapora antes de se efetuar a soldagem.

As soldas para PVC devem ficar guardadas em lugar fresco e ventilado.

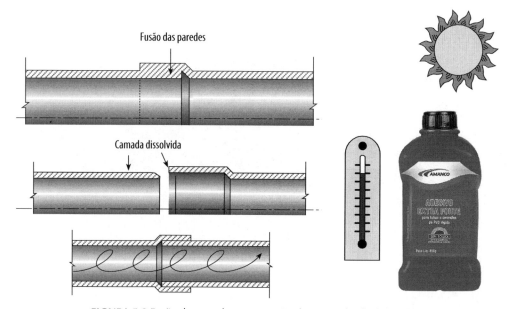

FIGURA 5.8 Fusão das paredes e emanação do material volátil da solda.

5.2.3.3 Procedimentos

As pontas dos tubos a serem soldadas devem estar em esquadro e chanfradas (veja a Seção 5.2.3.1).

Os procedimentos de soldagem para os tubos da linha água fria e para os da linha esgoto são semelhantes, porém há pequenos detalhes a observar quando há diferenças de forma das bolsas entre as duas linhas.

Em princípio, veremos a soldagem para os tubos da linha água fria e da linha esgoto de DN 40, pois suas bolsas são idênticas.

Tira-se o brilho das paredes da bolsa e da ponta a serem soldadas para facilitar a ação da solda usando lixa de água n. 100 (lixa fina). Nunca se deve utilizar lixas grossas e lixar demais. Isso produz uma folga indesejável entre as paredes dos tubos e das bolsas.

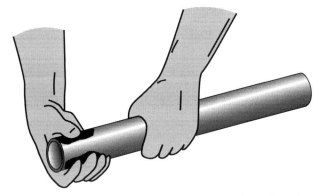

FIGURA 5.9 Lixar o tubo para tirar o brilho, provocando melhor aderência.

Limpam-se a ponta e a bolsa dos tubos com a solução limpadora, que elimina as impurezas e as substâncias gordurosas prejudiciais a ação do adesivo.

FIGURA 5.10 A limpeza completa é necessária para preparar o tubo para colagem.

Para aplicar o adesivo, usa-se pincel chato ou outro aplicador adequado, nunca os dedos. O adesivo plástico Amanco já possui pincel aplicador em sua embalagem de 175 g.

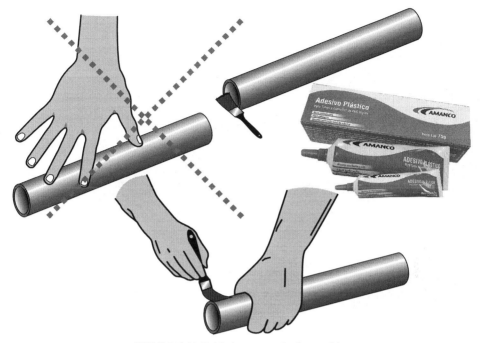

FIGURA 5.11 Cuidados ao manipular a solda.

Aplica-se uma camada fina e uniforme de adesivo na bolsa, cobrindo seu terço inicial, e outra camada idêntica na ponta do tubo.

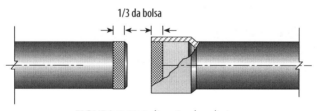

FIGURA 5.12 Aplicação do adesivo.

Encaixa-se a ponta na bolsa até atingir o fundo desta, sem torcer.

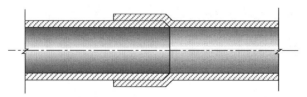

FIGURA 5.13 O encaixe deve ser perfeito.

Remove-se o excesso de adesivo com papel absorvente ou estopa e deixa-se secar.

Os procedimentos de execução das juntas para os tubos da linha esgoto são praticamente iguais aos da linha água fria, mas, em virtude dos grandes diâmetros dos tubos e a característica especial de sua bolsa (de dupla atuação), devem-se tomar os seguintes cuidados.

Marca-se na ponta do tubo a profundidade do encaixe da bolsa.

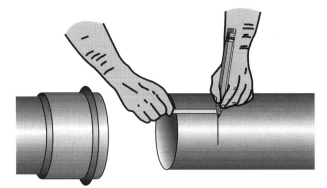

FIGURA 5.14 Marcas ajudam a colocação.

Lixa-se a superfície da ponta e do fundo da bolsa com lixa de água n. 100. Limpa-se a ponta e a bolsa com solução limpadora.

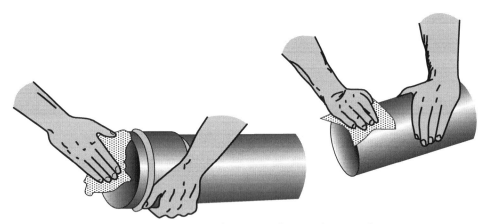

FIGURA 5.15 Limpar e lixar a superfície é indispensável.

Aplica-se com pincel uma camada bem fina de adesivo no fundo da bolsa (aproximadamente 3 cm da extremidade em diante) e outra, na ponta do tubo.

Estas operações devem ser feitas, de preferência, simultaneamente.

Faz-se a junção, sem torcer, de preferência com duas pessoas. Remove-se o excesso de adesivo e deixa-se secar.

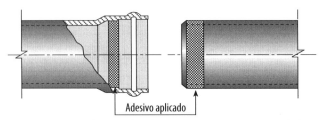

FIGURA 5.16 Aplicação do adesivo sempre com muito cuidado.

FIGURA 5.17 Se possível contar com o auxílio de um companheiro.

RECOMENDAÇÕES IMPORTANTES

Deve-se evitar o excesso de adesivo no interior da bolsa.

O excesso ataca a camada de PVC e a bolsa, então, não segura a ponta do tubo e acaba expelindo-a para fora. Portanto, é necessário aplicar corretamente o adesivo, sempre seguindo as instruções anteriores.

Qualquer quantidade de adesivo que tenha caído acidentalmente sobre os tubos deve ser removida em princípio, principalmente os excessos verificados na execução das juntas.

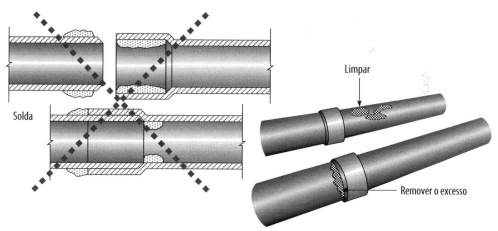

FIGURA 5.18 Evitar sempre o acúmulo de adesivo, eliminando os excessos.

Após a execução da junta soldada não se deve utilizar a tubulação imediatamente. É necessário aguardar a evaporação do solvente para o correto processo de soldagem.

Em geral, antes de carregar a linha, aguarde uma hora para cada 1 kgf/cm^2 (10 m.c.a.) de pressão. Caso a tubulação seja submetida a teste de pressão, aguardar 12 horas.

CONSUMO APROXIMADO DE ADESIVO E SOLUÇÃO LIMPADORA

A tabela mostra o consumo aproximado de adesivo e solução limpadora para execução de cada junta para linha água fria e para execução de junta para linha esgoto.

Linha água fria		
DN (mm)	Adesivo (g/junta)	Solução limpadora (cm³/junta)
20	1,0	2,0
25	2,0	3,0
32	3,0	5,0
40	5,0	6,0
50	8,0	10,0
60	10,0	15,0
75	15,0	25,0
85	20,0	30,0
110	30,0	45,0

Linha esgoto		
DN	Adesivo (g/junta)	Solução limpadora (m³/junta)
40	5,0	6,0
50	8,0	10,0
75	15,0	25,0
100	20,0	30,0
150	30,0	45,0

Para obter a quantidade de adesivo, conta-se o número de bolsas de mesmo diâmetro e multiplica-se pelo valor de consumo correspondente. Calcula-se para todos os diâmetros e, no final, basta somar os valores obtidos.

Não esquecer:

- uma luva tem duas bolsas;
- um joelho de água fria tem duas bolsas;
- um joelho de esgoto tem uma bolsa (exceto DN 40, que tem 2 bolsas);
- um TE de água fria tem três bolsas;
- uma junção de esgoto simples tem duas bolsas (exceto DN 40);
- um adaptador tem uma bolsa.

5.2.4 Junta rosqueada (roscável ou, ainda, roscada)

5.2.4.1 Considerações gerais

- Obtém-se a junta roscável unindo duas pontas dotadas de rosca externa com uma luva de rosca interna, ou pela união de uma ponta com rosca externa e uma conexão com rosca interna.

- As juntas rosqueadas são juntas executadas segundo uma padronização, de modo que ocorra perfeita justaposição dos filetes (dentes) das duas partes que estão sendo ligadas.

- Existem roscas não intercambiáveis entre si, devendo ser acopladas às de mesmo tipo. Essa recomendação é fundamental, pois a qualidade da rosca para PVC depende do seu tipo e do equipamento utilizado, além da vedação.

- Utiliza-se como vedante a fita veda-rosca. Nunca se deve utilizar outro material, como fios ou cânhamo embebido em zarcão, pois esses materiais apresentam espessura de vedação superior a necessária, causando tensões indesejáveis nas juntas. Estas tensões podem ocasionar avarias nestas ao se apertar a rosca ou danificá-las, provocando o seu posterior rompimento quando o sistema estiver funcionando.

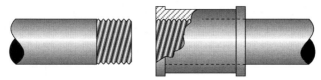

FIGURA 5.19 Junta roscada.

5.2.4.2 Materiais necessários

São os seguintes:

- serra ou serrote;
- morsa;
- tarraxa para tubos de PVC com cossinetes para PVC;
- fita veda-rosca.

5.2.4.3 Procedimentos para execução de roscas

1. Fixar o tubo em uma morsa, cuidando para que não seja excessivamente pressionado, o que ocasionará sua deformação (ficará oval), prejudicando a qualidade da rosca.
2. Cortar o tubo com serra, corretamente, como já visto na sua preparação, de modo que o corte seja homogêneo, ou seja, rigorosamente perpendicular ao tubo, evitando-se que, ao se abrir a rosca, esta fique torta.
3. Abrir a rosca com a tarraxa e os cossinetes apropriados para PVC, girando no sentido horário (dos ponteiros do relógio).
4. Limpar os filetes.
5. Efetuar a vedação, com fita veda-rosca. A aplicação deverá ser no sentido a favor dos filetes da rosca e cada nova volta deverá transpassar a anterior em cerca de 0,5 cm.
6. Não atarraxar com força, pois não é isso que proporciona uma boa vedação e sim a correta execução da rosca e a adequada utilização da fita veda-rosca.

5.2.5 Junta elástica

5.2.5.1 Materiais necessários

Para execução da junta elástica são necessários apenas os seguintes materiais:

- serra ou serrote, para cortar os tubos;
- lima meia-cana murça, para chanfrar a ponta dos tubos;
- anel de borracha;
- pasta lubrificante;
- estopa ou pano, para limpeza.

5.2.5.2 Procedimentos

As pontas dos tubos devem estar em esquadro e devidamente chanfradas (ver a Seção 5.2.3.1). Limpar com uma estopa a ponta e a bolsa dos tubos, especialmente o sulco de encaixe do anel de borracha (virola).

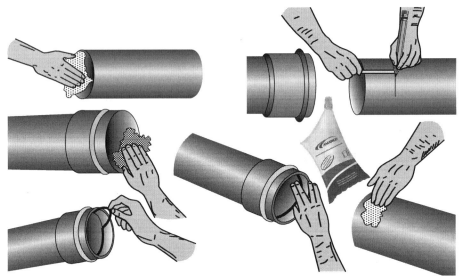

FIGURA 5.20 Preparação, quanto mais cuidadosa, melhor.

Marcar na ponta do tubo a profundidade do encaixe. Encaixar corretamente o anel de borracha no sulco da bolsa do tubo.

Aplicar uma camada de pasta lubrificante na ponta do tubo e na parte visível do anel de borracha.

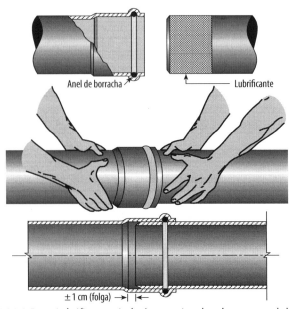

FIGURA 5.21 A Pasta Lubrificante ajudará o encaixe do tubo com anel de borracha.

Introduzir a ponta do tubo, forçando o encaixe até o fundo da bolsa, depois recuar o tubo, aproximadamente 1 cm, para permitir eventuais dilatações.

IMPORTANTE!

Nos tubos assentados em dias de muito calor ou instalados expostos ao sol (tubos aquecidos) não se deve deixar essa folga, pois a tendência deles é de se contrair após a instalação.

5.2.5.3 Recomendações importantes

Nunca utilizar graxa ou óleo para substituir a pasta lubrificante, pois atacam o anel de borracha.

Na falta de pasta lubrificante, utilizar sabão neutro. Verificar bem o tipo, o diâmetro e a marca Amanco nos anéis.

FIGURA 5.22 Uso de lubrificante específico é importante.

Nunca utilizar anéis de baixa qualidade.

Após a montagem, verificar se o anel está alojado corretamente. Se estiver fora de posição, desmontar a junta imediatamente e verificar:

- se o corte do tubo está em esquadro;
- se o chanfro da ponta do tubo está corretamente executado;
- se foi utilizado o anel certo;
- se foi usada corretamente a pasta lubrificante.

5.2.5.4 Consumo aproximado de pasta lubrificante

A tabela mostra o consumo aproximado de pasta lubrificante Amanco para execução de cada junta.

DN	Pasta lubrificante (g/junta)
40	10,0
50	12,0
75	15,0
100	23,0
150	35,0

5.2.5.5 Sistema de juntas

Para permitir a opção entre a junta soldada e a junta elástica, a bolsa dos tubos de esgoto e das conexões destinados a esgoto primário (DN 50, 75, 100 e 150) apresenta dois diâmetros internos, são as chamadas juntas de dupla atuação.

Na extremidade inicial, o diâmetro é maior e, no meio desta área, existe um sulco para alojar o anel de vedação.

No fundo da bolsa, o diâmetro é um pouco reduzido e se destina a utilização da junta soldada.

A escolha de sistema de junta é feita de acordo com a preferência, porém, em certos casos exige-se a junta elástica, tais como:

- derivação do tubo de queda;
- tubo de queda, entre dois pontos fixos;
- coluna de ventilação.

São os locais que sofrem grandes variações de temperatura e consequente movimentação da tubulação, ou ponto de concentração dos esforços.

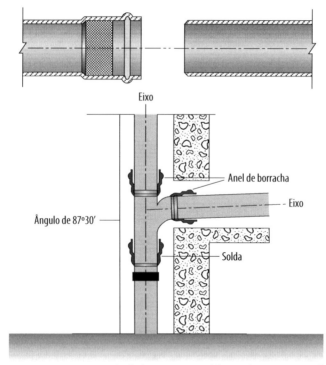

FIGURA 4.23 O correto uso das bolsas evitará problemas de vazamentos futuros.

NOTA

Nunca se deve utilizar dois sistemas de juntas em uma mesma bolsa. Isso é prejudicial.

5.3 CORES

Para facilitar o uso e evitar confusões, cada tipo de tubo e suas conexões apresentam uma cor.

Na linha de água fria, os tubos de junta roscável e as conexões são fabricados na cor branca. Os tubos de junta soldável e as conexões são fabricados na cor marrom. Existem conexões mistas (joelho 90°, TE e luva) em dois tipos:

- cor marrom, com bolsas soldáveis e roscáveis, com rosca no próprio PVC (SR);
- cor azul, com bolsas soldáveis e roscáveis, com rosca em bucha de latão (SRM), reforçada, utilizada nas ligações com peças e aparelhos que possuem uma peça de conexão em metal.

A linha de esgoto Série Normal apresenta os tubos e conexões fabricados na cor branca. A linha de esgoto, Série Reforçada, apresenta-se com tubos e conexões na cor cinza--claro.

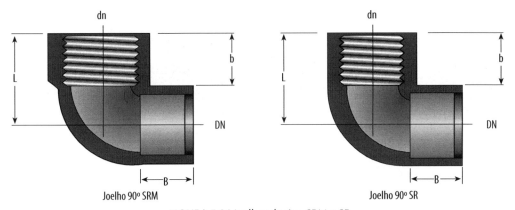

FIGURA 5.24 Joelhos do tipo SRM e SR.

5.4 DIÂMETROS

A caracterização principal de uma tubulação é seu diâmetro. De acordo com as normas, deve-se entender assim os tipos de diâmetro:

Diâmetro nominal (DN) – É uma simples referência para classificar tubos, peças e conexões. Assim, para se ligar a um tubo de DN 100, a peça TE compatível deve ter DN 100.

Diâmetro útil (DU) – É o diâmetro externo, menos duas vezes a espessura da parede do tubo.

Diâmetro externo (DE) – Simples número que serve para classificar em dimensões os tubos, peças e conexões, correspondendo ao diâmetro externo médio das tubulações.

Os tubos e conexões roscáveis apresentam o diâmetro unicamente em polegadas.

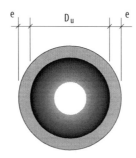

TABELA DE EQUIVALÊNCIA DE DIÂMETROS					
Referência comercial	Em polegadas	Referência comercial	Em polegadas	Referência comercial	Em polegadas
DE 20 mm	1/2	–	–	DE 20 mm	1/2
DE 25 mm	3/4	–	–	DE 25 mm	3/4
DE 32 mm	1	–	–	DE 32 mm	1
DE 40 mm	1 1/4	DN 40	1 1/2	–	–
DE 50 mm	1 1/2	DN 50	2	–	–
–	–	–	–	–	–
DE 63 mm	2	–	–	–	–
DE 75 mm	1 1/2	DN 75	3	–	–
–	–	–	–	–	–
DE 90 mm	4	–	–	–	–
–	–	DN 100	4	–	–
–	–	–	–	–	–
–	–	DN 150	6	–	–

Observação: Todos os tubos Amanco são intercambiáveis.

5.5 NORMAS

Os tubos de PVC devem atender as Normas da ABNT de fabricação e uso. A correlação entre normas e tipos de tubo está na tabela-resumo. É importante frisar que somente devem ser utilizadas tubulações e conexões que se enquadrem nas Normas Brasileiras, portanto, com a qualidade mínima necessária para atender às especificações de projeto.

RESUMO DE DADOS SOBRE TUBOS E CONEXÕES DE PVC				
Tubos de PVC - linha predial				
Linha	Norma ABNT NBR	Diâmetro nominal DN	Tipo de junta	Características e aplicações
Água fria soldável	5648	20 25 32 40 50 60 75 85 110	Soldável Soldável Soldável Soldável Soldável Soldável Soldável Soldável Soldável	Cor marrom Instalações prediais de água fria Pressão máxima = 7,5 kgf/cm^2
Água fria roscável	5648	1/2" a 2"	Roscável	Cor branca Instalações prediais de água fria Pressão máxima = 7,5 kgf/cm^2
Esgoto, Série Normal	5688	40 50 75 100 150	Soldável Elástica ou soldável Elástica ou soldável Elástica ou soldável Elástica ou soldável	Cor branca Instalações prediais de esgoto Linha completa de ralos, caixas sifonadas e complementos
Esgoto, Série Reforçada	5688	40 50 75 100 150	Soldável Elástica ou soldável Elástica ou soldável Elástica ou soldável Elástica ou soldável	Cor cinza-claro Mais reforçado que a série normal (maior espessura da parede) Instalações prediais de esgoto (aparentes, tubos de queda, condutores de águas pluviais)

Observação:
1. Nas linhas de produto em que a junta é roscável, as medidas dos diâmetros são expressas em polegadas. Quando a junta é soldável ou elástica, são expressas em milímetros.
2. Diâmetro nominal: é um número utilizado para referenciar o diâmetro dos tubos e conexões, não podendo ser utilizado para fins de medição.

TABELA COMPARATIVA PPR - PEX - CPVC							
	PPR						
Para que serve?	Uma solução para condução de água quente e fria para instalações hidráulicas						
Material de fabricação	Polipropileno Copolímero Random – tipo 3. É uma resina poliolefínica que tem como principal componente o petróleo						
Condições de operação	Atende especificações exigidas pela NBR 7198: Projeto e execução de instalações prediais de água quente. Ele resiste a picos de temperaturas, e é compatível com os principais aquecedores prediais; maior segurança para os usuários (atóxico); reduz problemas de ruídos nas instalações hidráulicas; não amassam e tem maior resistência a impactos; sem incrustações; reciclável						
Bitolas disponíveis	PN 25 e PN 20: 20 mm; 25 mm; 32 mm; 40 mm; 50 mm; 63 mm; 75 mm; 90 mm; 110 mm PN 12: 32 mm; 40 mm; 50 mm; 63 mm; 75 mm; 90 mm; 110 mm						
Pressões disponíveis	60 m.c.a, 80 m.c.a e 100 m.c.a						
Onde utiliza cada classe de pressão	PN 25: 70 °C a 80 m.c.a (suporta picos de 95 °C a 80 m.c.a) PN20: 70 °C a 60 m.c.a (suporta picos de 95 °C a 60 m.c.a) PN 12 (apenas para uso em instalações de água fria): Até 100 m.c.a para temperaturas médias de 27 °C						
Conversão de bitolas para outras soluções	**PN 25 e DN 20**				**PN 12**		
	Diâmetro	Eq. Pol.	Diâmetro	Eq. Pol.	Diâmetro	Eq. Pol.	Diâmetro	Eq. Pol.
	20 25 32 40 50	1/2 3/4 1 1 1/4 1 1/2	63 75 90 110	2 2 1/2 3 4	32 40 50 63 75	1 1 1/4 1 1/2 2 2 1/2	90 110	3 4
Tipo de Soldagem	Sistema de Termofusão. Fundem molecularmente a 260 °C						
Aplicações na Obra	Instalações Prediais: Por suportar altas temperaturas através de sistemas de aquecimento a gás, elétrico ou solar, é recomendado para residências, edifícios residenciais e comerciais, hotéis, restaurantes e instalações que tenham alta exigência de desempenho e durabilidade. Instalações Navais, *Traillers* e Containers: Face à excelente resistência aos ataques físico-químicos e absorção de vibrações e movimentos, pode ser usado em larga escala para condução de fluidos em embarcações. Instalações Industriais: Pode ser aplicado nas instalações industriais devido a sua grande resistência à pressão e ao impacto, além da baixa condutividade térmica e excelente resistência físico-química						
Exceção	Cuidados especiais e precauções: Raios ultravioletas; conexões com inserto metálico (evitar torções elevadas); contato com corpos cortantes que causam rupturas; termofusão (partes termofusionadas sempre limpas; manipulação						

PEX	CPVC
Atende instalações prediais de água fria e quente. O sistema utiliza bobinas de tubos em polietileno reticulado e conexões metálicas do tipo anel deslizante (*slide fit*).Exclusivo para classe de aplicação 2, ou seja, para distribuição de água quente	Solução econômica e de fácil instalação para água quente e fria
O tubo PEX é fabricado em polietileno reticulado tipo B com silano (PE-Xb) e as conexões metálicas (em latão) são do tipo anel deslizante e atendem as normas	O Amanco Ultratemp CPVC é fabricado em Policloreto de Vinila Clorado e atende as normas brasileiras
Conforme a NBR 15939, a temperatura de serviço para uma vida útil de 50 anos é de 70° C (vide tabela ao lado). A temperatura de pico é 95 °C. Devido à maleabilidade do tubo, não é necessário utilizar curvador para o Amanco PEX desde que os raios mínimos sejam respeitados para que não haja colapso do tubo. A recomendação do raio mínimo de curvatura, é de 10 vezes o diâmetro externo (DE) sem o curvador de alumínio (mola) e de 5 vezes o DE com uso de curvador de alumínio	Atende a NBR 7198. Sua temperatura máxima de trabalho pode chegar à 80 °C. Conduz água à 20 °C com 240 m.c.a e água quente à 70°C com 90 m.c.a. Não é indicado para a condução de vapor
Tubos nas bitolas de DN 16, 20, 25 e 32 mm	Tubos nas bitolas DN 15, DN 22 E DN 28 mm
Cada classe de pressão de projeto varia conforme a série do tubo, atendida na norma pela pressão nominal, S4 – 0,8MPa e S5 – 0,6MPa	De 90 m.c.a até 240 m.c.a, de acordo com a série do tubo e suas temperaturas
	A Série de tubos CPVC trabalha entre 20 °C e 70 °C, a pressão entre 240 m.c.a até 90 m.c.a. Temperatura máxima de trabalho = 80 °C

DN	Eq. Pol.	DN	Eq. Pol.
16	1/2	15	1/2
20	3/4	22	3/4
25	1	22	3/4
32	1 1/4	28	1

PEX	CPVC
Sistema de Crimpagem para Pex, e interface com outros sistemas é feita através de conexões roscáveis	Soldável. Adesivo Amanco Ultratemp CPVC.
Para Instalações Prediais, consegue suportar altas temperaturas, é maleável o suficiente para ser aplicado em qualquer tipo de construção, como alvenaria, *drywall* e tem manutenção rápida e fácil, tornando a obra mais limpa. Também pode ser utilizada em sistemas de aquecimento solar, ar condicionado e sistemas de refrigeração e calefação	É um sistema de tubos e conexões indicado para aplicação em obras horizontais e verticais. Suporte temperaturas elevadas, e é indicado para obras residenciais e comerciais
Os tubos e conexões Amanco PEX não devem permanecer expostos à raios ultra-violetas (luz solar) e intempéries no transporte e armazenamento. Utilizar fita veda rosca quando existir conexão metálica roscável entre diferentes sistemas utilizados. O PEX é um polímero termofixo e deve ser descartado de acordo com a legislação aplicável. Em conexões móveis utilizar somente o anel de vedação, não é indicado o uso de veda rosca	Evitar exposição com os raios ultra-violetas. Estocar evitando contato com corpos cortantes. Não utilizar outros tipos de adesivos, somente o Adesivo Amanco Ultratemp CPVC fornece garantia total das conexões CPVC.

5.6 O PVC E O MEIO AMBIENTE

(Texto adaptado de original da Abivinila)

A ONU e o desenvolvimento sustentado

A ONU (Organização das Nações Unidas) realizou um encontro dos líderes políticos em Nairobi, Quenia, em 1989, no qual foi elaborado o documento "Programa Ambiental das Nações Unidas". Os três problemas mais importantes, de acordo com esse programa são: aquecimento da atmosfera terrestre (efeito estufa), destruição da camada de ozônio e chuva ácida.

Além desse documento, a ONU, em 1992, na Conferência sobre o Meio Ambiente e Desenvolvimento (ECO 92), no Rio de Janeiro, definiu-se por uma redução do consumo de recursos não renováveis e da emissão de gases que causam o efeito estufa.

Na ECO 92, o desenvolvimento sustentável foi definido como o único programa justificado em longo prazo para a humanidade.

PVC — Efeito estufa e camada de ozônio

Nenhum gás prejudicial à camada de ozônio é formado durante a vida do PVC. Em razão da sua composição química, a contribuição do PVC na emissão de gases causadores do efeito estufa é desprezível, se comparada, por exemplo, ao liberado por veículos no simples trajeto das casas até o trabalho.

PVC e a chuva ácida

Na Europa, que utiliza a incineração com recuperação energética, aproximadamente 98% da acidez atmosférica é causada por emissões de dióxido de enxofre e óxidos de nitrogênio de geradores de energia a partir de combustível fóssil e de veículos motorizados. Dos 2% restantes, apenas 0,5% é decorrente das emissões de cloreto de hidrogênio resultante da combustão de lixo sólido municipal. Dessa porcentagem, apenas 0,25% da acidez atmosférica é atribuível à incineração de PVC.

No Brasil, a incineração do lixo sólido urbano é praticamente inexiste. Os equipamentos que serão instalados para esse fim reduzirão a quase zero os gases indesejáveis provenientes da incineração do lixo.

Recuperação energética segura

As modernas tecnologias de incineração de resíduos sólidos asseguram a destruição de eventuais gases não desájaveis formados no processo de combustão. Os incineradores trabalham com altas temperaturas e o tempo de residência necessário para a eliminação desses gases, entre eles a dioxina (gás gerado a partir da combustão de hidrogênio), oxigênio, carbono e cloro.

PVC e cloro

A presença do cloro torna o PVC uma matéria-prima extremamente versátil, conferindo-lhe grande compatibilidade com diversos aditivos. Além disso, torna-o retardante de chama.

O PVC é responsável por cerca de 30% da demanda mundial de cloro. A produção de PVC permite a oferta de centenas de produtos necessários à saúde e ao bem-estar da sociedade. O cloro salva vidas purificando a água e pela sua presença em aproximadamente 85% dos medicamentos. É um elemento essencial nos agentes antibacterianos e antifúngicos, que revolucionaram o tratamento das infeções humanas.

PVC e dioxina

Dioxina é um termo coletivo usado para um grupo de 210 substâncias que pertencem a família das dibenzo-paradioxinas e dibenzo-furanos. A Agência de Pesquisa e Desenvolvimento de Energia do Estado de Nova York concluiu que a presença ou ausência do PVC não possui efeito na quantidade de dioxina produzida no processo de incineração de lixo. Pelo contrário, o instituto descobriu que as condições de operação do incinerador são a chave da formação da dioxina.

Estudos mais recentes, realizados pela Sociedade Americana de Engenheiros Mecânicos (ASME), nos quais foram analisados 580 incineradores, comprovam que não existe correlação entre a quantidade de PVC presente no lixo e a de dioxina gerada no processo de combustão.

Excelente ecobalanço

O PVC tem um ecobalanço positivo, desde a extração da matéria-prima até seu destino final. É composto por 57% de cloro, derivado do sal comum, um recurso barato, fácil de ser industrializado e inesgotável. Suas reservas são estimadas em 37.000 trilhões de toneladas. Os outros 43% são de derivado do petróleo (eteno). Além disso, gera baixa quantidade de CO_2, consome pouca energia e é reciclável. Por suas propriedades estabilizadoras, o PVC não contamina o lençol freático em aterros sanitários.

Vida útil longa em 88% dos produtos

O maior usuário do PVC é a construção civil, setor que necessita de produtos com vida útil longa. Menos de 6% do PVC é destinado a fabricação de embalagens, o que o faz pouco representativo no lixo domiciliar, com apenas 0,7% do seu peso.

O ciclo de vida dos produtos a base de PVC é:

- 64% de 15 a 100 anos;
- 24% de 2 a 15 anos;
- 12% de até 2 anos.

Fácil reciclagem

A presença do cloro no PVC funciona como um "marcador", permitindo que os equipamentos automáticos separem os recipientes de PVC dos outros plásticos no fluxo do lixo. Isso facilita, economicamente, a reciclagem desse plástico em grande escala. O PVC reciclado é destinado à fabricação de eletrodutos, pisos, solados para calçados, mangueiras de jardim, entre outros produtos.

Alternativa de energia

O PVC e os demais plásticos são os principais componentes energéticos do lixo, por seu alto poder calorífico. Um quilo de plástico tem mais capacidade de combustão do que a mesma quantidade de carvão. Os avanços tecnológicos nos sistemas de incineração e a falta de áreas para a instalação de aterros sanitários são as principais razões para a crescente utilização da recuperação energética do lixo urbano. Na Alemanha, 35% desse lixo é destinado a recuperação energética e a expectativa é que esse número salte para 75% até 2005. No Japão, 62% do lixo é tratado por esse processo.

5.7 TUBO DE PLÁSTICO AMANCO PPR

1. Os produtos da linha Amanco PPR são fabricados em Polipropileno Copolímero Random tipo 3, de acordo com a Norma Europeia ISO 15874/99: Plastics Piping Systems for Hot and Cold Water Installations – Polypropylene (PP), superando as especificações exigidas pela Norma Brasileira NBR 7198/93: Projeto e Execução de Instalações Prediais de Água Quente.

2. O sistema Amanco PPR permite operar à temperatura de serviço de 80 °C a 60 m.c.a. por 50 anos, suportando temperaturas ocasionais de 95 °C a 60 m.c.a., em razão da eventual desregulagem do sistema de aquecimento, provocada por falha, ou não realização de manutenção.

3. O sistema Amanco PPR permite operar à temperatura de serviço de 0 °C a 5 °C (águas geladas), com uma pressão de serviço de até 200 mca, devendo a tubulação ser protegida com isolante térmico do tipo manta de polietileno expandida, evitando assim o fenômeno de condensação, ocorrido quando a temperatura no interior da tubulação é muito baixa em relação à do ambiente em que está inserida.

4. No caso de congelamento da água, em virtude do tensionamento provocado pelo aumento de volume do fluido no interior da tubulação, o produto fica mais sensível a impactos. Sendo assim, devemos proteger o sistema contra os impactos mecânicos externos.

5. Em casos de exposição da tubulação às intempéries, é necessário o recobrimento de toda a instalação com fita reflexiva.

6. A Amanco Brasil Ltda., garante integralmente os produtos instalados, desde que o projeto e a instalação estejam em conformidade com a NBR 7198/93: Projeto e Execução de Instalações Prediais de Água Quente, Manual Técnico do produto e com as instruções do fabricante.

5.8 TUBULAÇÕES PLÁSTICAS, VIDA ÚTIL E CUSTO BENEFÍCIO

A vida útil (durabilidade) de uma tubulação numa instalação depende do material da mesma e das condições de uso deste material. Não é fácil se estabelecer, com precisão, esta vida útil, mas uma estimativa razoável pode ser feita. Há vários fatores que influenciam esta estimativa, para os diversos tipos de materiais, basicamente : os tipos das juntas (conexões), condições de exposição (embutida em argamassa ou concreto) ou aparente (sujeita a variações térmicas, com dilatação e retração, incidência de radiação solar), oscilações de pressão interna, temperatura e natureza do líquido transportado (água fria, quente, esgoto, águas pluviais), movimentações estruturais etc. A argamassa na qual a tubulação estiver envolvida é um dos principais fatores de risco para a mesma.

Além dos fatores acima, há a se considerar o fator a água potável, sim, pois existem águas com diferentes sais minerais e outros componentes químicos que, apesar de estarem presentes em pequena concentração, ao longo do tempo acabam por avariar tubulações de aço galvanizado. Uma mesma tubulação, do mesmo fabricante e do mesmo lote de fabricação pode ter vida útil de 20 anos numa certa região e uma durabilidade de apenas 10 anos em outra, assim como há tubulações de aço galvanizado com 40 anos de uso e somente agora apresentando problemas de vazamentos. Do mesmo modo, uma tubulação usual, de PVC marrom ou branco teria uma vida útil longa, em condições normais, de cerca de 50 anos. Mas, instalados numa cobertura, sobre a laje, sujeitos à ação dos raios solares, variações térmicas, dilatações constantes, falta de apoios adequados, apresentarão problemas em curto prazo, face a esta utilização inadequada, sem as proteções devidas.

As atuais vantagens de utilização de um sistema em plástico Amanco (PVC, PPR, PEX ou CPVC), são inequívocas, pois atendem, plenamente, aos requisitos técnicos necessários, atendem às normas técnicas de materiais, de execução e de desempenho, com vida útil elevada, maior desempenho hidráulico, redução de ruídos, elevada resistência á corrosão, facilidade de manuseio e de execução. A linha Amanco apresenta uma enorme variedade de produtos para o sistema predial, complementando as tubulações, facilitando a instalação e dando uma nova dimensão à qualidade do sistema, como um todo, integrando-se à nova tecnologia e aos novos conceitos de instalações prediais.

Todos os tipos de tubos Amanco são intercambiáveis entre si, o que facilita a manutenção.

Os tubos plásticos Amanco (PVC, PPR, PEX ou CPVC), possuem plenas condições de substituir qualquer outro tipo de tubulação, para instalações hidráulicas prediais, no âmbito das Normas Brasileiras da ABNT. Além de tudo isto, há a se considerar o fator custo, bastando uma simples comparação do custo inicial, afora o custo de manutenção, lembrando-se, sempre, da elevada vida útil, por volta de 50 anos, para se verificar a enorme vantagem em se utilizar um produto Amanco.

Aqui você pode fazer as suas anotações

6 SISTEMAS ELEVATÓRIOS

6.1 INTRODUÇÃO

Como já visto, no sistema indireto com bombeamento, a água chega a um reservatório inferior (normalmente, um reservatório enterrado para se economizar área útil) e daí a água é elevada para um reservatório superior, que alimenta todo o sistema.

A elevação da água se faz por bombas, equipamentos mecânicos para elevar fluídos, com auxílio de energia mecânica externa (motor elétrico, acionamento manual etc.). A água deve ser elevada de modo que possa abastecer o sistema predial de água fria.

6.2 TIPOS

Existem muitos tipos de bombas, como centrífugas, de êmbolo (pistão), injetoras, a ar comprimido, carneiro hidráulico etc. A mais utilizada, atualmente, nos sistemas prediais é a bomba centrífuga, que será objeto destes estudos, além de informações sobre o sistema hidropneumático.

6.2.1 Sistema com bombas centrífugas

O conjunto elevatório é composto de:

- bombas centrífugas (duas unidades, sendo uma de reserva);
- motores elétricos de indução (um para cada bomba);
- tubulações de sucção e de recalque;
- registro de gaveta;
- válvulas de retenção na tubulação de sucção ("válvula de pé", com crivo) e na tubulação de recalque;
- comando automático (automático de boia);

- quadros elétricos de comando;
- eventualmente uma válvula antigolpe de aríete.

Equipamento que transfere água de um nível inferior para outro, de maior altura, a bomba apresenta o seguinte esquema geral de seu funcionamento:

- sucção – ocorre no trecho entre a válvula de pé e o eixo da bomba;
- recalque – ocorre entre o eixo da bomba até o eixo da posição de saída da tubulação.

O trecho AB é de sucção ou seja, a pressão da água é inferior à pressão atmosférica e o trecho BC é de recalque, ou seja, a pressão da água é superior à pressão atmosférica.

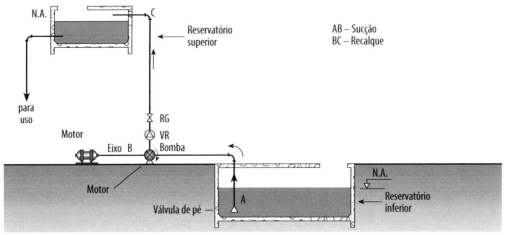

FIGURA 6.1 Esquema geral de um sistema elevatório, com a posição dos principais elementos.

A bomba está ligada a um eixo girado pelo motor. Interno à bomba acha-se um rotor, peça que, girando em torno do eixo, dá impulso de expulsão à água dentro da bomba, propiciando uma ação centrífuga, que ocasiona a elevação da água e permite que nova quantidade de água entre na bomba, tornando, assim, contínuo o bombeamento.

É o motor que dá rotação à bomba, o que resulta na elevação da água. A rotação do eixo depende exclusivamente das características do motor elétrico, independentemente de qualquer potência demandada pela bomba. Em razão do acoplamento entre o eixo do motor e o eixo da bomba, a rotação desta é igual à do motor.

A escolha do motor deve ser cuidadosa. Um motor com excesso de potência, desnecessariamente, ocasionará problemas com a concessionária de energia elétrica.

Se o motor tiver capacidade menor do que a necessária, em pouco tempo se queimará; enquanto isso não ocorrer, girará com rotação normal. Na retirada do motor para manutenção, em geral é possível instalar outro, de dimensão comercial imediatamente inferior, por curto período, até a recolocação do motor original.

6 – Sistemas Elevatórios

Atualmente, as bombas de pequeno porte utilizadas nas instalações prediais são do tipo monobloco, com o suporte do motor aparafusado ao da bomba formando um único conjunto, de fácil instalação.

As peças acessórias têm as seguintes funções:

- Válvula de retenção (válvula de pé): impede que, com a parada do bombeamento, a água da tubulação de sucção retorne ao reservatório inferior, peça fundamental do sistema, permite a passagem da água apenas em uma direção, vedando-a no sentido contrário do fluxo; localiza-se no início da tubulação de sucção, e na sua parte inferior tem um crivo (tela plástica ou metálica), para impedir a sucção de eventuais detritos.

- Tubulação de sucção: conduz a água succionada até a bomba.

- Tubulação de recalque: conduz a água da bomba até o seu ponto de deságue.

  NOTA:

  Estas tubulações são as mesmas utilizadas no restante do sistema predial, observada a pressão máxima admissível, incorporando as eventuais pressões dinâmicas.

- Válvula de retenção: evita que a água na tubulação de recalque retorne quando parar o bombeamento, minimizando o golpe de aríete.

- Registro de gaveta: fechado, permite reter a água na tubulação de recalque na eventual retirada da válvula de retenção para reparos.

- Comando automático (automático de boia): dispositivo que se apresenta sob vários tipos e formas, liga e desliga automaticamente a bomba quando necessário, ao longo do dia, em função dos níveis dos reservatórios; possui peças metálicas (hastes), ligadas a flutuadores (boias) que, conforme os níveis (tanto superior como inferior), faz as hastes se conectarem a peças ligadas ao comando elétrico dos motores das bombas, que são acionados automaticamente. Seu posicionamento é um fator relevante e deve ser analisado; se mal posicionado, pode comprometer o funcionamento do sistema nos horários de pico. Como regra geral:

- bombas ligam-se: reservatório superior com nível de água baixo;

- bombas desligam-se: reservatório superior no nível máximo ou reservatório inferior com nível baixo.

A vazão bombeada dependerá das características da bomba, altura total de elevação, potência do motor e outras peculiaridades do sistema de bombeamento.

Para estimar a potência de um motor que aciona uma bomba hidráulica pode-se usar a expressão:

$$P \text{ (cv)} = Q \times H/40$$

onde Q é a vazão em litros por segundo e H é a altura manométrica total expressa em metros de coluna de água e P é a potência do motor expresso em cavalo vapor (cv).

Exemplo:

$$Q = 9 \text{ L/s } (32,4 \text{ m}^3/\text{h})$$

$$H_{man} = 30 \text{ m, logo}$$

$$P = \frac{Q \times H}{40} = \frac{9 \times 30}{40} \cong 7 \text{ cv}$$

6.2.2 Sistema hidropneumático

No sistema hidropneumático, (vide Item Sistemas de Distribuição), além dos componentes normalmente utilizados para a instalação elevatória, são necessários o reservatório hidropneumático (de pressurização) e seus acessórios, para controle e proteção, conforme Figura 6.2.

O reservatório pressurizado é abastecido, por recalque, pelo reservatório inferior, tão logo o nível de água interno atinja um ponto mínimo. Este reservatório efetua a distribuição de água para a rede, sob pressão. O sistema deverá ter condições de funcionar automaticamente.

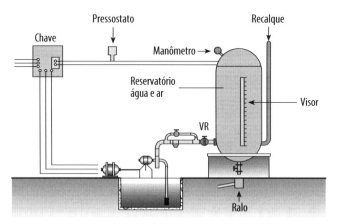

FIGURA 6.2 Esquema geral de um sistema hidropneumático.

6.3 PROJETOS

6.3.1 Critérios e especificações para projeto

6.3.1.1 Bombas

No projeto de um sistema de bombeamento deve-se considerar:

a) Localização do sistema elevatório: depende da posição dos reservatórios, devendo ser junto a estes. O critério básico é utilizar-se o menor comprimento possível para as tubulações de sucção e recalque, em razão das perdas de carga.

6 – Sistemas Elevatórios

b) Altura de recalque e altura de sucção: não há limitação para a altura de recalque, ficando limitada apenas à capacidade de cada bomba. Ao contrário, deve-se sempre colocar limites na altura do trecho de sucção. Essa altura, entendida como a altura geométrica de sucção mais as perdas hidráulicas, nunca deve exceder valores próximos a 5 m ou, no máximo, 6 m. O valor-limite teórico da sucção seria algo próximo a 10 m (pressão atmosférica), mas alturas elevadas de sucção, acima de 5 m podem provocar cavitação no rotor da bomba.

Este fenômeno ocorre pela formação de bolhas de vapor de água no interior da bomba, não só pela altura, mas pelo excesso de velocidade; provoca o choque das bolhas com a carcaça da bomba e o seu contínuo desgaste, com redução da vida útil. É perceptível pela queda de rendimento da bomba, pelo aumento anormal da trepidação e pelo barulho, semelhante a um crepitar metálico.

A preocupação com valores-limite de sucção não deve ser interpretada como recomendação para não utilizar bombas com sucção, a maioria das bombas centrífugas tem sucção e trabalha bem. O que se deve é limitar a altura de sucção a valores máximos.

c) Conjunto elevatório: deve ter uma unidade de reserva e cada conjunto, 100% da capacidade de projeto, assim, é necessário contar com dois conjuntos motor-bomba, idênticos.

d) Ligação das duas bombas a uma única tubulação de recalque: será efetuada de tal forma que, manobrando os registros de gaveta, uma possa ser utilizada independentemente da outra. A tubulação de sucção, porém, deve ser independente para cada conjunto motor-bomba.

e) Duas bombas iguais recalcando simultaneamente para uma mesma tubulação de recalque: a vazão será menor que a soma das vazões de cada bomba recalcando isoladamente para esta mesma tubulação de recalque.

f) Vibração: as vibrações produzidas pelo bombeamento, comprometendo a utilização de certos locais, além de provocar ruídos, devem ser mantidas em limites toleráveis, por meio de bases elásticas (borracha, cortiça etc.), juntas elásticas, braçadeiras etc. A escolha do tipo adequado de isolamento antivibratório depende da frequência das vibrações.

As principais causas das vibrações são:

- Funcionamento com rotação diversa daquela prevista no projeto, geralmente em razão da escolha incorreta do motor.

- Descarga reduzida ou altura de aspiração excessiva.

- Entrada de ar na bomba, (por deficiente vedação nas juntas, ou se o nível de água no reservatório estiver baixo), que vai para a tubulação de sucção.

- Defeitos mecânicos (desgaste de mancais de rolamento da bomba ou do motor elétrico; desgaste de anéis separadores, desgaste de aletas, empeno do eixo etc.).

- Fixação defeituosa (frouxa) permitindo a vibração da carcaça da bomba. A vibração pode ser minorada ou eliminada com melhor fixação da bomba e das tubulações, verificação do alinhamento do conjunto motor-bomba, eliminando defeitos mecânicos ou com aumento da camada de suporte antivibratório.

g) Disposição das bombas: existem dois tipos básicos de disposição, quanto ao nível de água no poço de sucção: acima do reservatório ou em posição inferior, no nível do piso do reservatório (bomba afogada) (veja Figura 6.3)

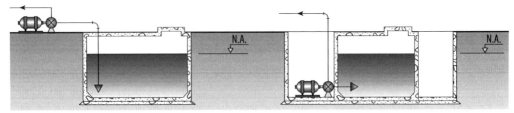

FIGURA 6.3 Bomba acima do nível do reservatório e bomba afogada.

Ambos os sistemas, se bem dimensionados, funcionam corretamente. É mais comum a bomba em nível mais elevado, pois, em geral, permite construção mais econômica e melhores condições de trabalho nas manutenções do sistema. Na posição elevada, junto ao piso, praticamente não necessita manutenção de seu abrigo, além de não estar sujeita a inundações, que fatalmente ocorreriam se estivesse afogada, seja por falhas de impermeabilização do poço ou vazamentos do próprio sistema, com a consequente danificação do equipamento. A experiência aponta para problemas desta natureza em praticamente todas as bombas afogadas, recomendando-se o posicionamento acima do reservatório.

O importante no dimensionamento é a altura manométrica total. Conclui-se, portanto, que uma bomba "afogada" pode ser transferida para um nível superior, transformando-se em bomba de sucção e funcionará da mesma forma, para o mesmo reservatório, ou seja, se a sucção estiver limitada a valores aceitáveis.

h) Aquisição de equipamentos: devem ser de fabricantes que forneçam manual, garantia, assistência técnica etc.

i) Prédios com dificuldade de manutenção, decorrente, por exemplo, da localização; deve-se adotar uma bomba de capacidade imediatamente superior à calculada, para que o sistema trabalhe menos tempo e, consequentemente, tenha menos manutenção e mais vida útil.

j) A bomba deve ser usada exclusivamente para transporte de água entre reservatórios e nunca usada para sucção direta da rede pública ou como pressurizador da rede. Tais usos acarretam a entrada de ar na rede de água fria, causando ruídos e problemas na rede de água fria e na própria bomba, danificando-a. O uso como pressurizador, além dos problemas anteriores, acarreta uma pressão adicional não prevista na rede, podendo causar sérios problemas.

k) As bombas da Amanco constituem-se em um conjunto motor-bomba, com 1/2 HP (35 L/min) ou 1 HP (55 L/min), em 110 ou 220 V. Contam com acionamento automático e regulador de temperatura, para altura máxima de sucção 9 m. Com estas características atendem plenamente a faixa de residências e sobrados, com excelente tempo de enchimento dos reservatórios de capacidades usuais, acoplando-se aos demais produtos Amanco, como o Amanco Eletronível.

6.3.1.2 Motores

Para a instalação de motores elétricos para bombas:

a) eles devem ser do tipo de indução, monofásicos (até 3 cv) ou trifásicos para potências maiores; a rotação dos motores depende exclusivamente do número de polos; os motores de dois polos têm cerca de 3.500 rpm e os de quatro cerca de 1.750 rpm;

b) além de seu acionamento automático, devem também poder ser acionados pelo operador.

6.3.1.3 Tubulações e Acessórios

Tubulações de sucção e recalque

A eficiência da bomba dependerá do assentamento adequado das tubulações de sucção e recalque, cujas montagens deverão atender aos seguintes cuidados principais:

a) as tubulações não deverão transmitir esforços às flanges das bombas;

b) a tubulação de sucção deverá ser a mais curta possível, reduzindo as perdas de carga;

c) na tubulação de recalque deverão ser evitados os pontos altos desnivelados, para que no seu interior não se formem bolsões de ar (Figura 6.4);

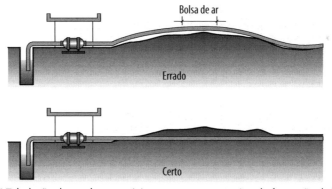

FIGURA 6.4 Tubulação de recalque, posicionamento correto evitando formação de bolsa de ar.

d) prever pontos de saída para drenagem e limpeza do reservatório, ligados a ralos;

e) empregar curvas de raio longo e não joelhos, para reduzir as perdas de carga;

f) instalar luva elástica de separação entre a tubulação da bomba e a estrutura do reservatório para não se transmitirem vibrações que poderão soltar o revestimento impermeabilizante no ponto de contato;

g) observar o distanciamento entre a tubulação de sucção e o fundo do reservatório, bem como a manutenção de um nível mínimo de água, para evitar a aspiração de ar (conforme Figura 6.5);

h) nas alturas manométricas elevadas, as pressões serão grandes, devendo-se considerar sempre a pressão máxima admissível pelo sistema, inclusive das pressões dinâmicas que também ocorrem nos sistemas elevatórios.

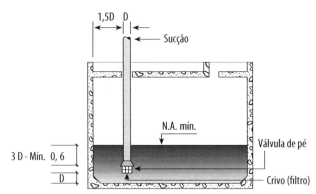

FIGURA 6.5 Esquema da tubulação de sucção, posições relativas em função do diâmetro.

6.4 DIMENSIONAMENTO

6.4.1 Sistema com bomba centrífuga

A instalação elevatória deve ser dimensionada de acordo com a vazão de projeto (consumo diário), não em função apenas do volume do consumo diário, mas, também, do fato de o reservatório superior ser, igualmente, um reservatório regulador de vazão; assim, sua vazão de alimentação deverá atender às demandas variáveis de distribuição, com seus picos de consumo. Na Figura 6.6 acha-se o esquema de consumo diário de um reservatório predial, relacionado a seus horários de pico, aqui em número de três. A partir deste esquema podem ser elaborados outros, específicos para cada caso. Em prédios comerciais e industriais, ocorrem apenas dois horários de pico (nos momentos da refeição e da saída), podendo-se adotar dois períodos de duas horas cada para funcionamento da bomba.

Como se pode ver, a bomba funcionará (partir) mais de uma vez ao longo do dia. O ideal é que tenha o menor número de partidas, para minimizar os efeitos dos picos de corrente de partida do motor, preservar a sua vida útil, propiciar menor manutenção etc. Não se deve adotar uma bomba de menor capacidade que a prevista, que precisará funcionar mais tempo, reduzindo sua vida útil, nem tampouco uma bomba superdimensionada, de valor inicial mais elevado, (custo próprio e da parte elétrica) e maior pico de corrente nas partidas. Observe-se que ambas terão o mesmo número de partidas previstos inicialmente, pois estas decorrem da demanda de consumo (vazão do reservatório).

A vazão mínima estabelecida obriga o máximo funcionamento do conjunto elevatório durante 6,66 h/dia, significando uma vazão horária máxima igual a 15% do consumo diário. Na prática, adota-se o valor 20%, ou seja, a bomba funcionaria no máximo 5 horas por dia. Com base nesta premissa e na observação dos esquemas de consumo, considerar que:

- pelo projeto ficam definidas as alturas geométricas de sucção e de recalque;
- para a fixação do diâmetro de recalque, adotar:

$$D_r = 1{,}3 \times \sqrt{Q} \sqrt[4]{X}$$

onde:

D_r = diâmetro em metros
Q = vazão em m³/s
X = número de horas de funcionamento/24 horas

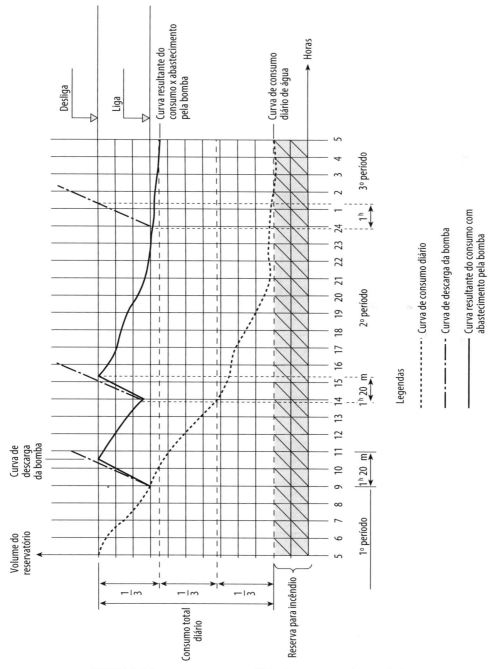

FIGURA 6.6 Esquema de consumo diário de um reservatório predial.

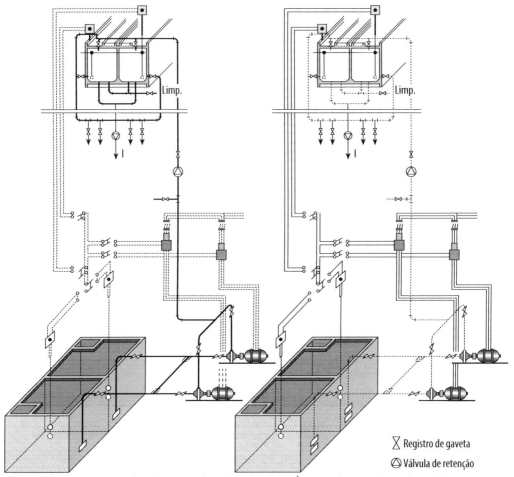

FIGURA 6.7 Sistema elevatório completo (duas bombas). À esquerda, isométrico das tubulações e peças; à direita, isométrico da parte elétrica e do automático da boia.

Pela fórmula apresentada, define-se rapidamente o diâmetro da tubulação de recalque, em função do tempo desejado de funcionamento. O ábaco da Figura 6.8 também pode ser utilizado, sendo de uso mais prático.

Neste ábaco, no eixo horizontal, está representado o número de horas diárias de funcionamento da bomba, no eixo vertical a vazão requerida e, nas diagonais, os diâmetros da tubulação de recalque. Conhecida a vazão e o número de horas desejada, entra-se com os dados e no cruzamento destes encontra-se o diâmetro mais indicado.

- O diâmetro da tubulação de sucção deve ser, no mínimo, um diâmetro nominal superior ao diâmetro do recalque, para diminuir a perda de carga, que é grande no trecho de sucção, em razão das perdas localizadas. As bombas de pequena capacidade podem apresentar o mesmo diâmetro para sucção e recalque, o que é aceitável, em face das pequenas vazões e, consequentemente, pequenas perdas de carga.

- É necessário verificar a velocidade da água, após o cálculo, limitando-se a 3,0 m/s. Quanto mais baixa, menor ruído (é um ponto crítico deste fenômeno, em uma instalação predial) e, também, menor perda de carga.

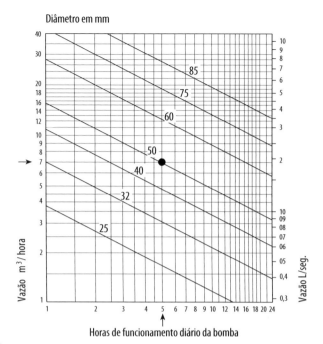

FIGURA 6.8 Ábaco para determinação do diâmetro de recalque em função da vazão e do número de horas de funcionamento previsto para a bomba.

- Conhecendo-se os valores da vazão e dos diâmetros calculados, bem como dos comprimentos de sucção e de recalque (dados geométricos do projeto), pode-se calcular as perdas de carga:

  a) ao longo da canalização reta (ou perdas distribuídas);
  b) nas peças especiais (perdas concentradas).

- As perdas distribuídas podem ser calculadas pelo Ábaco de Flamant e as perdas localizadas usando a Tabela de Comprimentos Equivalentes, ambas apresentadas na Seção Dimensionamento de Água Fria.

- A altura manométrica total é determinada a partir da altura manométrica de sucção e a altura manométrica de recalque. As alturas manométricas serão:

  H Man suc = altura geométrica de sucção (Hgs) + perdas de carga na tubulação de sucção;
  H Man rec = altura geométrica de recalque (Hgr) + perdas de carga na tubulação de recalque;
  H Man total = H Man suc + H Man rec;
  Lr = comprimento da tubulação de recalque;
  Ls = comprimento da tubulação de sucção.

Portanto, apenas dois fatores (variáveis) serão usados para a escolha do tipo da bomba centrífuga: vazão necessária (vazão de projeto) e altura manométrica total. A escolha da bomba não depende dos valores individuais da altura de sucção e recalque, mas do somatório das alturas (mais as perdas) que resultam na altura manométrica total.

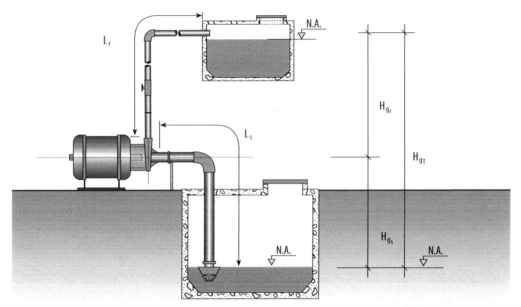

FIGURA 6.9 Esquema geral de um sistema elevatório com as indicações de alturas e comprimentos geométricos (sucção, recalque).

Com estes dados, entra-se na Tabela de Seleção de Bombas Centrífugas (fornecida nos catálogos de fabricantes de bombas) com as duas variáveis necessárias.

Com relação à Tabela de Seleção de Bombas Centrífugas, observar:

- Ao entrar na tabela com os valores de vazão e altura manométrica necessários, caso estes não sejam exatamente os valores constantes da tabela, devem ser adotados como o valor imediatamente superior. Exemplo: altura manométrica 19 m significa entrar na tabela com altura manométrica 20; não há razão para interpolar os dados.

- O valor do diâmetro calculado pela fórmula ou pelo ábaco, anteriormente apresentados, pode ter pequena variação com relação ao diâmetro indicado na tabela, para a bomba escolhida. Caso isso ocorra, há necessidade de instalar peças de redução/ampliação nas junções das tubulações com a bomba. Para evitar isso, deve-se adotar o diâmetro encontrado na tabela.

- Uma mesma bomba atende a uma faixa de altura e vazão. Na retirada da bomba para manutenção, outra com menor capacidade (porém, próxima à capacidade original), pode substituí-la, devendo atender à mesma altura manométrica, todavia com menor vazão, essa bomba trabalhará mais e o reservatório demorará um tempo maior para encher, mas ela atenderá as necessidades até a reposição da original. Por exemplo, a troca de uma bomba XY-2 por outra XY-1 acarreta uma redução da vazão original de 7,0 m³/h para 5 m³/h; assim, a bomba substituta terá de trabalhar mais tempo para encher o mesmo reservatório.

- A potência indicada na tabela é a do motor, ou seja, igual ou pouco maior que a potência demandada pela bomba quando está recalcando para a altura manométrica indicada.

6 – Sistemas Elevatórios

311

- Para determinar o novo tempo de recalque, basta entrar no ábaco no eixo vertical, com a nova vazão (5 m³/h), correr na horizontal até a diagonal do diâmetro DN 50 e baixar até encontrar o eixo horizontal, no qual, diretamente se terá o novo tempo de recalque; no caso cerca de 9 horas, o que confirma o anteriormente comentado.

Modelo de fábrica	Potência do motor acoplado (cv)	Diâmetros mínimos		Altura manométrica total (m)						
		Sucção (mm)	Recalque (mm)	12	13	16	18	20	25	30
				Vazão (m³/h)						
XY—1	1	40	32	7,8	7,5	7	6,5	5		
XY—2	1,5	50	40		13	12,5	11,5	7		
XY—3	2	50	40		25	24	22	18	13	
XY—4	3	50	40		27	26	24	20	15	
XT—1	3	40	32						13	11
XT—2	4	40	32						20	17
XT—3	5	40	32						20	16
XT—4	5	60	50					30	28	25
XM—1	7,5	50	40						35	32

TABELA DE SELEÇÃO DE BOMBAS CENTRÍFUGAS
Bombas de 3.500 rpm

Observação:
1. Essa tabela foi composta a partir de dados dos fabricantes e tem objetivos exclusivamente didáticos.
2. Para escolha da bomba, consultar as tabelas dos catálogos dos fabricantes.

DIMENSIONAMENTO

Dados: consumo diário: Cd = 34 m³; tempo de funcionamento da bomba: T = 5 horas, valor adotado, com base na vazão mínima estabelecida que determina que o máximo funcionamento do conjunto elevatório durante 6,66 h/dia, significando uma vazão horária máxima igual a 15% do consumo diário. Na prática, adota-se o valor 20%, ou seja, a bomba funcionaria no máximo 5 horas por dia.

$$Q = \frac{Cd}{T} = \frac{34}{5} \; 6,8 \; m^3/h = 1,9 \; L/s$$

1) Determinação dos diâmetros de recalque e sucção: a partir do ábaco ou da fórmula apresentada, entrando com a vazão e o tempo de funcionamento da bomba, obtém--se Dr = 40 mm e, consequentemente, Ds = 50 mm.

2) Determinação da bomba necessária: são necessários dois dados básicos para entrar na tabela, vazão e altura manométrica. A vazão é conhecida Q = 6,80 m³/h = 1,9 L/s e falta determinar a altura manométrica total. Do isométrico da linha, obtêm-se as

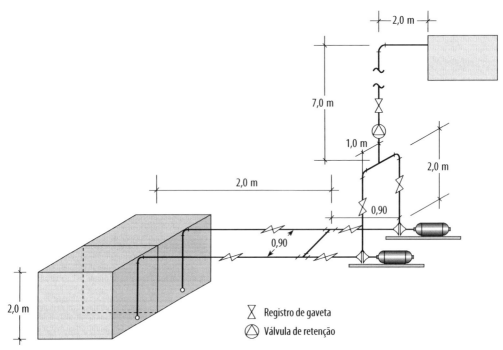

FIGURA 6.10 Conjunto elevatório.

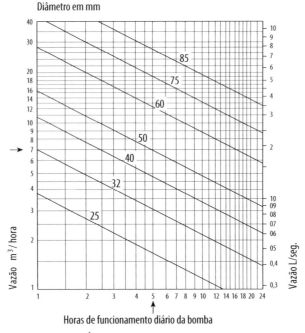

FIGURA 6.11 Ábaco para encontrar o tempo de recalque.

COMPRIMENTOS EQUIVALENTES EM METROS DE TUBULAÇÃO DE PVC RÍGIDO

	Diâmetros								
DN mm	20	25	32	40	50	60	75	85	110
Ref. pol.	1/2	3.4	1	1 1/4	1 1/2	2	1 1/2	3	4
Joelho 90°	1,1	1,2	1,5	2,0	3,2	3,4	3,7	3,9	4,3
Joelho 45°	0,4	0,5	0,7	1,0	1,0	1,3	1,7	1,8	1,9
Curva 90°	0,4	0,5	0,6	0,7	1,2	1,3	1,4	1,5	1,6
Curva 45°	0,2	0,3	0,4	0,5	0,6	0,7	0,8	0,9	1,0
TE 90° passagem direta	0,7	0,8	0,9	1,5	2,2	2,3	2,4	2,5	2,6
TE 90° saída de lado	2,3	2,4	3,1	4,6	7,3	7,6	7,8	8,0	8,3
TE 90° saída bilateral	2,3	2,4	3,1	4,6	7,3	7,6	7,8	8,0	8,3
Entrada normal	0,3	0,4	0,5	0,6	1,0	1,5	1,6	2,0	2,2
Entrada de borda	0,9	1,0	1,2	1,8	2,3	2,8	3,3	3,7	4,0
Saída de canaliza-ção	0,8	0,9	1,3	1,4	3,2	3,3	3,5	3,7	3,9
Válvula de pé e crivo	8,1	9,5	13,3	15,5	18,3	23,7	25,0	26,8	28.6
Válvula retenção leve	2,5	2,7	3,8	4,9	6,8	7,1	8,2	9,3	10,4
Válvula retenção pesado	3,6	4,1	5,8	7,4	9,1	10,8	12,5	14,2	16,0
Registro globo aberto	11,1	11,4	15,0	22,0	35,8	37,9	38,0	40,0	42,3
Registro gaveta aberto	0,1	0,2	0,3	0,4	0,7	0,8	0,9	0,9	1,0
Registro ângulo aberto	5,9	6,1	8,4	10,5	17,0	18,5	19,0	20,0	22,1

alturas geométricas de sucção e recalque, bem como a determinação do número e do tipo de peças que serão utilizadas na linha. A partir destes dados, utilizando-se a Tabela de Perdas de Carga e o ábaco de Flamant, efetuam-se os cálculos a seguir, devidamente planilhados, obtendo-se as alturas manométricas de sucção, de recalque e a altura manométrica total, que é o dado faltante.

Com a altura manométrica total, entra-se na Tabela de Seleção de Bombas, pela vertical, até encontrar a vazão requerida. Verifica-se que a bomba mais adequada é a XY-2. Os dados desta bomba indicam um motor de 1,5 cv, com tubulação de sucção com diâmetro 50 mm e de recalque com diâmetro 40 mm. Esta bomba possui tais características se o motor que a aciona tiver rotação de 3.500 rpm, conforme indicado no topo da tabela.

DETERMINAÇÃO DA ALTURA MANOMÉTRICA TOTAL $\text{H man} = \text{Hs} + \text{Js} + \text{Hr} + \text{Jr}$		
Altura da sucção – Hs	**m**	**m.c.a.**
1 Altura geométrica de sucção – Hgs		2,00
2 Comprimento real do trecho (medida total c/D = 50 mm)	5,80	
3 Comprimentos equivalentes (tabela perdas de cargas localizadas) 1 válvula de pé com crivo 1 curva 90° raio longo 2 registros de gaveta (2 × 0,8) 2 TEs de saída lateral (2 × 7,6)	23,70 1,30 1,60 15,20	
4 Comprimento toal – Lt s (somatório real + equivalente)	47,60	
5 Com a vazão 1,9 L/s e o D = 50 mm, entra-se no ábaco de Flamant e se obtém: Ju s = 0,06 m/m e V = 1,40 m/s		
6 Perda de carga na sucção: Js = Js × Lt s = 0,06 × 47,60		2,86
7 *Altura manométrica de sucção*		*4,86*
Altura de recalque – Hr	**m**	**mca**
1 Altura geométrica de recalque – Hgr		9,00
2 Comprimento real do trecho (medida total c/D = 40 mm)	12,00	
3 Comprimentos equivalentes (tabela perdas de carga localizadas) 2 registros de gaveta (2 × 0,7) 1 válvula de retenção leve 2 curvas 90° raio longo (2 × 1,2) 1 TE de saída lateral 1 saída de tubulação	1,40 6,80 2,40 7,30 3,20	
4 Comprimento total – Lt r (somatório real + equivalente)	33,10	
5 Com a vazão 1,9 L/s e o D = 40 mm, entra-se no ábaco de Flamant se obtém: Jr = 0,15 m/m e v = 2,20 m/s		
6 Perda de carga na sucção: Jr = Jr × L tr = 0,15 × 33,10		4.97
7 *Altura manométrica de recalque*		*13,97*
8 *Altura manométrica total*		*18,82*

Observação: Hs = altura geométrica da sucção; Hr = altura geométrica de recalque; Js = perda de carga na sucção; Jr = perda de carga no recalque.

6 – Sistemas Elevatórios

Tubos de PVC rígido

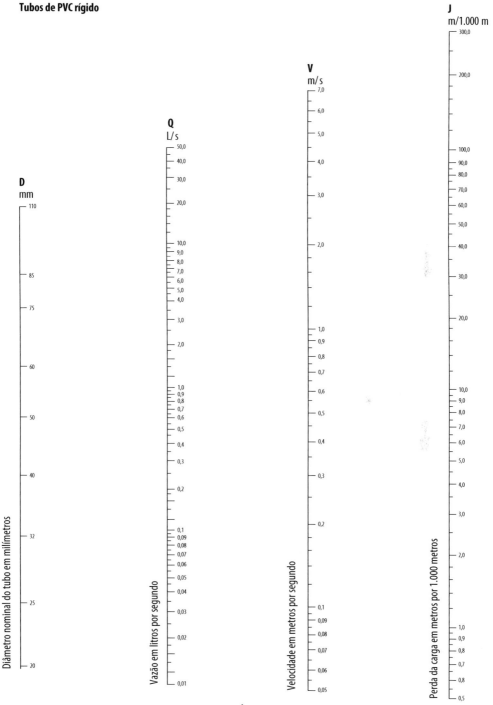

FIGURA 6.12 Ábaco de Flamant.

Nota:

A coluna de perdas de carga (J) está em m/1000 m e os cálculos são efetuados em m/m.

6.4.2 Sistema hidropneumático

A vazão de dimensionamento da instalação hidropneumática deve ser a mesma vazão máxima provável utilizada no dimensionamento do barrilete e colunas, sendo que a instalação deve operar seis vezes por hora, no máximo.

O dimensionamento observa as mesmas prescrições da instalação com bombas centrífugas, mas o reservatório hidropneumático deve ser dimensionado convenientemente para vazão Q em m³/h e N = número de ligações previsto.

Considerando que este reservatório e seus acessórios são adquiridos em conjunto, deve-se atentar para as prescrições dos fabricantes, em função das características próprias de cada equipamento.

6.5 SISTEMA DE BOMBEAMENTO DE ESGOTOS

A NBR 8160/99 faz observações específicas sobre o bombeamento de esgotos no seu item 5.1.6 – Instalação de Recalque.

Os aparelhos sanitários devem ser ligados, preliminarmente, à caixa de inspeção e esta à caixa coletora. Caso haja somente águas de lavagens de pisos ou de automóveis, podem ser dispensadas as caixas de inspeção, ligando-se diretamente a uma caixa sifonada, de diâmetro mínimo de 400 mm, a qual se ligará à caixa coletora. Somente o volume de esgotos da parte inferior à via pública deve ser elevado mecanicamente e o restante deve ser esgotado por gravidade.

6.5.1 Caixa coletora

A caixa coletora deve atender às seguintes características:

a) profundidade mínima: 0,6 m, em função das necessidades de instalação das tubulações e acessórios; caso receba efluente de vaso sanitário, esta profundidade deve ser aumentada para 0,90 m, a contar da geratriz inferior da tubulação afluente mais baixa;

b) superfície do fundo: inclinada, para impedir a deposição de matérias sólidas quando a caixa for completamente esvaziada;

c) capacidade: calculada em função do volume a ser recebido, para evitar a frequência exagerada de partidas e paradas do conjunto elevatório, o que ocorre se for subdimensionada; por outro lado, não deve ter dimensões exageradas, de modo a evitar a ocorrência do estado séptico;

d) características: impermeabilizada, com dispositivos adequados para inspeção e limpeza e, caso receba efluentes de vasos sanitários, provida de tampa hermética;

e) ventilação: caso receba efluentes de vasos sanitários ou mictórios, deve possuir tubo ventilador primário, independentemente de qualquer outra ventilação da instalação do esgoto do prédio; o diâmetro desta ventilação deve ser, no mínimo, igual ao diâmetro da tubulação de recalque.

6.5.2 Bombas

As bombas para esgoto devem atender aos seguintes requisitos:

a) devem ser específicas para esgotos, à prova de obstrução por águas servidas, massas e líquidos viscosos;

b) deve haver dois grupos motor-bombas com funcionamento alternado, de modo a garantir a continuidade do sistema, em caso de avaria de um deles;

c) as bombas para recalque de esgotos de efluentes de vasos sanitários devem ter capacidade para permitir a passagem de esferas de 60 mm de diâmetro e o diâmetro nominal mínimo da tubulação de recalque deve ser DN 75. Caso os efluentes não incluam os de vasos sanitários, a exigência para bombas se reduz àquelas com capacidade de passagem de esferas de 18 mm de diâmetro e o diâmetro mínimo da tubulação de recalque também se reduz a DN 40;

d) a tubulação de sucção deve ser independente para cada bomba, ligando-se a uma única tubulação de recalque;

e) o funcionamento deve ocorrer por comando automático, comandado por chaves magnéticas, conjugadas com a chave de boia, e também permitir o acionamento manual, pelo operador, além de conter dispositivo de alarme (sonoro), sempre que houver falha do motor, ou seja, caso o sistema seja acionado e não ocorrer a partida do motor;

f) a tubulação de recalque deve desaguar em nível superior ao do logradouro, de maneira a impedir eventuais refluxos e conter válvula de retenção e registro;

g) ejetores a ar comprimido são recomendados em determinados locais, como hospitais e indústrias, nos quais o tipo de material contido no esgoto pode danificar as bombas. No caso de ejetores, as tubulações devem ter o diâmetro mínimo igual a DN 75 e o reservatório de ar comprimido deve ter capacidade mínima para três descargas completas de ejetor.

NOTAS:

1. Tomados os cuidados recomendados, o dimensionamento de bombas, motores e tubulação do bombeamento de esgoto segue os mesmos critérios hidráulicos do bombeamento de água. Hidraulicamente, "o esgoto é água", frase de autoria do Prof. Azevedo Netto.

2. As tubulações de sucção e recalque, em um sistema de bombeamento de esgoto ou água pluvial, devem ser adequadas à pressão existente nas instalações.

6.6 SISTEMA DE BOMBEAMENTO DE ÁGUAS PLUVIAIS

A NBR 10844/81 – Instalações Prediais de Águas Pluviais não faz prescrições para o caso de bombeamento de águas pluviais. São usuais, entretanto, os casos de bombeamento de águas pluviais em pontos baixos do terreno (abaixo do nível da rua), bem como no escoamento de águas de drenagem do subsolo ou provenientes de rebaixamento do lençol freático. As águas provenientes do nível da via pública ou superior a esta devem ser esgotadas por gravidade.

Por analogia, as recomendações do bombeamento de água fria e esgoto estendem-se para o bombeamento de águas pluviais e dos outros tipos citados, havendo necessidade de proteção do sistema, por meio de caixas de areia, as quais reterão eventuais sólidos.

Não é permitida pelas normas a ligação de redes de esgoto em redes de águas pluviais, pela incompatibilidade dos sistemas; portanto, não se deve efetuar a unificação destes dois sistemas elevatórios, geralmente visando economia. Se chover e a bomba não funcionar (por avaria ou falta de energia elétrica), a caixa coletora poderá transbordar e existindo unificação, trará o conteúdo do esgoto, além das águas pluviais.

No período de estiagem, o sistema pode ficar meses sem funcionar, ocorrendo algum defeito, sendo, portanto, necessária a manutenção. Esta deve ocorrer, particularmente, na véspera do período chuvoso. Embora o sistema funcione pouco tempo ao longo do ano, é necessário assegurar sua permanente capacidade de atuação, para garantir a retirada das águas pluviais. A interrupção do sistema pode causar a inundação dos pavimentos inferiores, com grandes prejuízos.

Quedas de energias, comum em tempestades, interrompem o funcionamento das bombas, que assim necessitam de sistemas alternativos (gerador) para serem acionadas, o que deve ser previsto pelos projetistas. O funcionamento do sistema deve ocorrer por comando automático, com as mesmas características e recomendações do sistema para esgotos.

As águas de lavagem de subsolos são encaminhadas para a caixa coletora do sistema de bombeamento de águas pluviais.

6.6.1 Caixa coletora

A caixa coletora deverá atender às seguintes recomendações:

a) profundidade mínima: 1 m, em função das necessidades de instalação das tubulações e acessórios;

b) superfície do fundo: inclinada, de modo a impedir a deposição de resíduos quando a caixa for completamente esvaziada;

c) capacidade: calculada em função do volume a ser recebido, de modo a evitar a frequência exagerada de partidas e paradas do conjunto elevatório, o que ocorre no caso de ter sido subdimensionada;

d) características: impermeabilizada, com dispositivos adequados para inspeção e limpeza.

6 – Sistemas Elevatórios

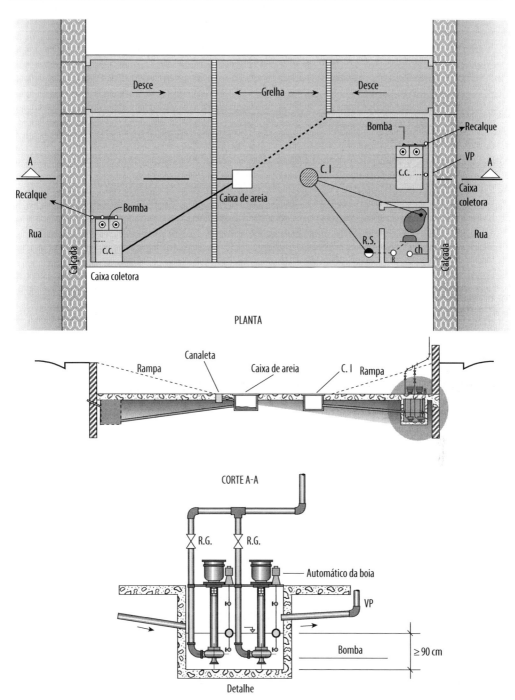

FIGURA 6.13 Planta de um subsolo com captação de águas pluviais e caixa coletora de esgotos, sistemas independentes.

6.7 CUIDADOS DE EXECUÇÃO

Recomenda-se levar em conta:

- Na compra de um conjunto motor-bomba, devem acompanhar o equipamento manuais, fornecidos pelos fabricantes, de instruções referentes a instalação, operação e manutenção, com desenhos e recomendações técnicas específicas para as ligações hidráulicas e elétricas; observar essas recomendações é fundamental, em face das características próprias de cada equipamento, bem como para definir a responsabilidade por eventuais avarias.

VERIFICAR

- o esquema de ligação das bombas (elétrico e hidráulico);

- a colocação de luvas nas passagens da tubulação pelas paredes dos reservatórios, no sistema de água fria;

- o bom funcionamento: pelo som uniforme do motor, pouca vibração e atendimento da altura manométrica e vazão da bomba;

- o alinhamento do conjunto motor-bomba;

- a correta execução dos detalhes de projeto;

- as recomendações do fabricante, cuidadosamente, em relação aos procedimentos, quando da primeira partida da bomba;

- se o diâmetro da tubulação de sucção é, no mínimo, um diâmetro nominal superior a da tubulação de recalque;

- o correto posicionamento do registro de gaveta da tubulação de recalque, acima da válvula de retenção;

- se há previsão de alternância de uso para evitar que um conjunto motor-bomba fique muito tempo parado;

- os diversos detalhes construtivos (conferir os desenhos do projeto);

- a colocação de válvula de retenção (válvula de pé), com o respectivo crivo, pois frequentemente esta especificação do projeto é negligenciada, prejudicando o sistema;

- se o grupo motor-bomba está bem posicionado, com o devido apoio e proteção, evitando vibrações e ruídos;

- antes de ligar uma bomba, verifique se toda a tubulação de sucção está cheia de água, bem como o corpo da bomba, nunca ligue uma bomba sem água;

- a tubulação de sucção deverá ter um pequeno declive no sentido da bomba para que não se acumulem bolhas de ar;

- visando facilitar a colocação e retirada da bomba d'água, quando de manutenções, recomenda-se na instalação o uso de uniões, próximos à bomba, nas linhas de sucção e recalque.

7 A ARQUITETURA E OS SISTEMAS HIDRÁULICOS

7.1 INTERFERÊNCIAS ARQUITETÔNICAS

As principais interferências dos projetos de instalações prediais em uma obra civil são basicamente com o projeto arquitetônico e com o projeto estrutural.

Para que o projeto se desenvolva com harmonia, o ideal é que haja uma interação prévia entre os profissionais envolvidos (arquiteto, calculista e projetista hidráulico). Estes profissionais, imbuídos desta visão harmônica, obterão as melhores soluções que atendam aos interesses econômicos e necessidades técnicas.

Infelizmente, esta interação, apesar de procurada, nem sempre consegue resultados ideais para os três elementos envolvidos. A prática mostra, com muita clareza, que as adaptações e correções posteriores, quer na fase da construção ou com a obra pronta, demandam tempo maior, com custos mais elevados e limitações para a plena utilização da edificação.

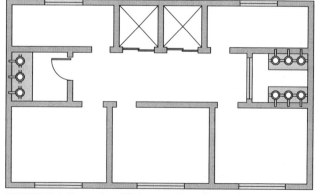

FIGURA 7.1 Planta de edifício, com áreas destinadas aos poços de dutos (fácil manutenção).

A própria NBR 5626/82 recomenda, no seu item 3.4:

O desenvolvimento do projeto das instalações de água fria deve ser conduzido concomitantemente, e em conjunto (ou em equipe de projeto), com os projetos de arquitetura, estrutura e de fundações do edifício, de modo que se consiga a mais perfeita harmonia entre todas as exigências técnico-econômicas envolvidas.

Quanto às tubulações, podem estar instaladas de duas maneiras: embutidas (total ou parcialmente em alvenaria) ou aparentes.

O ideal é que fiquem totalmente aparentes, ou perfeitamente inspecionáveis, com total independência das estruturas e das alvenarias. O que nem sempre é possível, por razões arquitetônicas ou funcionais do edifício comercial, mas é uma prática comum nas instalações industriais. Uma tubulação que seja facilmente inspecionável é mais importante que ser aparente. Este ideal explica-se pelo fato de evidenciarem de imediato as eventuais avarias do sistema, particularmente vazamentos, facilidade de manutenção e, principalmente, maior conforto para os usuários, eliminando-se demolições para acesso ao sistema.

A adoção de espaços livres para passagem de tubulações, quer no sentido vertical como no horizontal, facilitam sobremaneira não só o projeto, como também a execução, além da operação e manutenção. Estes espaços são propiciados, no sentido vertical, pelos chamados *shafts* ou dutos (ou, ainda, dentes) e no sentido horizontal são utilizados os forros. No sentido vertical podem ser empregadas paredes falsas para "esconder" as tubulações e peças, ou serem previstas já em projeto, com aberturas convenientemente localizadas, para manutenção e operação. Esta sistemática é de fundamental importância para a definição de um bom projeto de instalações. Observe-se que este posicionamento das tubulações, via de regra, evita o cruzamento com vigas e, no caso de construções com alvenaria estrutural, são obrigatórios, em razão da função portante destas alvenarias.

A adoção de forro de gesso ou similares, eliminando-se os antigos rebaixos em lajes é um tópico de capital importância para a qualidade de um projeto, simplificando a execução, diminuindo a carga na estrutura, reduzindo custos e facilitando a posterior manutenção, por não haver necessidade de rasgos na alvenaria.

Estas sistemáticas permitem, ainda, a possibilidade de adoção de "kits hidráulicos", ou seja, soluções padronizadas, de forma a facilitar a montagem, execução, fiscalização etc.

Quanto ao local das bombas de recalque, por segurança, deve ter seu acesso vedado a terceiros, bem como deve-se atentar para a questão do ruído que o sistema produz, por melhor que esteja instalado. Outras questões importantes são as dimensões adequadas, ventilação natural e iluminação do local da "casa de bombas " para facilitar as operações de comando de registros e a eventual retirada dos equipamentos, quando de sua manutenção.

Caso haja imperiosa necessidade de transposição de elementos estruturais, esta passagem deve ser prevista pelo calculista de estruturas, previamente. Elas jamais devem ser totalmente embutidas em concreto, com exceção dos trechos de transposição destas estruturas, mas de maneira adequada às normas de concreto armado, bem como com a devida folga, evitando-se a fixação na estrutura, tendo em vista que estas são submetidas a esforços, além de se dilatarem, o que pode vir a danificar as tubulações. Além disto, deve haver na referida passagem condições de montagem e desmontagem das tubulações. É totalmente desaconselhável, sob quaisquer aspectos, o embutimento de canalizações em pilares. Em caso de avaria, a manutenção não tem meios de acessar a tubulação sem ocasionar danos ao pilar e colocar em risco a estrutura.

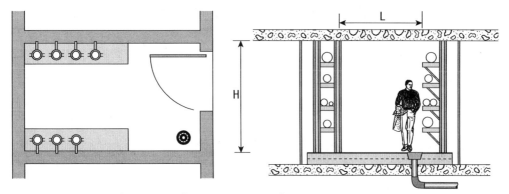

FIGURA 7.2 Planta e corte do poço, com área suficiente para acesso aos equipamentos.

7.2 ARQUITETURA DE SANITÁRIOS

A Seção Critérios de Projeto, na água fria, no esgoto e nas águas pluviais fornecem subsídios para as interfaces do projeto de arquitetura com as instalações hidráulicas.

As instalações hidráulicas destinam-se, principalmente, a servir banheiros e cozinhas. Analisando-se as prescrições legais para banheiros e que dizem respeito a sua inter-relação com as instalações hidráulicas prediais, tem-se, como orientação primeira para o estudo, o número e localização de banheiros e serão transcritas como sugestão, informações oriundas do Código de Obras e Edificações do Município de São Paulo (Lei n. 11228 de 25/06/92, item 14). A transcrição é parcial e restrita ao interesse desta publicação. Seguramente, esta Lei, preparada por grupo de especialistas, traduz uma valiosa experiência que pode ser seguida por leitores que estejam em outros municípios que não o de São Paulo:

14.1 Quantificação
14.1.1 As edificações destinadas ao uso residencial unifamiliar e multifamiliar deverão dispor de instalações sanitárias nas seguintes quantidades mínimas:
   a) casas e apartamentos 1 (uma) bacia, 1 (um) lavatório e 1 (um) chuveiro;
   b) áreas de uso comum de edificações multifamiliares 1 (uma) bacia, 1 (um) lavatório e 1 (um chuveiro, separado por sexo;

As demais edificações deverão dispor de instalações sanitárias nas seguintes quantidades mínimas:

   a) hospitais ou clínicas com internação, hotéis e similares:
      1 (uma) bacia, 1 (um) lavatório e 1 (um) chuveiro para cada 2 (duas) unidades de internação ou hospedagem e 1 (um) bacia e 1 (um) lavatório para cada 20 (vinte)

pessoas nas demais áreas, descontadas deste cálculo as áreas destinadas a internação ou hospedagem;

b) locais de reunião: 1 (uma) bacia e 1 (um) lavatório para cada 50 (cinquenta) pessoas,

c) outras destinações: 1 (uma) bacia e um lavatório para cada 20 (vinte) pessoas.

14.1.2 Quando o número de pessoas for superior a 20 (vinte) haverá, necessariamente, instalações sanitárias separadas por sexo;

14.1.3 A distribuição das instalações sanitárias por sexo será decorrente da atividade desenvolvida e do tipo de população predominante;

14.1.4 Nos sanitários masculinos, 50% (cinquenta por cento) das bacias poderão ser substituídas por mictórios;

14.1.5 Toda a edificação não residencial deverá dispor, no mínimo, de uma instalação sanitária por sexo, distante no máximo 50 m (cinquenta metros) de percurso real de qualquer ponto podendo se situar em andar contíguo ao considerado;

14.1.6 Será obrigatória a previsão de, no mínimo, uma bacia e um lavatório, por sexo, junto a todo compartimento destinado a consumação de alimentos situado no mesmo pavimento deste;

14.1.7 Serão providos de antecâmara ou anteparo as instalações sanitárias que derem acesso direto à compartimentos destinados à trabalho, refeitório ou consumo de alimentos;

14.1.8 Quando em razão da atividade desenvolvida for prevista a instalação de chuveiros, estes serão calculados na proporção de um para cada 20 (vinte) usuários;

14.1.9 Serão obrigatórias instalações sanitárias para pessoas portadoras de deficiência física, na relação de 3% (três por cento) da proporção estabelecida no item 14.1.2. nos seguintes usos:

a) locais de reunião com mais de 100 (cem) pessoas;

b) qualquer outro uso com mais de 600 (seiscentas) pessoas.

14.2 Dimensionamento

As instalações sanitárias serão dimensionadas em razão do tipo de peças que contiverem, conforme tabela a seguir:

14.2.1 Os lavatórios e mictórios coletivos dispostos em cocho serão dimensionados à razão de 0,60 m (sessenta centímetros) por usuário;

14.2.2 Quando prevista a instalação de chuveiros, deverá ser dimensionado vestiário com área mínima de 1,20 m² (um metro e vinte centímetros quadrados) para cada chuveiro instalado, excetuada a área do próprio chuveiro.

DIMENSIONAMENTO DE INSTALAÇÕES SANITÁRIAS		
Peça	Largura (m)	Área (m²)
Bacia sanitária	0,80	1,00
Lavatório	0,80	0,64
Chuveiro	0,80	0,64
Mictório	0,80	0,64
Bacia e lavatório	0,80	1,20
Bacia, lavatório e chuveiro	0,80	2,00
Bacia para uso por pessoas portadoras de necessidades especiais	1,40	2,24

Observação: estas dimensões são as mínimas legais.

7 – A Arquitetura e os Sistemas Hidráulicos

A NR-24 – Condições sanitárias e de conforto nos locais de trabalho, do Ministério do Trabalho, parte integrante da Lei n. 6.514 de 28/12/1977, da Consolidação das Leis do Trabalho, apresenta uma completa regulamentação de áreas sanitárias, bem como a maioria dos Códigos Sanitários Estaduais, também regulamenta a questão.

Quanto a tipos especiais de edificações, tais como escolas, hospitais etc., existem manuais técnicos apropriados, geralmente oriundos dos órgãos que efetuam seu gerenciamento ou de entidades governamentais, os quais estipulam os critérios e itens a serem considerados no projeto hidráulico e suas interfaces com a arquitetura, mas isto não exclui uma análise específica de cada caso.

A padronização de soluções para o caso de edificações repetitivas (escolas, conjuntos habitacionais, bibliotecas etc.), ou que tenham operação centralizada (caso de edifícios públicos) é uma necessidade, visando racionalizar os custos de manutenção e operação.

A seguir é apresentada uma Tabela de Instalações Sanitárias Mínimas, originária do *Uniform Plumbing Code* (USA, 1955), para servir de referência aos projetistas.

Alguns tópicos significativos de interações de instalações hidráulicas com a arquitetura de sanitários são os seguintes:

- as torneiras localizadas em boxe de banheiros, antigamente muito utilizadas, foram abolidas por se constatar que causavam muitos acidentes, principalmente com pessoas idosas. A melhor e mais segura prática é a instalação de torneiras na área do sanitário, eventualmente, até mesmo na cozinha, o que permitirá assim, o uso de baldes para a coleta de água, com mais facilidade. A não utilização de torneira, acaba por induzir a introdução de baldes em lavatórios, o que pode danificá-los;

- não posicionar os chuveiros sobre banheiras em virtude da superfície escorregadia e às características físicas da banheira, o que propicia total falta de segurança e, consequentemente, possíveis acidentes;

- posicionar as caixas sifonadas e os ralos dos sanitários em locais adequados. Em particular, o ralo do boxe não deve se localizar no centro geométrico desta pequena área pois, assim feito, fatalmente, quando da utilização, o usuário se posicionará sobre o mesmo, causando danos e, o mais grave, pela instalação insegura, poderá causar acidentes. Isto ocorre em razão do peso do usuário e à constante utilização do local, acarretando a quebra do ralo e mesmo ferimentos em seus pés. Da mesma forma, executar o caimento do boxe em quatro planos iguais, com caimento para uma área central, com acabamento, geralmente, de forma circular é uma tarefa que requer habilidade do instalador do piso e normalmente o piso dos boxes apresentam defeitos de execução. Raros são os boxes bem construídos. Caso o usuário, para maior conforto, utilize um tapete de borracha, o mesmo cobrirá o ralo, se estiver na posição central, obrigando-o a improvisações inconvenientes. Portanto, deve-se posicionar o ralo em um dos cantos do boxes, de preferência junto à parede oposta à porta de acesso, não somente para evitar que a água saia do boxe, como para se eliminar os demais problemas anteriormente citados;

- quanto a aparelhos elétricos que utilizam água, deve ser observada a NBR 5410/80 – Instalações elétricas de baixa tensão e a NBR 5411/80 – Instalação de chuveiros elétricos e similares, normas que apresentam todas as diretrizes visando a segurança dos usuários e dos equipamentos. Cada aparelho elétrico que utiliza água e é alimentado por tubo de PVC exigirá instalação de terra independente.

- um dos autores participou de estudo sobre os banheiros públicos da cidade de São Paulo, trabalho apresentado em Congresso Brasileiro de Engenharia Sanitária e cujas principais conclusões quanto ao assunto erros foram:

  a) problemas de falta de ventilação natural propiciada por orifícios/janelas/portas. Ou não existe o sistema de ventilação ou o mesmo é mantido fechado;

  b) problemas de falta de ralos para permitir fácil lavagem e escoamento de detritos. Em sanitários públicos acontece de tudo e deve haver facilidade de efetuar com rapidez lavagens completas. Torneiras de fácil acoplamento de mangueiras são também decisivas;

  c) falta de chuveiros para a limpeza pessoal e diária do guarda do banheiro público;

  d) falta de local para guarda do material de limpeza;

  e) uso incorreto de válvulas de descarga expostas que favorecem o vandalismo. Utilizar, nestes casos, apenas os sistemas embutidos;

  f) péssima disposição e arranjo do banheiro impedindo uma fácil e ampla visualização das áreas de circulação do mesmo pelo responsável.

- no passado era comum a instalação de ralo nas cozinhas de residências e prédios. Atualmente, isto não mais é feito, por duas razões completamente diferentes, mas convergentes:

  a) a instalação de ralo ocasiona ou o rebaixamento da laje ou a colocação de forro no pavimento inferior e, como a cozinha é um cômodo de permanência prolongada, o seu pé direito não pode ser rebaixado, devendo ser aumentada a altura do prédio, o que é antieconômico. Observe-se que a perda de cerca de 30 cm de altura em cada pavimento, ocasiona a perda total de um pavimento, em um prédio de 10 pavimentos, por exemplo;

  b) estes ralos, geralmente sifonados, acabavam por perder seu fecho hídrico e permitiam a penetração de insetos e odores desagradáveis, tendo em vista que a cozinha, usualmente, é limpa com panos úmidos e apenas, eventualmente, com lavagem;

- note-se que em cozinhas industriais ou para grandes atendimentos, o uso de ralos deve ser mantido.

- chuveiros elétricos: Nos estados do Norte e Nordeste, visto serem regiões sempre quentes, é comum encontrar casas e apartamentos de alto nível com três ou quatro banheiros, mas só alguns destes banheiros têm aquecimento de água e os outros não têm nenhum aquecimento. Nas regiões frias, como na cidade de Erechim/RS, foi observado por um dos autores que o mais potente chuveiro elétrico brasileiro existente na época (anos 1990) era insuficiente em termos de capacidade de aquecimento, para atender às temperaturas frias do inverno daquela cidade. São as contradições de um enorme país.

  c) existem, atualmente, banheiros de apartamentos com reduzido pé direito e, nos sanitários, com a colocação de forro para abrigar as tubulações do andar superior, este pé direito fica menor ainda. Na área do boxe, com chuveiro elétrico, as condições ficam então críticas, pois o usuário do chuveiro em um movimento brusco pode tocar a fiação e aí o risco de um choque elétrico mortal é significativo, pois:

7 – A Arquitetura e os Sistemas Hidráulicos 327

- a pessoa está descalça e molhada;
- a pessoa está pisando num ralo que pode ser metálico e, em contato com a terra, gerando um contato elétrico de alta condutividade;
- o chuveiro elétrico tem dois fios fase e, se a pessoa tocar nestes dois fios terá, dependendo do tipo de distribuição elétrica da cidade, 220 V de ligação elétrica.

Exemplo preocupante: um apartamento cujo banheiro tem 2,20 m de pé direito e o usuário tiver no mínimo 1,98 m de altura esbarrará no chuveiro elétrico. Para estes casos é recomendável, no mínimo, que o chuveiro elétrico seja envolvido por uma grade impedindo um possível contato.

- artigos em revistas especializadas têm apresentado trabalhos mostrando a necessidade da arquitetura reestudar as dimensões das instalações e equipamentos em face do crescimento das medidas biométricas da população brasileira;

- atualmente, quando se analisam as enormes e antigas residências nos bairros ricos e tradicionais da cidade de São Paulo, uma das deficiências apontadas nestas residências para a classe média alta é o reduzido número de instalações sanitárias. Existem casas da década de 1940, com três ou quatro quartos com um ou no máximo dois banheiros sociais. Naquela época, os banheiros eram enormes, mas em quantidade reduzida. Atualmente, encontra-se à venda na cidade de São Paulo apartamentos com dois minúsculos quartos com três banheiros, a saber: dois banheiros sociais e um de serviço. Sinal dos tempos...

- em algumas cidades da Europa é comum se ver nas ruas, para uso masculino, cochos de urina sem nenhum anteparo visual. Na Polônia, em cada banheiro é obrigatória a presença de bidê para higiene pessoal motivado pelo fato deles não usarem papel higiênico. Cada país com sua cultura;

- nas aulas da disciplina Arquitetura, da Escola Politécnica da USP, era citado, com ênfase, que em banheiros de determinadas indústrias, a boa técnica recomenda que os lavatórios fossem do tipo cocho para permitir não somente a utilização convencional, como também que o usuário pudesse lavar partes do corpo, com facilidade, sem que tivesse necessidade de tomar banho completo. Em contrapartida, existem pias tão pequenas e rasas que impedem uma lavagem correta das mãos;

- velhas posturas municipais exigiam que em cada banheiro houvesse duas ventilações permanentes, uma superior e outra inferior. Esta exigência de segurança era para banheiros com aquecedor a gás. Na prática, esses dispositivos de ventilação também ajudavam a remover a umidade do banheiro e propiciava uma melhor salubridade da edificação. Seria o caso de reavivar tal exigência, mesmo com ou sem a instalação de gás;

- nas escolas públicas do Estado de São Paulo procura-se usar caixas de descarga embutidas, para evitar atos de vandalismo que a situação de caixa exposta propicia;

- uso do sistema de combate a incêndio para limpar dependências: em diversos locais é grande a utilização das mangueiras de incêndio para limpar garagens e calçadas. Os erros disto são:

  a) sistema de incêndio só deve ser usado para usos de segurança;

b) a vazão que o sistema de incêndio libera é muito maior que a necessária para esta finalidade, gerando um desperdício de água;

c) as mangueiras de incêndio acabam por ter vida útil mais curta.

Caso as instalações fossem dotadas de adequados sistemas de lavagem haveria condições de impedir esta deformação de uso.

- utilização de água indevidamente: talvez pelo aspecto lúdico do uso da água, veem-se péssimos hábitos como o de expulsar pesados detritos pelo uso da chamada "vassoura hidráulica", procedimento antissocial, pois usa produto escasso e faltante como a água, para fazer tarefa que deveria ser feita por uma vassoura. Antes de lavar, vassoure...

7.3 RUÍDOS NO SISTEMA HIDRÁULICO

O ruído nas instalações hidráulicas é proveniente de uma série de fontes, a saber:

a) bombas de recalque de água;

b) vibrações do sistema elevatório, ligado à estrutura do prédio, propagando-se por meio desta;

c) impacto do fluxo de água de alimentação com a superfície da água no reservatório. A entrada de água, em algumas circunstâncias, provoca ruídos em razão da pressão da rede pública e da altura de queda dentro do próprio reservatório. Para eliminá-los, pode-se instalar um "dispositivo silenciador", constituído de tubo com saída submersa, porém esta alternativa precisa de cuidados especiais, inclusive dispositivo quebra-vácuo, de acordo com a NBR 14.534:2000, o que, na prática, nem sempre tem se verificado nas instalações;

d) fechamento brusco de peças de utilização, em especial os originados de fechamento de válvulas de descarga (golpes de aríete);

e) escoamentos de água em geral (pelas tubulações, pelos aparelhos, na entrada dos reservatórios etc.). Notar que os tubos plásticos reduzem significativamente a transmissão de ruídos pelas tubulações;

f) deslocamento de bolsas de ar existentes em determinados pontos da tubulação (especialmente os pontos altos), aí localizados em virtude de erros de projeto ou de execução, ou, ainda, de adaptações posteriores mal executadas etc.

A propagação dos ruídos se dá pelas canalizações, pelo ar, pela estrutura do prédio. É possível obter uma redução mais eficaz dos ruídos na fonte dos mesmos. A intensidade do ruído é proporcional às pressões estabelecidas para o sistema e a limitação da velocidade da água a 3,0 m/s, preconizadas pela NBR 5626:1998 e NBR 7193:1993, respectivamente de água fria e quente, é uma das medidas a tomar para minimizar o problema, pois abaixo deste limite o ruído de escoamento não é significativo. Além disso, a regulagem das válvulas de descarga e a regulagem da abertura dos registros de gaveta, regulando o fluxo para as peças de utilização também são medidas a se tomar, para limitar o ruído proveniente das instalações. Lembramos que a ventilação da coluna de alimentação contribui para reduzir este problema.

7 – A Arquitetura e os Sistemas Hidráulicos

INSTALAÇÕES SANITÁRIAS MÍNIMAS				
Bacias sanitárias	Mictórios	Lavatórios	Banheiros ou chuveiros	Bebedouros**
Residências ou apartamentos*				
1/residência ou apartamento + 1 p/serviço		1/residência	1/residência ou apartamento + 1 chuveiro para serviço	
Escolas primárias				
Meninos: 1/100 Meninas: 1/35	1/30 meninos	1/60 pessoas		
Escolas secundárias				
Meninos: 1/100 Meninas: 1/45	1/30 meninos	1/100 pessoas	1/20 alunos (havendo educação física)	1/75 pessoas
Edifícios públicos ou de escritórios				
1/1 — 15 2/16 — 35 3/36 — 55 4/56 — 80 5/81 — 110 6/111 — 150 acima de 150, adicionar 1 apar./40 pessoas.	Havendo mictórios, instalar 1 wc menos para cada mictório, desde que o número de wc que não seja reduzido a menos de 2/3 do previsto.	1/1 — 15 2/16 — 35 3/36 — 60 4/61 — 90 5/91 — 125 acima de 125, adicionar 1 aparelho/45 pessoas.		1/75 pessoas
Indústrias				
1/1 — 9 2/10 — 24 3/25 — 29 4/30 — 74 5/75 — 100 acima de 100, adicionar 1 apar./30 empregados	Havendo mictórios, instalar 1 wc menos para cada mictório, desde que o número de wc não seja reduzido a menos de 2/3 do previsto.	1 — 100:1/10 pessoas >100:1/15 pessoas ****	1 chuveiro/15 pessoas expostas a calor excessivo ou a contaminação da pele por substâncias venenosas ou irritantes.	1/75 pessoas
Teatros, auditórios e locais de reunião				
masc. 1 — 100/1 fem. 1 — 100/1 masc. 101 — 200/1 fem. 101 — 200/2 masc. 201 — 400/1 fem. 201 — 400/3 acima de 400, adicionar 1 apar./500 homens ou 1/300 mulheres	1 — 100/1 101 — 200/2 201 — 600/3 acima de 660, 1 apar./300 homens	1 — 200/1 201 — 400/2 401 — 750/3 acima de 750, 1 apar./500 pessoas		1/100 pessoas
Dormitórios				
masc. 1 — 10/1 fem. 1 — 8/1 acima de 10, adicionar 1 apar./25 homens acima de 8, adicionar 1 apar./20 mulheres	1/25 homens, acima de 150, adicionar 1 apar./50 homens	1/12 pessoas (prever lavatórios para higiene dental na razão de 1/50 pessoas). Adicionar 1 lav./20 homens e 1/15 mulheres.	1/8 pessoas. No caso de dormitório feminino, adicionar 1 banheira/30 pessoas.	1/75 pessoas

* do *Uniform Plumbing Code* – 1955. ** Bebedouros não devem ser instalados em compartimentos sanitários. *** Um tanque para cada residência ou para cada 10 apartamentos/Uma pia de cozinha para cada residência ou apartamento. **** Onde houver contaminação da pele com germes ou matérias irritantes, preferível um lavatório para cada cinco pessoas.

Observação:

1. A aplicação deste quadro em bases puramente numéricas pode resultar em uma instalação inadequada às necessidades individuais de ocupação. Deve-se prever, também, as facilidades de acesso aos aparelhos.

2. Nas instalações provisórias prever: uma bacia sanitária e um mictório para cada 30 empregados.

3. Para instalações regulamentadas, consultar as posturas oficiais que regulam o assunto.

São comuns as queixas de ruídos e vibrações em caixas de água, semelhantes a um chiado, acompanhado de vibração. Isso, geralmente, é proveniente do excesso de pressão da água na entrada da torneira de boia e ocorre com maior intensidade nos minutos finais de enchimento da caixa. É mais percebido no período noturno, com maior silêncio ambiental, bem como, via de regra, maior pressão na rede pública. Pode ser resolvido com ajuste no registro de entrada da torneira de boia e caso isso não resolva, é necessário contatar a concessionária local para reduzir essa pressão. Uma consulta aos vizinhos pode constatar se o problema é comum, então é excesso de pressão na rede pública. Em caso negativo o problema específico é seu, ou seja, há um mal funcionamento da torneira de boia, a qual deve ser analisada, podendo ser inadequada ou estar avariada. Em casos extremos, se faz necessária a colocação de válvula redutora de pressão, antes do registro da torneira de boia.

Na parte arquitetônica, a melhor solução é a correta distribuição dos cômodos, em função de sua utilização. Sendo assim, deve-se evitar sanitários diretamente ligados a ambientes que exijam baixo nível sonoro, tais como salas de escritório, bibliotecas, hospitais, estúdios de gravação, quartos de dormir etc. Uma medida, neste sentido, pode ser vista na Figura 7.3, em que os aparelhos sanitários foram locados na parede oposta à parede contígua dos ambientes. Outra medida a adotar, embora de difícil aplicação prática, seria a adoção de critérios diferenciados de cálculo para estas áreas, de modo a reduzir a pressão nesta área e, consequentemente, o ruído, caso seja tecnicamente possível.

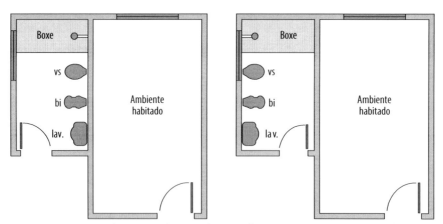

FIGURA 7.3 Mudança na colocação dos aparelhos sanitários minimiza os ruídos.

Mas, o conforto do silêncio nem sempre é possível ser obtido apenas com boas concepções arquitetônicas e necessitava-se de um algo mais para minorar ou mesmo eliminar esse problema, principalmente no caso de construções de médio ou alto padrão, bem como em edificações onde o ruído é inaceitável. A resposta para isso é a linha Silentium, da Amanco, com uma série de produtos, desde tubos e conexões com PVC especial, até amortecedor acústico para vaso sanitário, caixa sifonada com defletor acústico e junta elástica bilabial. Trata-se da primeira solução econômica, prática e com resultados efetivos. A espessura da parede da tubulação da linha Silentium (3,2 mm) é superior à dos tubos convencionais Esgoto Série Normal (SN): 1,8 mm e Esgoto Série Reforçada (SR): 2,5 mm, para um diâmetro interno de 100 mm (DN 100).

As peças são em PVC com aditivos especiais mineralizados, para aumentar a densidade do material, o qual também possui paredes mais espessas (3,2 mm), itens que reduzem o ruído causado pelo fluxo ao longo da tubulação. Os amortecedores reduzem o ruído originado da vibração do sistema e os defletores em caixas sifonadas reduzem o ruído da queda da água nas mesmas. O sistema também conta com abraçadeiras e suportes para caixas, emborrachados, contribuindo para reduzir o ruído causado pela vibração dos tubos. Esta linha reduz, sobremaneira, os ruídos e até mesmo os elimina em alguns casos, atendendo a NBR 5688:99 – Sistemas prediais de água pluvial, esgoto sanitário e ventilação e normas europeias. O sistema é a solução para o atendimento da NBR 15.575: 2013 – Edificações Habitacionais – Desempenho e Sistemas Hidrossanitários NBR 15.575-6, a qual será uma referência obrigatória nos novos projetos arquitetônicos. O conforto do silêncio, principalmente em cidades que já apresentam ruído ambiental desconfortável, é algo que não tem preço e a utilização da linha Silentium é a solução.

As tubulações não devem ser fixadas a paredes ou divisórias constituídas de material leve, que facilmente propagam o ruído, bem como pode ser previsto um tratamento acústico em salas de bombas, de modo a isolar o ambiente, além de uma base antivibratória para a bomba (placa de borracha etc.).

Em nosso país não existem, no momento, Normas da ABNT específicas para fixação de critérios e limites mínimos de intensidade sonora nos diversos compartimentos, provenientes das instalações hidráulicas, o que ocorre em outros países. O arquiteto pode, com base nas observações expostas, tomar medidas preliminares para tentar reduzir significativamente o problema.

7.4 ADAPTAÇÕES PARA DEFICIENTES FÍSICOS

As adaptações das instalações hidráulicas para utilização por pessoas portadoras de deficiências físicas, obrigatórias pela Lei Federal n. 7853 de 24/10/89, foram estipuladas pela NBR 9050:2004 – Acessibilidade de pessoas portadoras de deficiências a edificações, espaço, mobiliário e equipamento urbano. Paralelamente a esta Lei, há diversas leis estaduais e posturas municipais pertinentes ao assunto. A questão não tem importância apenas na área arquitetônica, tendo influência no projeto hidráulico. Em particular, no caso de reformas, as instalações já existentes necessitam de adaptações que, embora simples, requerem atenção quanto ao posicionamento dos pontos de utilização, bem como da posição das tubulações existentes, de modo a não ocorrerem interferências com as mesmas.

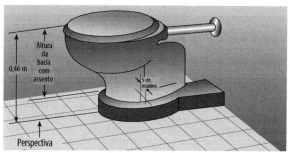

FIGURA 7.4 Adequação de altura da bacia sanitária.

A referida NBR apresenta, de forma detalhada, as características, especificações e medidas obrigatórias a estas adaptações, bem como a Secretaria Municipal da Pessoa com Deficiência e Mobilidade Reduzida da Prefeitura Municipal de São Paulo disponibiliza publicações atualizadas no seu website.

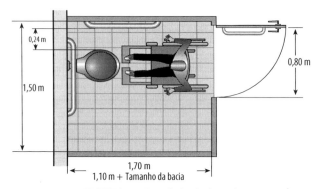

FIGURA 7.5 Transferência frontal.

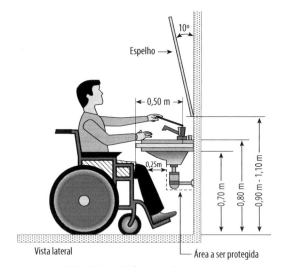

FIGURA 7.6 Utilização do lavatório.

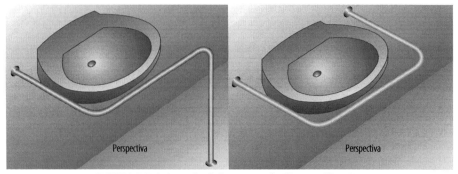

FIGURA 7.7 Colocação de barra para facilitar a utilização.

7 – A Arquitetura e os Sistemas Hidráulicos

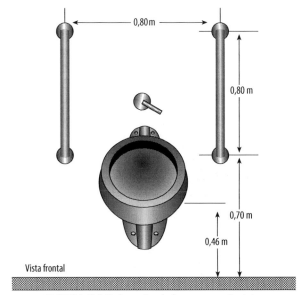

FIGURA 7.8 Colocação de barras em mictório.

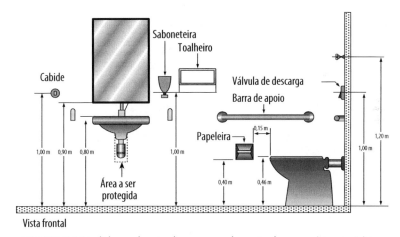

FIGURA 7.9 Medidas padronizadas para a colocação dos acessórios sanitários.

Face às necessidades arquitetônicas, é necessário observar nestes sanitários diversos itens, os quais implicam em adaptações hidráulicas ou em peças sanitárias específicas:

- atentar para os detalhes do projeto arquitetônico, os quais apresentam o posicionamento das peças e louças sanitárias;
- os acessórios para sanitários (como cabides, saboneteiras, toalheiros) devem se posicionar dentro da faixa de alcance confortável estabelecida na referida NBR, o que implica em uma observação criteriosa quando de sua instalação, pois as tubulações de alimentação, via de regra, acham-se em posição ligeiramente diferente da convencional, podendo gerar vazamentos quando de sua fixação. Portanto, o *as buil* é fundamental nestes casos;

- a observação b) também se aplica às barras de apoio;
- a borda superior da bacia deve ficar entre 0,43 e 0,46 m. do piso acabado, excetuando-se a espessura da tampa do vaso, adaptando-se a altura do ponto de alimentação do tubo de descida de água;

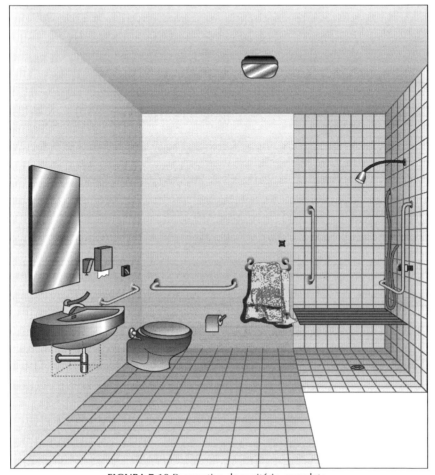

FIGURA 7.10 Perspectiva de sanitário completo.

- o acionamento da descarga da bacia (botão, alavanca ou mecanismo automático) deve ter seu eixo a 1,0 m do piso acabado e de leve pressão;
- recomenda-se ducha higiênica ao lado da bacia sanitária;
- o chuveiro deve possuir desviador para ducha manual, a qual deve ter o controle de fluxo (ducha/chuveiro);
- os registros (ou misturadores) para chuveiros devem ser do tipo alavanca, de preferência de monocomando;
- os registros para chuveiros devem estar instalados a 0,45 m da parede de fixação do banco e a uma altura de 1,00 m do piso acabado;

- a ducha manual deve estar a 0,30 m da parede de fixação do banco e a uma altura de 1,00 m do piso acabado;
- a altura da banheira deve ficar a 0,46 m do piso acabado, adaptando-se a altura do ponto de alimentação de água da banheira;
- os registros (ou misturadores) para banheira devem ser do tipo alavanca, de preferência de monocomando;
- os registros para banheira devem estar instalados a 0,75 m do piso acabado e recomenda-se que sejam posicionados na parede lateral à banheira;
- os lavatórios devem ser suspensos, (ou seja, sem coluna ou gabinete), tendo a sua borda superior a 0,78 m a 0,80 m do piso acabado e mantendo uma altura livre mínima de 0,73 m na sua parte inferior frontal;
- o sifão do lavatório e a tubulação devem estar situados a, no mínimo, 0,25 m da face externa frontal;
- a torneira do lavatório devem ser acionada por alavanca, sensor eletrônico ou dispositivos equivalentes; quando for utilizado misturador, este deve ser de preferência de monocomando;
- o acionamento da torneira do lavatório deve estar a 0,50 m (no máximo) da face externa frontal do lavatório;
- a borda frontal dos mictórios suspensos ou de piso deve estar em uma altura de 0,60 m a 0,65 m do piso acabado;
- o acionamento da descarga do mictório (alavanca ou mecanismo automático) deve ter seu eixo a 1,0 m do piso acabado;
- o bebedouro acessível deve possuir altura livre inferior de no mínimo 0,73 m do piso acabado e altura total máxima de 0,90 m, o que define a altura do ponto de utilização, o qual pode ser adaptado com mangote flexível;
- pias de cozinha com altura máxima de 0,85 m e vão livre inferior de 0,73 m;

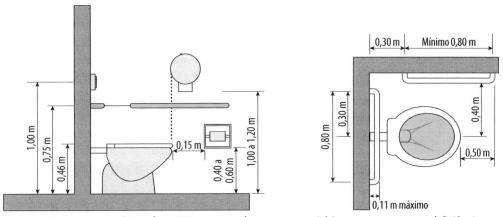

FIGURA 7.11 Esquemáticos de posicionamento de peças em sanitários para pessoas com deficiência.

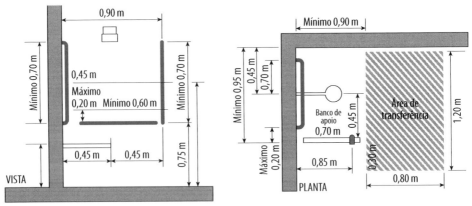

FIGURA 7.12 Esquemáticos de posicionamento de peças em sanitários para pessoas com deficiência.

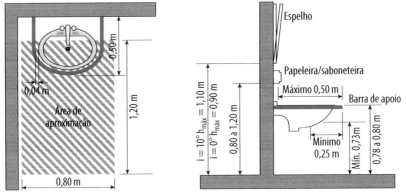

FIGURA 7.13 Esquemáticos de posicionamento de peças em sanitários para pessoas com deficiência.

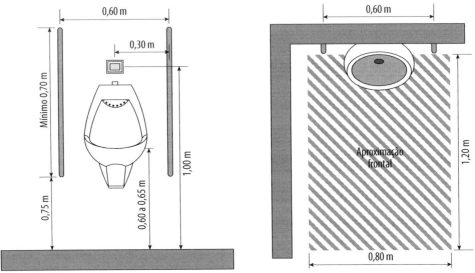

FIGURA 7.14 Esquemáticos de posicionamento de peças em sanitários para pessoas com deficiência.

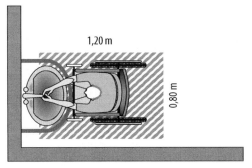

FIGURA 7.15

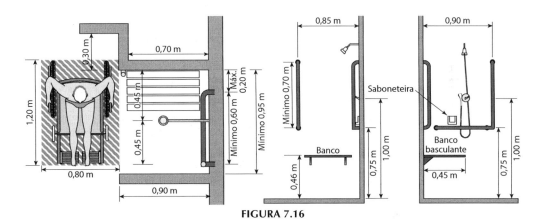

FIGURA 7.16

Os autores agradecem à Secretaria Municipal da Pessoa com Deficiência e Mobilidade Reduzida da Prefeitura Municipal de São Paulo a autorização de uso das figuras, extraídas de sua publicação *Manual de Instruções Técnicas de Acessibilidade para Apoio ao Projeto Arquitetônico*.

7.5 AS ÁGUAS PLUVIAIS E A BELEZA DA ARQUITETURA

As águas pluviais pelo fato de serem águas com baixo teor de poluição, têm grandes vazões quando comparadas com as vazões do sistema de água fria e por não serem águas com qualidade a ser preservada, permitem sua utilização como recurso artístico.

Desta maneira, pode-se utilizar canais superiores e/ou inferiores de condução de águas pluviais, projetar calhas de formatos especiais, fazer das quedas de águas um fato arquitetônico e, até mesmo, colocar adornos artísticos (carrancas) nas extremidades dos buzinotes, como nas antigas e belas construções.

Não há limites na criatividade de um apaixonado pela arquitetura no tocante a soluções grandiosas e criativas em calhas e condutores. Quanto ao dimensionamento hidráulico dessas soluções arquitetônicas para o sistema de águas pluviais, esta é uma tarefa difícil pois, quase sempre, estas soluções escapam dos limites usuais e para as quais têm-se fórmulas hidráulicas de dimensionamento. A solução é trabalhar com estruturas análogas e com grandes coeficientes de segurança.

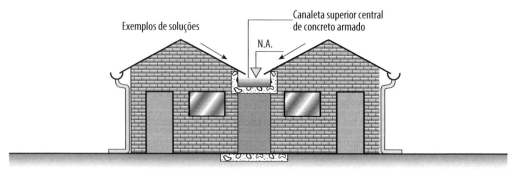

FIGURA 7.14 Embelezamento arquitetônico.

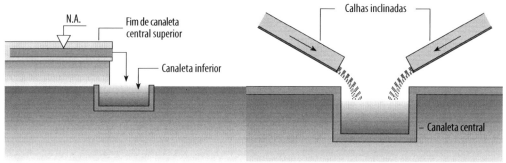

FIGURA 7.15 Encaixes das canaletas superior e inferior e calhas inclinadas.

7.6 ARQUITETURA E FUNCIONAMENTO DE SANITÁRIOS PÚBLICOS

Um dos autores (MHCB) fez parte de um grupo que estudou os sanitários públicos de São Paulo, para propor critérios de melhoria. As principais conclusões do trabalho foram:

- os sanitários públicos devem estar ligados à atividade econômica. Essa vinculação permite a operação dessas unidades essenciais à vida dos cidadãos;
- em um sanitário público acontece de tudo, cabendo ao poder público administrar, na medida do possível;
- no projeto do sanitário público, o local em que fica o responsável deve permitir a visão de todo o local;
- sempre prever que em um dos compartimentos da instalação, haja um local de banho com chuveiro, pois, pelo menos o responsável deve poder se banhar aí, além de que, em casos extremos, um usuário possa também lavar o corpo;
- sempre prever uma área de estocagem de produtos de limpeza;
- deve haver, distribuídas pela área do sanitário, várias torneiras com dispositivo de fácil ligação à mangueiras, para fácil e eficiente lavagem de piso e peças;

- deve haver uma canaleta com grelha cruzando o sanitário público para favorecer o escoamento de água servida, da lavagem de piso e de peças, sendo que a água de limpeza coletada pela canaleta deva ser dirigida para os esgotos;

- prever sempre ventilação natural sem bloqueios, pois janelas sempre são fechadas e nunca alguém se lembra de abri-las. Não adianta limpeza sem ventilação natural ampla e sem restrições.

Notas

1. Como funcionário de uma prefeitura, o autor visitou dezenas de sanitários públicos em uma cidade do estado de São Paulo. A metade estava fechada por falta de funcionários, vandalismo, desinteresse do poder público etc.

2. Em uma grande estação rodoviária, havia quatro tipos de sanitários. Um, chamemos de tipo 1, era gratuito, mas a sinalização de sua existência era nula. Havia outro, pago e com vasta sinalização (chamada) de sua localização, chamemos de tipo 2. Havia um outro sanitário (chamemos de tipo 3) para funcionários comuns da administração da estação rodoviária, um outro (tipo 4) para funcionários mais graduados da estação. Destaque-se que os quatro tipos de sanitários eram muito bem mantidos.

3. Sucesso em sanitário público. Em um grande parque público de São Paulo, havia vários sanitários públicos, todos quase que fechados, destruídos e mal mantidos. Em um trecho do parque havia uma pista de corrida e lá se localizava um desses sanitários públicos, e lá se instalou, claro que sem licença oficial, um vendedor de material para corridas (meias, tênis, desodorantes etc). Ao ver o pequeno prédio do sanitário quase abandonado, se instalou (mais para fugir das chuvas), mas o mau cheiro afugentava os seus potenciais clientes, e o vendedor decidiu, sem autortização, limpar o sanitário. De limpar passou a fazer pequenos consertos no mesmo e colocar até perfumes no sanitário. O sanitário era limpo, em ordem e perfumado e o vendedor solícito passou a ser uma figura emblemática do parque e chegava a prestar pequenos serviços como guardar pertences dos atletas, não havia outro lugar para essa finalidade. E esse vendedor empreendedor passou a ganhar cada vez mais pelos serviços prestados e objetos vendidos.

Uma conclusão: quando associados a atividades econômicas, sanitários públicos podem funcionar – e eles precisam funcionar...

Aqui você pode fazer as suas anotações

8 QUALIDADE DAS INSTALAÇÕES

8.1 CONSIDERAÇÕES GERAIS
(Planejamento, Projeto, Execução e Manutenção)

A qualidade das instalações hidráulicas deve ser uma permanente preocupação ao longo das quatro etapas de uma instalação (Planejamento, Projeto, Execução e Manutenção.) As normas técnicas estabelecem as condições sanitárias mínimas e, atualmente, são uma questão de sobrevivência comercial, passando de diferencial competitivo a premissa de negócio. A qualidade não é uma utopia, ela é plenamente atingível, bastando apenas aos responsáveis pela mesma o cumprimento das normas de projeto e de execução, além da utilização de boa técnica e de mão de obra treinada. Vale a pena lembrar dos custos e transtornos que os vazamentos trazem a todos, nas horas e locais mais impróprios.

Os cuidados mínimos com as instalações e as prescrições das normas acham-se inseridos nos respectivos itens das quatro etapas anteriormente citadas, comentando-se os tópicos específicos a serem observados. De modo geral, para manter as condições básicas de potabilidade da água, a instalação predial deve:

a) utilizar materiais adequados;
b) evitar interligações com tubulações de água não potável;
c) impossibilitar o refluxo de água não potável para a instalação (canalizações, reservatórios, peças etc.).

Somente devem ser utilizados materiais que atendam às Normas Brasileiras e ao fim a que se destinam e sejam bem especificados. A execução requer pessoal habilitado e obediência às prescrições das normas e às técnicas fornecidas pelos fabricantes.

Em indústrias, não deve ser interligada a tubulação com água fornecida pela rede pública à rede não potável ou mesmo potável de fonte particular. Isso é conseguido com a atenção aos projetos atuais (especialmente em adaptações) e a adoção de cores padronizadas nas tubulações, além de braçadeiras indicativas nas redes não potáveis. A utilização de água não potável deve ser convenientemente examinada em razão do risco potencial em cada caso.

Deve ser prevista a proteção contra refluxos nos diversos pontos em que estes possam ocorrer. A separação atmosférica, pela sua própria natureza, é a mais efetiva das medidas, complementada por válvulas de retenção. Os dispositivos quebra-vácuo ainda têm uso restrito em nosso país.

Os projetos de maior vulto requerem verificação inicial. São escolhidos aleatoriamente alguns desenhos, para serem analisados e comparados com as especificações e detalhes, e assim determinada a sua qualidade. Se a quantidade de problemas verificados for significativa, faz-se a análise geral do projeto antes de sua execução.

Para sanar isso, os contratos de projeto e de construção devem prever o fornecimento de manual de operação, manual de manutenção, plantas atualizadas (*as built*), bem como atentar para os padrões de qualidade, utilização de pessoal qualificado, devidamente treinado etc.

8.2 EXECUÇÃO

8.2.1 Considerações gerais

A execução deve seguir, rigorosamente, o projeto e qualquer alteração ser previamente aprovada pelo responsável técnico pelo projeto e registrada. Com esta providência, estarão assegurados os efeitos legais e subsidiado o *as built* (desenhos "como executados") a ser elaborado ao final da obra, para cadastro e orientação da futura manutenção.

O material a ser adotado deve ser o normatizado (excluindo-se qualquer outro que não esteja de acordo com as Normas Brasileiras) e de fabricante conhecido no mercado e que propicie assistência técnica. Economias com materiais fora de norma acarretam custos adicionais de execução e manutenção muito mais elevados, além de reduzir a vida útil da instalação.

O pessoal envolvido na execução deve ser devidamente habilitado. Atualmente, existem, nos grandes centros, cursos apropriados e de excelente qualidade, além de catálogos e manuais dos fabricantes. Na falta de profissionais de construção experientes, cabe ao engenheiro e arquiteto formá-los, orientando-os quanto às melhores técnicas e corrigindo vícios. Os catálogos e manuais dos bons fabricantes fornecem várias orientações úteis com esta finalidade.

Na execução, é necessário aferir a qualidade do material, da mão de obra e dos serviços, a partir de um efetivo controle e fiscalização, complementado por testes de recebimento.

Os serviços serão executados seguindo as técnicas conhecidas e, principalmente, as recomendações dos fabricantes nos catálogos e manuais. A Seção Critérios de Execução apresenta uma lista de procedimentos a serem observados e mostra como evitar os erros mais comuns referentes a água fria, esgoto e águas pluviais.

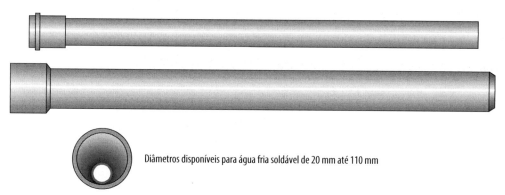

FIGURA 8.1 A qualidade do material é de suma importância.

8.2.2 Controle e fiscalização de execução

Recomendações gerais:

- comparar os desenhos e detalhes do projeto com as especificações, assinalando e corrigindo em tempo as eventuais divergências;
- inspecionar os materiais ao chegarem à obra, considerando as especificações e projeto;
- verificar tipos, dimensões e qualidade dos materiais;
- verificar nas instalações se os pontos de abastecimento estão atendidos e exatamente locados conforme o projeto;
- atentar para a instalação e correta locação das peças e dispositivos especiais;
- prever nas plantas de fôrmas os furos, rasgos e aberturas necessários na estrutura de concreto armado e isolá-los com bainhas antes da concretagem;
- verificar a pintura das tubulações nas cores convencionais;
- solicitar, utilizar e arquivar o manual de instalação de cada aparelho;
- executar os serviços de acordo com as normas de segurança do trabalho;
- transformar cada obra em centro de treinamento e valorização profissional da mão de obra de origem simples. O Brasil agradece.

8.2.3 Testes de recebimento

Além da verificação dos itens anteriores, é necessário efetuar testes de recebimento para água fria, esgotos sanitários e águas pluviais, previstos nas normas adiante relacionadas com a aplicação de pressão ao sistema de água fria e de fumaça ao sistema de esgotos e águas pluviais. Estes testes apresentam baixo custo e são de fácil execução, porém, raramente são realizados. As razões são o desconhecimento generalizado sobre esses métodos, bem como o cronograma e ritmo da obra que, às vezes, obrigam à parcial execução das instalações; quando estas são complementadas, as tubulações já foram cobertas pelo revestimento, dificultando ou inviabilizando os testes. Entretanto, pela sua importância e economia que acarretam, apontando a tempo eventuais vazamentos, não devem ser dispensados ou esquecidos. O saudoso engenheiro Márcio Ribeiro, de Campinas/SP, alertava para um dos autores: "O teste de recebimento de instalações prediais colabora com a qualidade final de uma obra, por dois caminhos cumulativos, a saber: pelo controle direto, detectando falhas e os executantes, sabendo da existência do controle, tomam cuidados adicionais para que falhas não ocorram. Com isso, criou-se entre todos os envolvidos a certeza de que a obra teria de ser bem feita, pois haveria fiscalização".

8.2.4 Água fria

A NBR 5626/98 fixa os procedimentos para ensaios e para o recebimento de uma instalação predial de água fria. Além desta norma, os demais dispositivos, aparelhos, válvulas etc., devem ser verificados com teste direto de funcionamento, atentando-se para as recomendações de projeto ou do fabricante.

O ensaio de estanqueidade, com pressurização da rede deve ser efetuado com a tubulação ainda descoberta (sem revestimento), para que tenha utilidade prática, para que se possa verificar imediatamente os eventuais pontos de vazamento. Deve ser feito em partes, à medida que a instalação avança, para facilitar a sua execução e acompanhar o cronograma da obra. A NBR 5628:1998 apresenta considerações sobre os testes e a pressão deve ser 1,5 vezes o valor da pressão estática no ponto crítico, ou seja, o ponto de maior pressão estática, com a tubulação totalmente cheia de água, isenta de ar. A aparelhagem adotada é simples, uma pequena bomba de pressurização e manômetros. Há empresas especializadas que efetuam estes testes. Após uma hora com a rede pressurizada, não surgindo ponto de vazamento, a rede está aprovada.

Um teste simplificado pode ser efetuado em qualquer nível de instalações, como a seguir descrito:

- enche-se o reservatório até o seu nível operacional;
- abrem-se todos os registros do sistema;
- fecham-se todas as peças de utilização;
- mantém-se a instalação desta forma ("em carga"), durante uma hora;
- verifica-se o nível do reservatório: caso ocorra abaixamento de nível, existe vazamento na instalação, que poderá ser localizado visualmente; refaz-se a pesquisa, com idêntico procedimento, mas de maneira parcial, em trechos do sistema, até determinar o local da eventual avaria, para correção. Se o nível se mantiver, a instalação está O.K.

8.2.5 Esgotos sanitários

A NBR 8160/99 – Instalações Prediais de Esgotos Sanitários estipula, no seu anexo G, os procedimentos e ensaios de recebimento dos sistemas prediais de esgoto, bem como apresenta detalhes a serem seguidos.

Os ensaios com água ou ar sob pressão devem ocorrer antes da colocação dos aparelhos e, depois, o ensaio final com fumaça. Estes ensaios são complementados pela simples inspeção visual de todo o sistema, tão logo seja concluída e ainda esteja exposta. A continuidade do sistema é constatada visualmente, com o acompanhamento do caminhamento dos efluentes dos diversos pontos até o último ponto inspecionável (última caixa de inspeção). Este teste pode ser feito com adição de corantes à água, facilitando

8 – Qualidade das Instalações

a visualização de eventual falha. Em particular, é necessário verificar com o teste de fumaça se existem obstruções também no sistema de ventilação, o qual não pode perder sua continuidade.

Os demais itens, como dispositivos, aparelhos etc., são verificados com teste direto de funcionamento, conforme recomendações de projeto ou do fabricante.

8.2.6 Águas pluviais

Os ensaios para recebimento das instalações de águas pluviais também são necessários. Quanto às tubulações, valem as observações e critérios aplicáveis aos esgotos sanitários.

A impermeabilização das calhas e canaletas de piso deve ser testada de acordo com a NBR 9574/85 – Execução de Impermeabilização. Caso não tenham impermeabilização, deve-se examiná-las quanto a:

- estanqueidade: vedar sua saída final, enchendo-as com água e as mantendo assim por cerca de 15 minutos, para verificar possíveis vazamentos;
- declividade: lançar água e verificar visualmente o encaminhamento para o destino final (condutores, caixas etc.), observando se há empoçamentos.

Outra providência é testar a continuidade do sistema, desde a cobertura até o deságue final junto ao meio-fio, usando a mesma sistemática aplicável aos esgotos.

Aqui você pode fazer as suas anotações

9 LISTA DE MATERIAIS, ORÇAMENTO

9.1 LISTA DE MATERIAIS

Uma lista de materiais (planilha de quantitativos) é um requisito dos projetos e visa fornecer relação dos itens necessários. Constitui, também, um instrumento inicial para o orçamento e a posterior compra, além de permitir à administração da obra e o controle dos materiais recebidos, dos que estão em uso e daqueles que ainda serão utilizados.

Uma boa planilha de quantitativos é um documento autônomo, ou seja, caracteriza-se como uma lista de materiais suficiente para orientar o orçamento e a compra, sem necessidade de consulta a outros meios. Assim, ela deve conter os tipos de material e suas características particulares. Determinados equipamentos e acessórios (como bombas, motores, válvulas especiais etc.) exigem planilhas apropriadas, com folha de dados específicos, em razão de suas particularidades. Um dos autores deste trabalho teve em mãos uma lista de materiais, exemplo de documento malfeito: não citava o tipo de material, informação que somente aparecia no relatório final, e a vazão da bomba constava apenas no relatório inicial do projeto. Os usuários da lista tinham de consultar três documentos e não apenas um, para obter a informação desejada. Enfim, a lista não atingia seus objetivos.

A planilha de quantitativos deve ser feita por tipo de projeto. Assim, tem-se uma planilha para as instalações hidráulicas de água fria, outra para esgotos e isto para cada uma das unidades autônomas do projeto – todas elas totalizadas, ao final, em uma só planilha global. Cada planilha parcial continua a ter a sua função específica, referida ao seu setor, ou seja, quando da execução de cada segmento do projeto, ela voltará a ser utilizada.

A planilha é confeccionada pelo projetista a partir dos desenhos, memoriais e especificações, montada em cada folha de desenho e, por fim, elabora-se a planilha global. Os modernos programas para computadores, além de elaborarem o projeto, oferecem a possibilidade de obter a planilha de materiais, de forma direta e prática.

9.2 CUSTOS

9.2.1 Considerações gerais

O custo total das instalações hidráulicas prediais fica em cerca de 3% do custo de uma obra residencial ou um prédio de apartamentos, de padrão luxo ou médio, atingindo 12% com louças e materiais sanitários; reduz-se a, aproximadamente, 6% do custo para prédios populares e ainda menos para edificações comerciais e industriais. Em razão destes percentuais, qualquer pequeno acréscimo, visando melhor operação, manutenção e conforto do usuário justifica-se plenamente, não influindo substancialmente no valor final da obra.

Tendo em vista os tipos de obra (residenciais, comerciais e industriais), bem como os seus padrões (luxo, médio e popular), deve-se ter sempre valores básicos de custos para cada um deles. Para cada obra, seja ela de qualquer tipo ou porte, faz-se necessária uma análise do custo previsto e de reduções possíveis. Alguns exemplos de redução de prazos e de custos:

- em obras repetitivas, tipo conjuntos habitacionais, a adoção de kits hidráulicos pré-fabricados;

- em obras a partir do porte médio, usar fôrmas de madeira para fazer caixas de inspeção e padronizá-las;

- na drenagem externa da edificação, utilizar canaletas padrão;

- para uniformizar a execução, empregar materiais e acessórios padronizados.

9.3 ORÇAMENTOS

Um orçamento é composto de:

- Planilha de quantitativos de materiais;

- Preço unitário de cada item;

- Preço total de cada item;

- Preço total dos materiais;

- Composição dos serviços;

- Custo total da mão de obra (serviços e leis sociais);

- Custo total dos serviços;

- Bonificação e Despesas Indiretas (BDI);

- Orçamento final.

A planilha de quantitativos é a base da planilha de orçamentos. Esta deve ser preenchida a partir da pesquisa no mercado, do custo unitário de cada componente, que é colocado na referida planilha e, daí, obtêm-se o total para cada item e o consequente somatório final, para os materiais. No final deste capítulo, estão exemplos de planilhas de quantitativos.

O valor da mão de obra depende basicamente do prazo e da complexidade da obra. Geralmente, em serviços empreitados (ver nota adiante), seu custo baseia-se na análise dos projetos, do material a ser utilizado e do cronograma. A partir destes dados, adota-se um valor percentual global variável conforme a região. Nesse valor acham-se incluídos, além dos salários, o custo de amortização das ferramentas próprias dos instaladores.

Uma avaliação teórica do custo pode ser obtida com a elaboração de orçamentos rígidos, baseados em composições de custo e de preços de serviços especializados de mão de obra, por hora, dos instaladores e seus auxiliares. Dificilmente adota-se essa prática, pois os serviços de instalação não são totalmente autônomos, dependem de outros serviços preliminares. Criam-se, geralmente, interfaces com os demais serviços, obrigando o pessoal de instalações a permanecer na obra por um período mais longo e/ou retornar mais vezes para concluir trabalhos iniciados, ou, ainda, há necessidade de locação de um número de profissionais mais elevado que o habitual para atender circunstâncias de cronograma. Inevitáveis em face das características construtivas de nosso país, estas situações geram um custo adicional de difícil determinação. Deve-se utilizar o valor obtido com base nas composições apenas a título de referência, para nortear a análise dos diversos orçamentos de mão de obra para aprovação.

Existem empresas especializadas, nas diversas regiões do país, as quais fornecem, periodicamente, sob assinatura ou por meio de publicações, os valores dos materiais e serviços. Uma prática que se generaliza é a adoção do custo por metro linear de tubulação (englobando as conexões), em função da bitola utilizada, em que são incluídos apenas os equipamentos, válvulas, registros e aparelhos. Isso propicia facilidade dos cálculos e resultados satisfatórios. É necessário incluir na mão de obra, o custo das leis sociais, de valor elevado, que pode ser obtido, para cada região, nas referidas publicações especializadas ou, agora, até mesmo pela internet.

NOTA

Contratação por empreitada é a forma de remuneração de um valor em função da obra feita, ou seja, quem trabalha por empreitada não recebe salário. Assim, instalações hidráulicas, elétricas, pintura etc. empresas são contratadas com empresas ou grupos organizados de profissionais que recebem pelo trabalho feito, independentemente do tempo que demandará.

Algumas composições de custos estão exemplificadas adiante. Cada tipo de serviço apresenta composição específica; um mesmo serviço pode ter variações nesta composição, em razão das características construtivas de cada empresa executora. O item final da composição é Bonificação e Despesas Indiretas (BDI).

As despesas indiretas são todas aquelas necessárias à realização dos serviços, como as administrativas (com pessoal, escritório, telefone, impostos, taxas etc.), incidentes sobre a obra. O valor dessas despesas é específico de cada empresa, mas em certas composições de custos, geralmente para órgãos públicos, é predeterminado pelo contratante, não diferindo muito do valor real das empresas.

O outro item, a Bonificação, é o lucro que a empresa executora pretende, em função do tipo de serviço que executará. O valor é variável, segundo as características de cada empresa, as flutuações do mercado de trabalho, o interesse e necessidade em realizar o serviço etc. Todos os demais custos de execução já se acham contabilizados e este é próprio de cada empresa, que deve adicionar eventuais custos financeiros com a execução da obra, como o custo do dinheiro empregado, atrasos no pagamento etc.

O orçamento final, englobando os itens anteriormente expostos, constitui-se no valor calculado para sua execução.

Orçamento de serviços de instalações hidráulicas

Obra:				
Serviço: Instalação de água fria				
Item	Discriminação do serviço	Unidade	Quantidade	Total
1	Materiais:			
	A			
	B			
	C			
	D			
	E			
2	Mão de obra:			
	Engenheiro			
	Encarregado			
	Encanadores			
	Serventes			
3	Leis sociais:			
4	Total de mão de obra (2 + 3)			
5	Custo dos serviços (1 + 4)			
6	BDI			
7	Preço total (5 + 6)			

9 – Lista de Materiais, Orçamento

Composição de custos unitários

Serviço: caixa de inspeção – alvenaria de tijolo – 0,60 × 0,60 m				
Componentes	Unidade	Quantidade	Custo unitário	Custo total
Tijolo	unid.	110		
Cimento	kg	33,25		
Areia	m^3	0,12		
Brita n. 2	m^3	0,06		
Aço Ca-50	kg	0,90		
Tábua de pinho 3.ª - 1 × 12	m^2	0,50		
Pedreiro	h	6,10		
Servente	h	9,20		
Custo unitário total				

Serviço: tubulação para água fria de PVC soldada – 32 mm				
Componentes	Unidade	Quantidade	Custo unitário	Custo total
Tubo	m	1,50		
Solução limpadora	cm^3	0,04		
Lixa de água	folha	0,06		
Adesivo para PVC	g	0,02		
Encanador	h	0,90		
Ajudante	h	0,90		
Custo unitário total				

Serviço: tubulação para esgoto de PVC – 100 mm				
Componentes	Unidade	Quantidade	Custo unitário	Custo total
Tubo	m	1,5		
Anel de borracha	unid	1		
Encanador	h	1		
Ajudante	h	1		
Custo unitário total				

PLANILHA DE ORÇAMENTO
Linha de água fria soldável

Item	Material	Diâmetro DN (mm)	Unid.	Quantidade	Preço unitário	Preço total
1	Tubo de PVC	20				
2		25				
3		32				
4		40				
5		50				
6		60				
7		75				
8		85				
9		110				
10	Curva 90°	20				
11		25				
12		32				
13		40				
14		50				
15		60				
16		75				
17		85				
18		110				
19		20				
20	Joelho 45°	25				
21		32				
22		40				
23		50				
24		60				
25		75				
26		85				
27		110				
28		20				
29		25				
30	Joelho 90°	32				
31		40				
32		50				
33		60				
34		75				
35		85				
36		110				
37		20				
38	Luva	25				
39		32				
40		40				
41		50				
42		60				
43		75				
44		85				
45		110				
46		20				
47	TE	25				
48		32				
49		40				
50		50				
51		60				
52		75				
53		85				
54		110				

10 MANUTENÇÃO E CUIDADOS DE USO

10.1 CONSIDERAÇÕES GERAIS

As instalações constituem a parte dinâmica de um edifício e, portanto, são mutáveis, necessitando de operação permanente e manutenção periódica. A facilidade de operação e manutenção é um item obrigatório na fase de projeto e não pode ser esquecido, pois problemas posteriores fatalmente surgirão se houver omissão deste aspecto.

A manutenção não apenas deve, mas tem de ser uma atividade rotineira de modo a garantir o nível de desempenho esperado e definido em projeto.

A frequência desta manutenção deve ser estabelecida, mas depende do tipo e complexidade da instalação, para que se possa estabelecer seu custo e compará-lo com os custos que as interrupções de funcionamento causam e mesmo a ruina do sistema, com consequentes custos adicionais para se implantar uma nova instalação.

A manutenção é fundamental e imprescindível para garantir a vida útil da instalação, como um todo.

Há um velho ditado no âmbito da manutenção:

- quando tudo vai bem, ninguém se lembra que existe;
- quando algo vai mal, dizem que não existe;
- quando apresenta despesas, dizem que não é preciso que exista;
- porém quando realmente não existe, todos concordam que deveria existir...

Atenção especial deve receber o local de implantação do projeto. Certos equipamentos, de custo elevado e manutenção especializada, podem ficar inoperantes em pouco tempo, em decorrência da localização geográfica (por exemplo, em escolas de áreas rurais de difícil acesso) e dos altos custos de uma manutenção eficaz. Usuários serão afetados se não houver estrutura adequada de manutenção e a simplificação ou adoção de alguns critérios podem resolver a situação. É o caso de reservatórios hidropneumáticos, válvulas especiais e bombas submersas, em localidades do interior do país ou áreas rurais de difícil acesso. Equipamentos utilizados por clientes sem os necessários recursos financeiros para uma correta manutenção poderão também ficar logo inativos. Um recurso é eliminar estes equipamentos ou substituí-los por outros, convencionais, ainda na fase de planejamento do projeto. Quanto aos equipamentos e às peças em geral, os mesmos devem ser protegidos, evitando a sua manipulação indevida por terceiros.

A manutenção das instalações hidráulicas proporciona-lhes segurança no uso e maior vida útil. Estatísticas de manutenção referentes a edifícios públicos e residências indicam que a maioria dos problemas está na área de instalações hidráulicas, o que atesta a importância do assunto.

Os itens critérios de projeto e critérios de execução, examinados ao longo deste trabalho, contêm observações importantes também à respeito de manutenção. Visto o sistema como um todo, as recomendações anteriormente apresentadas atendem às necessidades de manutenção. São exemplos: a locação e disposição dos reservatórios e seus equipamentos e a colocação de registro geral em cada compartimento.

A NBR 5674/77 – Manutenção de Edificações apresenta alguns parâmetros de manutenção de edificações, bem como a NBR 5626:1998 – Instalação Predial de Água Fria.

Nesta Seção será utilizado, com adaptações, o roteiro da Fundação para o Desenvolvimento da Educação (FDE), órgão da Secretaria da Educação do Estado de São Paulo, que fornece manutenção a mais de 6.000 prédios escolares deste estado e elaborou o *Manual Técnico de Manutenção e Recuperação*. Além disso, será aproveitada a experiência dos autores deste trabalho em mais de 35 anos de atividades específicas neste setor.

10.2 TIPOS

Como se sabe, a manutenção pode ser: preventiva ou corretiva. A experiência e as estatísticas demonstram que a existência de manutenção preventiva reduz sensivelmente, a necessidade de manutenção corretiva.

Na manutenção preventiva, são fatores importantes as averiguações periódicas do sistema e dos equipamentos. Esquemas predefinidos e conhecidos pelos operadores são fundamentais na manutenção corretiva. A pintura das tubulações nas cores convencionais evita utilização indevida e agiliza os trabalhos, particularmente na área industrial, em que predominam as instalações aparentes.

10.2.1 Manutenção preventiva

É realizada de forma programada, previamente, em intervalos regulares, cuja periodicidade é variável, em função das dimensões, tipo e complexidade das instalações. Embora seja a mais importante delas, a manutenção preventiva, em geral, não é realizada ou fica em um plano secundário. Entretanto compensa amplamente realizá-la, em razão de seu baixo custo e dos transtornos e custos evitados com reparos posteriores.

Dispõe-se, atualmente, de equipamentos para localização de tubulações e vazamentos, além de outros de custo razoável e fácil utilização, para diversas finalidades, como a determinação da pressão em pontos da rede (manômetros) e nas instalações elevatórias e aparelhos mecânicos para limpar a rede de esgoto.

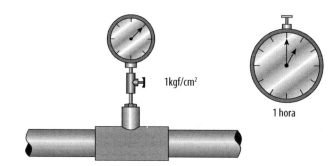

FIGURA 10.1 Manômetro – aparelho para verificar a pressão na tubulação.

Alguns procedimentos de manutenção preventiva, para água fria, esgotos e águas pluviais:

- Diária
  - verificar o nível dos reservatórios;
  - manter os ralos e seu entorno livres de detritos.
- Mensal
  - limpar caixa de areia;
  - limpar caixa de inspeção de esgotos e de águas pluviais;
  - limpar caixa de gordura;
  - limpar os ralos;
  - verificar os fechos hídricos dos ralos sifonados;
  - limpar crivo da válvula de pé;
  - verificar o funcionamento da bomba (vazão etc.);
  - verificar e regular válvulas de descarga.
- Semestral
  - efetuar testes de verificação de vazamentos;
  - limpar crivos dos chuveiros e arejadores;
  - operar os registros de gaveta;
  - verificar calhas (limpeza, juntas etc.);
  - verificar o espaço livre destinado às tubulações, caso exista.
- Anual
  - retirar parte do lodo da fossa séptica.

10.2.2 Manutenção corretiva

É a efetuada de imediato, em avarias no sistema, devendo os responsáveis estar equipados, treinados e preparados para os procedimentos específicos nestas emergências, contando com equipamentos de proteção individual (EPIs).

A planilha de controle de manutenção dos equipamentos é indispensável, com registro periódico das ocorrências e intervenções em cada um deles.

10.3 VERIFICAÇÃO DE VAZAMENTOS

Os vazamentos podem apresentar-se visíveis ou de origens invisíveis. São facilmente detectáveis os visíveis, enquanto os de origens invisíveis, às vezes, ocasionam grande trabalho de detecção. O procedimento básico é efetuar o controle mensal das contas de água. Em casos de suspeita, reduzir o controle para períodos menores, como semanais, controlando a leitura dos hidrômetros. Saber ler o tipo específico de hidrômetro (existem diversos tipos) é fundamental. As recomendações a seguir, da Companhia de Saneamento Básico de São Paulo (Sabesp), são muito elucidativas.

10.3.1 Como verificar vazamentos

Os vazamentos visíveis ocorrem com mais frequência no extravasor da caixa d'água (ladrão), em função do mal funcionamento da boia, nas torneiras, na válvula de descarga ou na caixa de descarga.

Para ter ideia da importância desses vazamentos no aumento da conta, basta citar um exemplo: uma torneira pingando bem devagar consome em um dia 46 litros de água. Em um mês, isso significa 1.380 litros ou 1,38 m³ a mais no consumo.

Os vazamentos não visíveis são descobertos fazendo-se os testes descritos adiante.

Havendo vazamentos, deve-se confiar o conserto a um profissional competente.

Vazamento na válvula ou na caixa de descarga

1. jogue cinzas no vaso sanitário; 2. o normal será a cinza ficar depositada no fundo do vaso; 3. em caso contrário, é sinal de vazamento na válvula ou na caixa de descarga.
Obs.: nas bacias cuja saída de descarga for para trás (em direção da parede), deve-se fazer o teste esgotando-se a água, se a bacia voltar a acumular água, há vazamento na válvula ou na caixa de descarga.

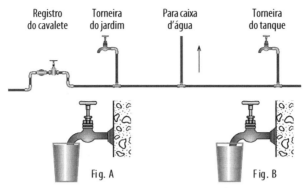

Vazamento no ramal direto da rede

1. feche o registro do cavalete; 2. abra uma torneira alimentada diretamente pela rede da Sabesp (torneira do jardim ou do tanque); 3. espere até a água parar de correr; 4. coloque um copo cheio de água na boca da torneira, como na Figura A; 5. se houver sucção da água do copo pela torneira (Figura B), é sinal que existe vazamento no tubo alimentado diretamente pela rede.

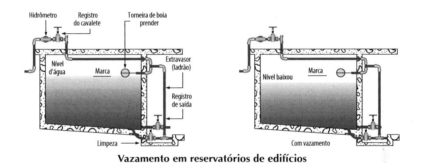

Vazamento em reservatórios de edifícios

1. feche o registro de saída do reservatório do subsolo; 2. feche completamente a torneira da boia; 3. marque no reservatório o nível de água e, após uma hora, no mínimo, veja se ele baixou; 4. em caso afirmativo, há vazamento.

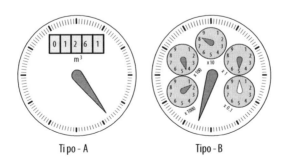

Vazamento no ramal direto da rede

1. mantenha aberto o registro do cavalete; 2. feche bem todas as torneiras da casa e não utilize os sanitários; 3. feche completamente as torneiras de boia das caixas, não permitindo a entrada de água; 4. marque a posição do ponteiro maior do seu hidrômetro e, após uma hora verifique se ele se movimentou; 5. caso tenha se movimentado, é sinal que existe vazamento no ramal diretamente alimentado pela rede da concessionária local.

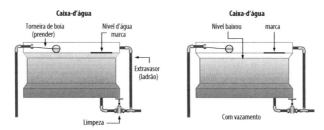

Vazamento na instalação alimentada pela caixa

1. feche todas as torneiras da casa e não utilize os sanitários; 2. feche completamente a torneira de boia da caixa, impedindo a entrada de água; 3. marque na caixa o nível de água e, após uma hora no mínimo, verifique se ele baixou; 4. em caso afirmativo, há vazamento na canalização ou nos sanitários alimentados pela caixa de água.

Esquema de instalação

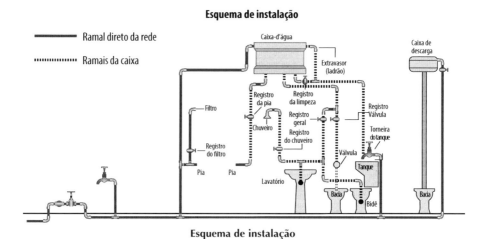

Esquema de instalação

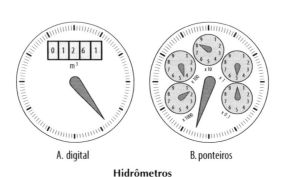

Hidrômetros

A, No hidrômetro digital deve-se ler os algarismos pretos, por exemplo:
a leitura do mostrador é de 126 metros cúbicos (m³). Cada m³ corresponde a 1.000 litros.
B. Ponteiros. No hidrômetro de ponteiros, anote os números indicados pelos 4 ponteiros pretos dos círculos menores, da esquerda para a direita. por exemplo, a leitura do mostrador da figura é de
1.485 metros cúbicos.

Recomendações importantes

- Leia periodicamente seu hidrômetro, anotando o número indicado e a data;
- Calcule seu consumo pela diferença entre duas leituras;
- Calcule seu consumo médio diário dividindo o consumo do período pelo número de dias correspondentes.

Exemplo:

leitura em 01/08/2003 = 1.393
leitura em 11/08/2003 = 1.400
leitura em 21/08/2003 = 1.412
leitura em 01/09/2003 = 1.421

No período de 01/08/2003 a 11/08/2003 seu consumo foi de 1.400 − 1.393 = 7 m^3. Como esse período tem 10 dias, seu consumo médio diário foi de 7 ÷ 10 = 0,7 m^3, (metros cúbicos), ou seja 700 litros por dia.

No período de 11/08/2003 a 21/08/2003 temos: 1.412 − 1.400 = 12 m^3, que, divididos pelo número de dias que é igual a 10 resultando: 12 ÷ 10 = 12 m^3, que corresponde ao consumo de 1.200 litros por dia em média.

No período de 21/08/2003 a 01/09/2003 temos: 1.421 − 1.412 = 9 m^3 de consumo. Dividindo pelo número de dias, que é igual a 10 chegamos ao seu consumo médio diário: 9 ÷ 10 = 0,9 m^3, que corresponde a 900 litros.

Para facilitar seus cálculos, use a tabela apresentada adiante.

Aprenda a conferir na própria conta do seu consumo de água

- No circulo, está indicado seu consumo médio mensal nos últimos seis meses;
- No triângulo, está o consumo do último mês;
- Atenção, o consumo sempre é medido em metros cúbicos (m^3);
- Se por algum motivo a Sabesp não puder fazer a leitura do seu hidrômetro (veja os códigos no verso da conta), você será cobrado pela média. Se nesse mês em questão você consumiu mais ou menos, a diferença será acertada na próxima conta.

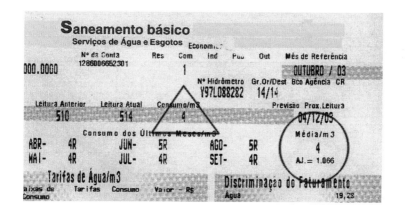

Sugestão de tabela para controle de consumo de água

Data da leitura	Leitura m³	Consumo m³	Número de dias/período	Consumo médio diário
01.04.03	1.393			
11.04.03	1.400	7	10	0,7 m³
21.04.03	1.412	12	10	1,2 m³
01.05.03	1.421	9	10	0,9 m³

Importante:

Caso o seu consumo diário apresentar aumento significativo, sem que tenha havido qualquer anormalidade no seu consumo, verifique com urgência suas instalações internas. Isso pode ser sinal de vazamentos.

10.4 PROCEDIMENTOS DE MANUTENÇÃO

10.4.1 Água Fria

10.4.1.1 Válvula de descarga

Deve-se efetuar periódico reparo ou limpeza nas partes mecânicas internas da válvula para que esteja sempre em condições de uso e proporcione economia de água. Existem vários tipos de válvulas, alguns fora de linha, cada um requerendo uma manutenção, principalmente ao se trocar o reparo (molas e vedações internas).

10.4.1.2 Válvulas reguladoras de pressão

Manômetros instalados junto a essas válvulas podem detectar problemas. Devem ser imediatamente corrigidos, pois podem surgir defeitos de vulto no sistema, a jusante das válvulas.

10.4.1.3 Tubulações

a) vazamentos: em geral surgem nas juntas mal executadas e propagam-se como manchas de umidade;

10 – Manutenção e Cuidados de Uso

b) suportes: deve-se examiná-los, quando aparentes;
c) juntas de dilatação, liras e outros pontos especiais do sistema: é necessário verificá--los.

10.4.1.4 Vazamento nas peças de utilização

Normalmente, o vazamento ocorre em peças desgastadas, que precisam ser substituídas. Em torneiras, basta trocar a válvula (bucha ou courinho), fechando antes o registro geral.

10.4.1.5 Torneira de boia

Dificilmente ocorre defeito na abertura, que impeça a entrada de água; caso isso ocorra, pode ser corrigido manualmente. Havendo desgaste, ela não fechará, não impedindo a entrada com o reservatório cheio, e será necessário trocar a vedação.

10.4.1.6 Reservatórios

A NBR 5626/98, no seu item 7.6, prescreve uma série de medidas para a manutenção dos reservatórios, bem como a correta observação dos procedimentos de planejamento e projeto dos reservatórios, visando proporcionar, também, condições para uma manutenção fácil, rápida e segura.

As aberturas convenientemente localizadas para permitir o fácil acesso ao interior do reservatório, com rebordos com altura mínima de 0,05 m (5 centímetros), malha para vedação da tubulação de extravasão, tampas fixadas, correto posicionamentos dos registros e peças de utilização etc., são fundamentais para a conveniente operação e manutenção dos reservatórios. Sendo assim, pode-se efetuar manutenção ou limpeza em uma câmara, de forma independente da outra, mantendo-se o abastecimento da instalação, tanto para os reservatórios inferiores como para os superiores, conforme as figuras apresentadas na Seção 1.4.7 – Reservatórios.

Os reservatórios de grande capacidade, a partir de 3.000 L, devem ser subdivididos em duas ou mais câmaras, comunicantes entre si por tubulação, visando flexibilizar a sua utilização, podendo abastecer setores independentes do edifício, além de facilitar a limpeza periódica. No caso de pequenos reservatórios domiciliares, é desejável colocar sempre duas unidades, facilitando a manutenção.

A inspeção periódica, ao menos uma vez por ano, é fundamental para detectar problemas antecipadamente.

10.4.1.7 Sistemas de recalque

O mau funcionamento dos conjuntos de recalque, geralmente, tem origens mecânicas, como desgastes nos rolamentos, folgas nas juntas, desalinhamentos e entrada de ar na canalização. Periódicas manutenções com troca de material de desgaste resolvem o problema. A vida útil dos conjuntos de recalque, como a de qualquer equipamento, depende de criteriosa escolha e da qualidade dos materiais empregados na sua fabricação.

Cuidados especiais devem ser tomados na instalação, operação e manutenção, para assegurar uma duração longa e eficiente, visando à amortização dos custos de implantação.

Inspeções periódicas, determinadas pelos fabricantes, devem ser efetuadas, considerando as características e os materiais dos equipamentos. Verificação de desgastes, vibrações anormais, alinhamentos, lubrificação, limpeza da válvula de pé e, em sistemas de maior porte, testes de funcionamento, com medições de pressão e vazão, constituem as providências adequadas.

10.4.1.8 Limpeza do reservatório

É uma das questões mais importantes para se garantir a potabilidade da água. Os reservatórios devem ser limpos pelo menos uma vez ao ano, de acordo com a NBR 5626/98, e com periodicidade ainda menor de acordo com prescrições estaduais ou municipais. Depois de uma limpeza física retirando-se lodo e outros materiais depositados, é necessário desinfectar a instalação usando água sanitária ou similar. Os procedimentos, de acordo com a NBR 5626/98 são:

- fechar o registro de entrada de água, junto ao reservatório, de preferência em dia de menor consumo;
- remover a tampa do reservatório e verificar a situação do mesmo. Caso haja muito lodo no fundo, deve-se removê-lo antes de descarregar a água, para tanto deve-se vedar as tubulações de limpeza e de saída para os ramais de abastecimento, evitando-se o seu entupimento;
- destampar a saída da tubulação de limpeza, abrir o seu registro e esvaziar o reservatório;
- durante o esvaziamento, escovar as paredes e o fundo com escova de fios vegetais ou macios para que toda a sujeira saia com a água, não utilizando sabões, detergentes ou outro produto;
- fechar o registro de limpeza, abrir o registro de entrada de água e acumular cerca de 20% do volume de água do reservatório e fechar o registro de entrada;
- adicionar uma solução desinfetante, por exemplo, água sanitária de uso doméstico, que tenha, no mínimo, 2% de cloro livre ativo, sendo a dosagem de 1 litro de água sanitária para cada 100 litros de água acumulada. Todas as paredes internas devem ser molhadas com esta substância;
- aguardar 2 (duas) horas e, neste período, todas as paredes devem ser mantidas molhadas com esta solução;
- esvaziar o reservatório, abrindo o registro de limpeza;
- tampar o reservatório, abrir o registro de entrada de água, enchê-lo e estará pronto para uso normal;
- nos procedimentos anteriores, utilizar luvas de borracha e outros equipamentos de proteção adequados às circunstâncias do reservatório.

10 – Manutenção e Cuidados de Uso

NOTA:

Este procedimento limpa apenas o reservatório, tomando-se o cuidado de vedar a saída da tubulação de alimentação do sistema, evitando-se a penetração de água sanitária no mesmo. Porém, é recomendável a limpeza de todo o sistema, ou seja, das tubulações da rede predial, mas deve-se tomar uma série de precauções adicionais, evitando-se que a água utilizada para limpeza venha a permanecer nas tubulações do sistema.

Estes procedimentos, embora simples, requerem uma certa coordenação da operação, demandam um tempo bem maior, devendo ser realizados em período sem utilização do sistema pelos usuários e uma grande responsabilidade pelos operadores, evitando que algum ramal ou sub-ramal permaneça com água acumulada, bem como a operação de limpeza deve ser amplamente divulgada aos usuários e ter a participação dos mesmos, no caso de edifícios residenciais.

As peças de utilização devem ser abertas de acordo com a proximidade do reservatório, ou seja, as peças mais a montante da instalação devem ser abertas antes das situadas a jusante, até que todas tenham sido abertas.

A substância deve permanecer, também, por 2 horas no sistema e, após isso, abrir todos os pontos de utilização, de modo a escoar completamente a água acumulada, pois a substância desinfetante não pode ser consumida, em hipótese alguma.

10.4.2 Esgotos sanitários

10.4.2.1 Rede

Basicamente, ocorrem três problemas: entupimentos, mau cheiro e vazamentos. Em geral, os entupimentos, decorrem de uso indevido do sistema, e deve-se tomar as seguintes precauções:

a) não jogar materiais que possam entupir os vasos sanitários (absorventes femininos etc.);

b) criar locais externos para limpeza de mãos sujas de óleo ou graxas, com areia, para que não provoquem entupimento nos lavatórios;

c) limpar ralos sem forçá-los ou usando objetos perfurantes, para evitar o rompimento de ligações com a tubulação;

d) não vedar, quando do revestimento, as peças de inspeção de condutores verticais embutidos, localizadas em sua parte inferior, junto ao piso, elas devem ser mantidas aparentes e utilizáveis ou, no máximo, ser vedadas com peça de madeira ou plástico removível.

O mau cheiro, pode ser proveniente de:

a) bacias sanitárias mal rejuntadas com o piso;

b) ralos sifonados com fechos hídricos deficientes (menores que 5 cm);

c) ralos sifonados que, simplesmente, tenham perdido o fecho hídrico por evaporação da água, caso mais comum.

Os vazamentos ocorrem principalmente na junta do ralo com o piso. É um caso típico de perda de estanqueidade com o tempo. A argamassa que fixa o ralo — particularmente de boxes de chuveiros — se deteriora e a umidade penetra, causando no andar inferior bolor e ataque à pintura. A solução é a troca periódica da argamassa, com adição de impermeabilizante. A Amanco possui o Anti-infiltração, um dispositivo que impede que eventuais infiltrações causem danos no andar inferior. Visite o site <www.amanco.com.br> e saiba um pouco mais sobre este produto.

10.4.2.2 Fossa séptica

Após alguns anos de uso, acumula-se lodo em decomposição no fundo da fossa. A parte mais biodegradável decompõe-se e torna-se líquida. A parte menos biodegradável e materiais inertes vão formando um lodo, que deverá ser disposto, pois caso contrário, acumular-se-ía e sairia da fossa. O lodo retirado da fossa deve ser enterrado em local em que o lençol freático seja baixo, ou misturado com o lodo de outra estação de tratamento de médio ou grande porte.

Não se deve usar neste local produtos germicidas esterilizantes, como água sanitária, que também eliminarão as bactérias necessárias ao próprio funcionamento da fossa.

10.4.3 Águas pluviais

Os pontos do sistema pluvial que mais requerem manutenção preventiva são calhas e buzinotes.

O transbordamento de calhas é um dos defeitos mais comuns. Elas ficam sujas em virtude do acúmulo da poeira, galhos, folhas e sujeiras de pássaros. Com isso, forma-se uma crosta que impede o escoamento da água. Esta crosta transforma-se em lodo com a umidade e, nas calhas metálicas, favorece o seu apodrecimento. A deficiente circulação de água nas calhas pode causar seu represamento; como o seu sistema de fixação não se destina a suportar água represada, em consequência, partes da calha podem ceder. Todo o funcionamento hidráulico da calha se altera.

Calhas e buzinotes necessitam de limpeza pelo menos duas vezes por ano, uma delas imediatamente antes da estação das chuvas. Coberturas com grandes dimensões, de prédios antigos, em áreas urbanas, geralmente com sistemas complexos de captação, utilizando muitas peças, precisam de inspeção mais frequente, mensal e até mesmo semanal.

Um dos pontos nevrálgicos de uma edificação (conforme comprovaram os autores deste trabalho, na experiência profissional) é a cobertura, pois está sujeita aos efeitos extremamente danosos de um sistema pluvial de má qualidade. Ao penetrar umidade no telhado, o madeiramento que o sustenta é atingido; progressivamente, o telhado vai sofrendo os problemas de umidade causados pela entrada de água e cede parcial ou totalmente. A penetração da água provocará enormes danos na pintura, pisos, instalações elétricas e outras partes do edifício. A adequada manutenção e limpeza de um eficiente sistema pluvial evita ou minimiza as patologias da edificação.

10 – Manutenção e Cuidados de Uso

Um singular problema afeta certas edificações e seu sistema pluvial. É a formação de colônias de pombos com o consequente surgimento de ninhos e acúmulo de sujeira de fezes. Segundo o jornal O *Estado de São Paulo* – Suplemento Agrícola, página G-2, de 24/12/97 ao entrevistar especialista em zoonoses (doenças transmitidas por animais) a única medida prática contra pombos são as barreiras físicas. Em calhas, isso só é possível com a colocação de telas para impedir a entrada dos pássaros. Produtos químicos e sistemas de som não são recomendáveis. São também recomendáveis medidas de limpeza da área do entorno, eliminando-se restos de alimentos.

10.4.4 Manual de operação e manutenção

Os procedimentos para a correta manutenção do sistema devem ser fornecidos pelo executante ao usuário, em um manual de operação e de manutenção, obrigatório em instalações a partir de médio porte.

Elaborado em função de cada instalação especificamente, o manual deve conter, como anexo, cópia do projeto (plantas, memoriais e especificações), como construídas (*as built*) e, caso não existam, deve-se cadastrar as instalações, da melhor maneira possível. Também é necessário constar cópia dos resultados dos testes efetuados, os manuais dos equipamentos instalados e os respectivos certificados de garantia.

Aqui você pode fazer as suas anotações

11 APRESENTAÇÃO DE PROJETOS

Como visto anteriormente, o projeto completo, compreende: memorial descritivo e justificativo, memorial de cálculo, especificações de materiais e equipamentos, desenhos (plantas, perspectivas isométricas, detalhes construtivos), relação de materiais e equipamentos, orçamentos, enfim, todos os detalhes necessários ao perfeito entendimento do projeto.

Dependendo do acordo entre o contratante e o projetista, em função do vulto da obra, podem ser incluídos o manual de operação e manutenção e cronograma físico financeiro. O manual é de fundamental importância, principalmente em sistemas de maior complexidade.

11.1 MEMORIAL DESCRITIVO

O memorial deve conter, de forma sucinta, a data de sua realização, a descrição geral do projeto, dividido por tipos, comentando-se as particularidades a serem observadas, como trechos prioritários para execução. É necessário relacionar todas as descrições aos desenhos (número, código) e indicar as normas que serviram de base ao projeto. A seguir, é apresentado um memorial descritivo sucinto, a título de modelo, lembrando-se que o efetivamente elaborado deve ser específico para cada projeto.

MODELO

Generalidades

O projeto segue rigorosamente os princípios preconizados nas NBRs (*citam-se as Normas*), disposições legais do Estado (*Código Sanitário Estadual*) e do Município (*prescrição municipal*), bem como as prescrições dos fabricantes dos diversos materiais e equipamentos. O projeto de instalações hidráulicas da (*citar a obra*) compreende os seguintes itens:

Abastecimento e distribuição de água fria

A instalação é constituída pelo conjunto de tubulações, conexões, registros, válvulas e demais acessórios detalhados.

O projeto obedece ao sistema de distribuição (*citar o tipo*), sendo o(s) reservatório(s) localizado(s) em (*citar o local*), que atenderá a pressão mínima necessária.

A reserva acha-se locada no(s) reservatório(s) (*citar e caracterizar*). A partir do reservatório superior derivam as colunas que abastecerão os (*citar os locais*).

As tubulações e conexões serão em PVC (ou outro material).

Itens a serem inseridos e caracterizados:

- bombas (tipo, localização, capacidade etc.);
- reservatórios (tipo, material, localização, estrutura etc.);
- rede de distribuição (número de colunas, critérios de locação, aparelhos conectados etc.);
- dispositivos especiais (válvulas etc.).

Coleta e disposição dos esgotos sanitários

A instalação de esgotos sanitários compõe-se do conjunto de tubulações, aparelhos sanitários e demais acessórios detalhados em projeto. Os efluentes serão coletados e encaminhados ao seu destino final (coletor público, corpo de água ou, eventualmente, o próprio terreno).

Itens a serem inseridos e caracterizados:

- ramal de descarga;
- ramal de esgoto;
- tubo(s) de queda;
- ventilação;
- dispositivos (caixa de inspeção, caixa de gordura etc.).

Coleta e encaminhamento das águas pluviais

A instalação de águas pluviais é composta do conjunto de tubulações, calhas e demais acessórios detalhados em projeto. As águas provenientes da cobertura e do piso serão coletadas e encaminhadas ao seu destino final (meio-fio, corpo de água ou, eventualmente, ao próprio terreno).

Itens a serem inseridos e caracterizados:

- calhas;
- condutores verticais;
- coletores horizontais;
- dispositivos (ralos, caixa de inspeção, caixas de areia etc.).

Disposições gerais

Os serviços devem ser executados por profissionais experientes, de acordo com as seguintes prescrições:
(*Seguem-se as prescrições específicas para cada projeto, itens estes que podem ser obtidos junto a Seção Critérios de Projeto, em cada tipo de projeto*).

11.2 MEMORIAL DE CÁLCULO

Esse memorial deve conter, de forma sucinta, os critérios e normas que nortearam o cálculo, para cada tipo de projeto, bem como particularidades especiais que mereçam citação. É necessário relacionar todas as descrições aos desenhos (número, código) e indicar as normas que serviram de base ao cálculo. As prescrições específicas para cada projeto são obtidas junto a Seção Dimensionamento. A seguir, é apresentado um memorial de cálculo sucinto, a título de modelo, lembrando-se que o efetivamente elaborado deve ser específico para cada projeto.

Memorial de Cálculo – Modelo

Distribuição e abastecimento de água fria

A reserva foi calculada em função das características do consumo, tendo resultado em um total de (× mil litros).

A rede de distribuição foi calculada pelo método da "máxima vazão provável" utilizando-se o ábaco de Flamant e adotando-se os diâmetros e pressões mínimas, bem como as demais recomendações previstas na NBR 5626/98 – Instalações Prediais de Água Fria.

Coleta e disposição dos esgotos sanitários

A instalação de esgotos foi dimensionada com base nas UHC, de acordo com as tabelas apresentadas na NBR 8160/99 – Instalações Prediais de Esgotos Sanitários. Foram observadas as recomendações dos diversos fabricantes das tubulações, aparelhos e dispositivos a serem instalados.

Coleta e encaminhamento das águas pluviais

O sistema foi dimensionado para uma intensidade de chuva de (× mm/hora), valor máximo de precipitação atmosférica conhecida na área do projeto. Com base neste valor, foram dimensionadas as calhas, condutores verticais e horizontais e os demais dispositivos que compõem o sistema. A todos os elementos foi dado o caimento maior ou igual ao mínimo previsto e os cálculos basearam-se na NBR 10844/89 – Instalações Prediais de Águas Pluviais.

11.3 ESPECIFICAÇÕES DE MATERIAIS E EQUIPAMENTOS

As especificações, devidamente subdivididas pelos tipos de projeto e relacionadas por itens, devem apresentar todas as características dos serviços, materiais e equipamentos, não deixando nenhuma dúvida quanto ao material a ser adquirido e utilizado. Quanto aos materiais, devem ser citadas as normas a eles pertinentes, seu padrão de qualidade e eventuais testes para recebimento e aceitação; com respeito aos equipamentos, a marca, características técnicas e critérios de recebimento. Como exemplo de especificação tem-se:

Tubulação de água fria: deverá ser em PVC, de acordo com a NBR 5648/99 (antiga EB 892), com juntas soldadas, para uma pressão de serviço de 7,5 kgf/cm² (0,75 MPa ou, ainda, 75 mca), em barras de 3 e 6 m, nos diâmetros de 20 a 110 mm.

11.3.1 Relação de materiais e equipamentos

Verificar, para isso, as planilhas de orçamento, compostas por planilhas de quantitativos (lista de material).

11.4 DESENHOS

Os desenhos devem seguir as Normas Brasileiras para desenho técnico, no geral, atendendo também ao discriminado a seguir, para cada um dos projetos de água fria, esgotos e águas pluviais. As plantas baixas e cortes baseiam-se nas plantas do projeto arquitetônico e as perspectivas isométricas e detalhes são específicas do projeto hidráulico.

Dos antigos gabaritos plásticos, visando facilitar e padronizar os desenhos, passou-se aos modernos programas computadorizados, tipo CAD, que executam os desenhos, permitindo uma enorme versatilidade nos desenhos, além dos desenhos convencionais, com apresentações em perspectiva, ângulos especiais, facilitando a visualização do sistema, suas interferências arquitetônicas e estruturais, por meio de perspectivas, gerando maior qualidade aos projetos. Há vários tipos de perspectivas isométricas, com diferentes ângulos, porém, os mais utilizados e práticos são os modelos apresentados a seguir. O detalhamento do desenho e a inserção de cotas e diâmetro das tubulações facilitam o orçamento e a execução da obra. Em esgotos e águas pluviais, dificuldades de representação plana (em planta e corte) podem ser supridas por detalhes como os apresentados adiante.

Ao longo deste trabalho, nos capítulos específicos de cada instalação são apresentadas diversas figuras, que servem de modelo. A NBR 8160/99 – Instalação Predial de Esgotos Sanitários, sugere uma simbologia e para a água fria e águas pluviais não há representações específicas, podendo-se adotar as usadas neste trabalho ou outras, a critério do projetista. Há grande diversidade de representações, bastando uma legenda completa, em cada planta, para evitar eventuais dificuldades de interpretação.

A utilização do sistema de eixos longitudinais e transversais, ao longo das paredes e/ou pilares, provenientes do projeto arquitetônico, é extremamente simples e facilita sobremaneira a imediata localização dos elementos hidráulicos e sua correlação com os demais projetos.

Em todas as plantas devem constar: identificação da obra, nome do responsável técnico e seu número no CREA, lista de material, tipo de material, numeração das colunas, caixas etc., de modo a individualizá-las, representação da simbologia adotada, enfim, todos os elementos necessários à perfeita compreensão do projeto. A seguir, uma relação dos itens básicos que devem constar de cada um dos projetos de instalações hidráulicas.

11.4.1 Água fria

- planta 1:200 – situação, com dimensões;
- plantas 1:50 – térreo, com dimensões;
- localização do cavalete;
- localização dos reservatórios e suas dimensões;
- caminhamento do alimentador predial;
- diâmetros;
- conexões;
- plantas 1:50 – uma para cada pavimento diferenciado, com dimensões;
- posição e caminhamento da tubulação de alimentação;
- diâmetros;
- conexões;
- cortes sem escala (cotados);
- esquema vertical de distribuição;
- diâmetros;
- conexões;
- pontos de ligação coluna/ramal;
- bombas;
- dispositivos;
- reservatórios;
- isométrico 1:20 – um para cada compartimento sanitário, com dimensões;
- diâmetros;
- conexões;
- dispositivos (registros, válvulas etc.);
- peças de utilização;
- detalhes 1:20 – reservatório, pontos especiais do sistema etc., com dimensões;
- diâmetros;
- ligações.

11.4.2 Esgoto

- planta 1:200 – situação, com dimensões;
- planta 1:50 – uma para cada pavimento diferenciado, com dimensões;
- localização dos tubos de queda;
- localização dos tubos de ventilação;
- diâmetros;
- conexões;
- planta 1:50 – térreo, com dimensões;
- localização dos tubos de queda;
- localização dos tubos ventiladores;
- localização dos subcoletores, do coletor predial e ponto de ligação à disposição final;
- localização, dimensões e cotas do fundo das caixas de inspeção;
- localização e dimensão de caixa de gordura;
- localização de fossa séptica, sumidouro ou outro dispositivo de tratamento;
- declividade das tubulações e seu sentido;
- diâmetros;
- conexões;
- RN e cotas do terreno;

- cortes sem escala;
- esquema vertical de encaminhamento;
- esquema vertical de ventilação
- diâmetros;
- conexões;
- detalhes 1:20, com dimensões;
- caixas de inspeção;
- caixa de gordura;
- dispositivos e ligações especiais;
- dimensões dos dispositivos;
- diâmetros;
- conexões.

11.4.3 Águas pluviais

- planta 1:200 – situação, com dimensões;
- planta 1:50 – uma para cada nível da cobertura, com dimensões;
- localização das calhas;
- declividades da calha e cobertura e seu sentido;
- localização dos condutores;
- localização de rufos, bandejas, buzinotes, rincões etc.;
- dimensões e diâmetros das peças (calhas, ralos, tubos etc.);
- planta 1:50 – térreo, com dimensões;
- planta de situação – detalhe;
- localização dos condutores;
- localização dos coletores;
- localização, dimensões e cotas do fundo das caixas de inspeção;
- localização de ralos e canaletas;
- declividade e seu sentido;
- indicação do ponto de ligação final;
- diâmetros dos dispositivos (calas, ralos, tubos etc.);
- conexões;
- RN e cotas do terreno e dos pisos internos;
- corte sem escala;
- esquema vertical de encaminhamento;
- diâmetros;
- conexões;
- detalhes 1:20, com dimensões;
- caixa de inspeção;
- caixa de areia;
- canaletas;
- calhas especiais;
- ligações e dispositivos especiais;
- drenagem junto a muros de arrimo;
- dimensões;
- diâmetros;
- conexões.

11 – Apresentação de Projetos

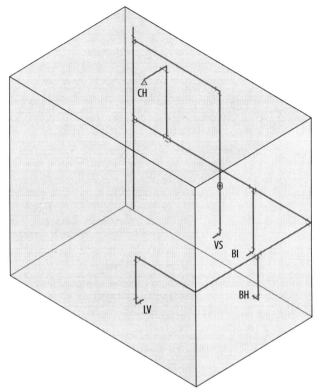

FIGURA 11.1 Esquema de montagem de isométrico.

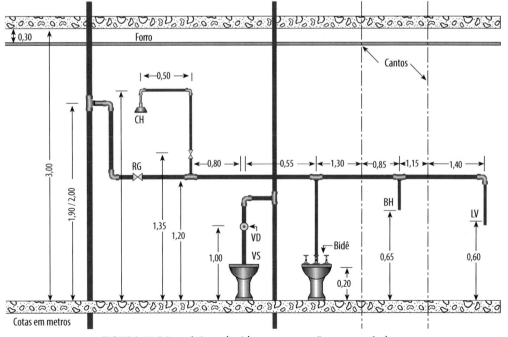

FIGURA 11.2 Isométrico rebatido – apresentação em um só plano.

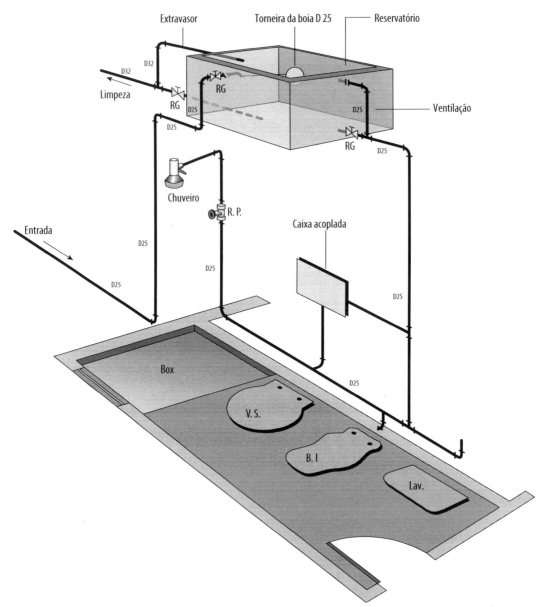

FIGURA 11.3 Isométrico de sanitário, com detalhes (diâmetros etc.). Observar a projeção das paredes e esquadrias, para verificar eventuais interferências.

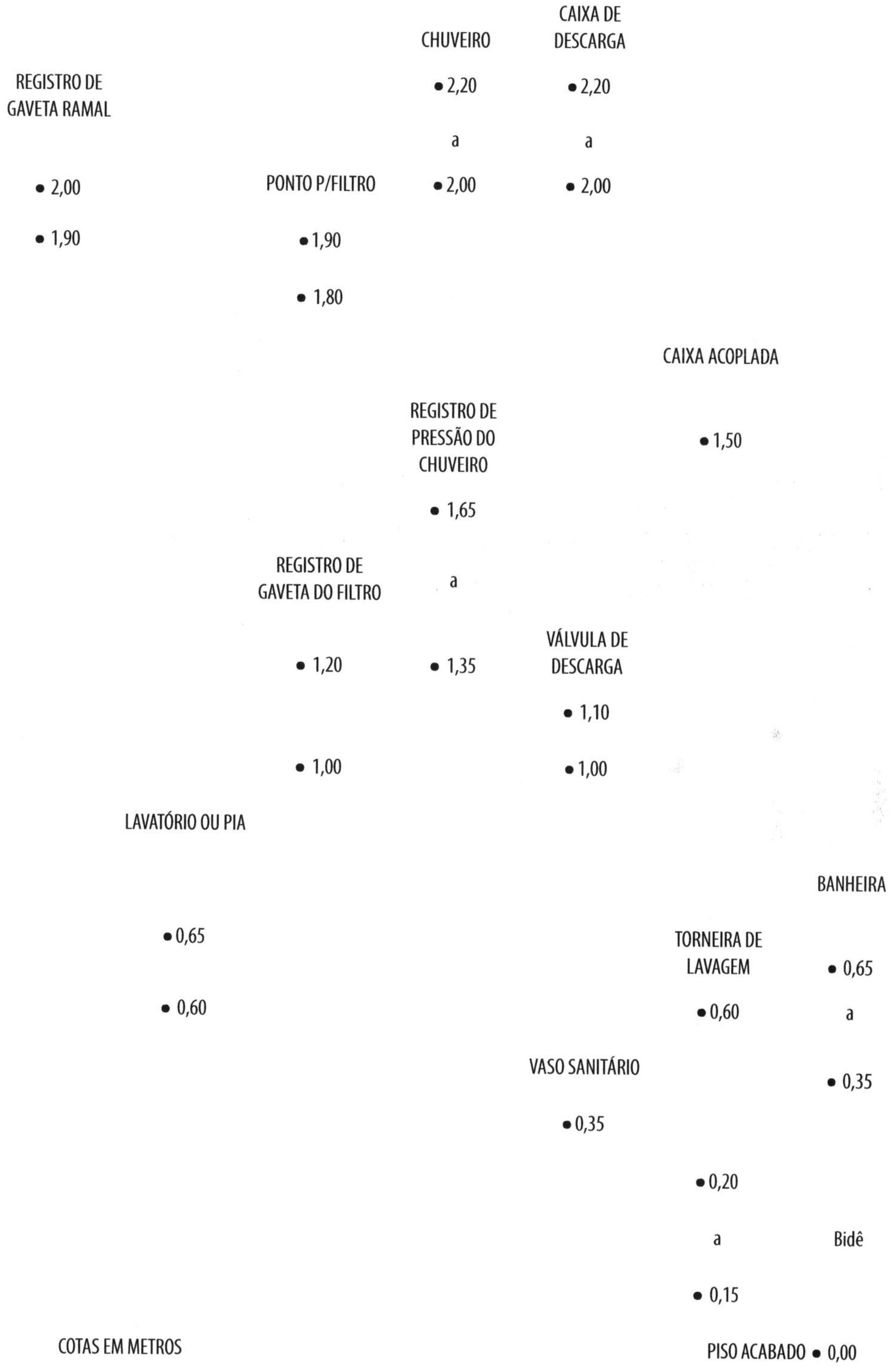

CAIXA DE
CHUVEIRO   DESCARGA

REGISTRO DE   • 2,20   • 2,20
GAVETA RAMAL
                              a   a

• 2,00   PONTO P/FILTRO   • 2,00   • 2,00

• 1,90   • 1,90

                  • 1,80

                                              CAIXA ACOPLADA

                REGISTRO DE
                PRESSÃO DO   • 1,50
                CHUVEIRO

                  • 1,65

REGISTRO DE   a
GAVETA DO FILTRO
                              VÁLVULA DE
                              DESCARGA

    • 1,20   • 1,35
                                • 1,10

    • 1,00   • 1,00

LAVATÓRIO OU PIA

                                              BANHEIRA

• 0,65   TORNEIRA DE   • 0,65
                              LAVAGEM
                                                   a
• 0,60   • 0,60
                                                • 0,35
                  VASO SANITÁRIO

                    • 0,35

                                • 0,20

                                  a   Bidê

                                • 0,15

COTAS EM METROS   PISO ACABADO • 0,00

FIGURA 11.4 Cotas usuais de instalação de aparelhos e peças de utilização,
observar referência ao piso acabado.

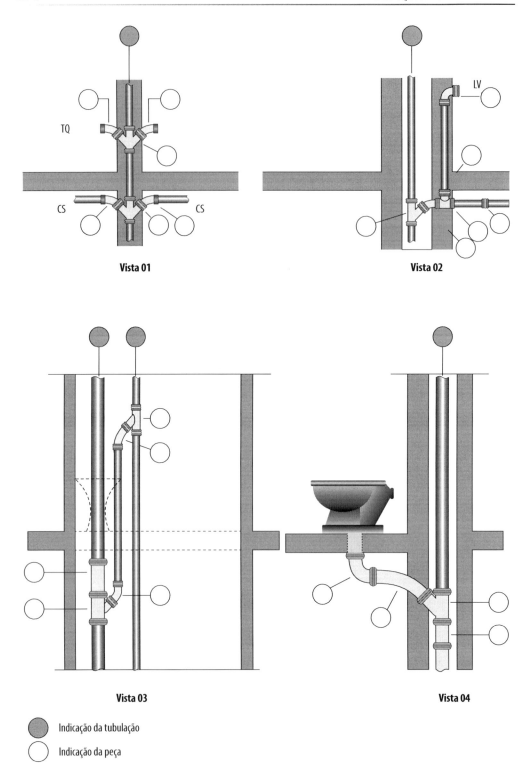

FIGURA 11.5 Detalhes de ligações de esgotos.

11 – Apresentação de Projetos

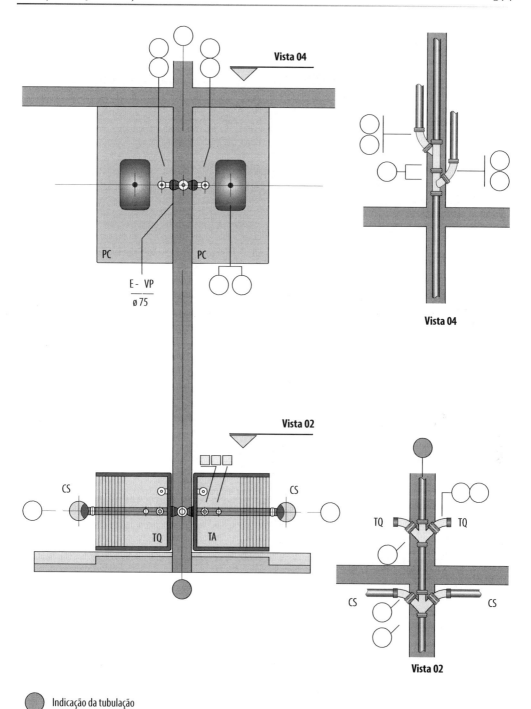

FIGURA 11.6 Detalhes de ligações de esgotos.

Aqui você pode fazer as suas anotações

anexo 1

A1 A ÁGUA: DA NATUREZA ATÉ OS USUÁRIOS

A1.1 Conceitos

A água na natureza está em constante movimento. Localiza-se, em sua maior parte, em mares e oceanos. Permanentemente, este e outros corpos de água sofrem intensa evaporação pela ação da energia solar, subindo o vapor produzido e formando as nuvens. Ao esfriar, as nuvens sofrem condensação e formam as chuvas, que, caindo na terra, alimentarão mares, lençóis freáticos, lagos, rios e córregos. Durante o período da seca, a água retida no lençol freático alimentará os cursos de água, que tenderão a correr para oceanos e mares voltando a entrar no circuito.

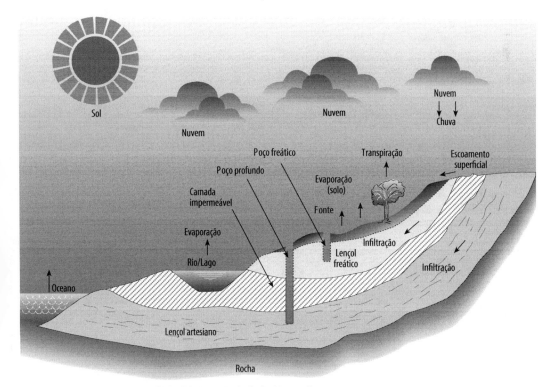

FIGURA A1.1 Ciclo hidrológico da água na natureza.

380   Instalações Hidráulicas Prediais

As águas dos cursos de água e do lençol freático são retiradas e usadas pelo homem. Existem dois tipos clássicos de uso da água nas edificações:

a) A água vem do lençol freático ou profundo e cada residência faz sua captação. É a solução individual por poços.

b) A água vem de um sistema composto de captação, adução, tratamento, reservação e rede de distribuição. É a solução via sistema público de abastecimento.

Nestes casos a solução usual é captar a água em rios, represas ou poços profundos. Em geral, as águas passam por tratamento para torná-la potável, ou seja, para que o seu uso não cause problemas de saúde e seja agradável (sem gosto ou cheiro).

Com o crescimento da população no mundo e a urbanização, a tarefa de obter água potável tornou-se mais difícil técnica e economicamente. Políticas para o uso disciplinado da água crescem em todo o mundo. Usá-la com parcimônia é um dos imperativos atuais.

Os sistemas prediais de uso de água precisam levar isto em conta, preferindo-se aqueles que tenham menores perdas, como preconizado na NBR 5626/98.

Nos esquemas adiante, está o percurso da água até chegar potável às residências. Em parte das cidades brasileiras, entretanto, a água fornecida pelo sistema público não atende às normas de potabilidade. É uma dura realidade brasileira no início do século XXI.

Às vezes, a água tornada potável perde depois essa qualidade. Algumas situações de perda de potabilidade são:

- contaminação da rede quando executados reparos;
- contaminação por falhas nas juntas dos tubos enterrados, penetrando água do lençol freático na rede, quando nesta ocorre internamente pressão negativa, ou seja, menor que a pressão atmosférica;
- contaminação nos reservatórios públicos por falta de limpeza e proteção, permitindo a entrada de corpos estranhos (por exemplo, falta de cobertura na tampa de inspeção).

Nos edifícios, a água potável pode perder esta qualidade nas situações de:

- contaminação no reservatório enterrado em razão de inundações ou infiltrações;
- contaminação no reservatório por falta de limpeza e/ou falta de cobertura permitindo a entrada de pó e insetos;
- efeito de sucção adicionando água servida na rede predial, em decorrência de conexão cruzada em aparelhos inadequados (como em velhos bidês).

Convém lembrar que o ser humano, em qualquer parte do mundo, ingere por dia de um a dois litros de água. A má qualidade desse produto é o maior vetor de disseminação de doenças.

Em nosso país, é comum instalar os reservatórios residenciais em locais de difícil acesso; isso dificulta a limpeza periódica necessária.

A1.2 ÁGUA POTÁVEL

Considera-se potável a água que, além de suprir às necessidades hídricas do corpo, apresenta-se com qualidades para não transmitir doenças e é agradável ao ser ingerida.

A água potável atende satisfatoriamente a necessidade do consumidor, evitando que procure outras fontes de abastecimento, eventualmente suspeitas. Mas como saber se uma água é potável?

Em termos de parâmetros físicos e químicos, uma água é potável quando se enquadra em determinados critérios fixados por normas. Essas normas evoluem com o tempo e devem ser flexíveis, para adequar-se a comunidades de variados níveis de desenvolvimento econômico e tecnológico.

O excelente livro *Controle da Qualidade da Água para Consumo Humano*, de Ben-Hur L. Batalha e Antônio Carlos Parlatore, fornece informações completas sobre controle de qualidade industrial e como estabelecer critérios para a potabilidade da água.

No Brasil, o dispositivo legal que fixa os critérios de potabilidade é a Portaria n. 518/2004, do Ministério da Saúde.

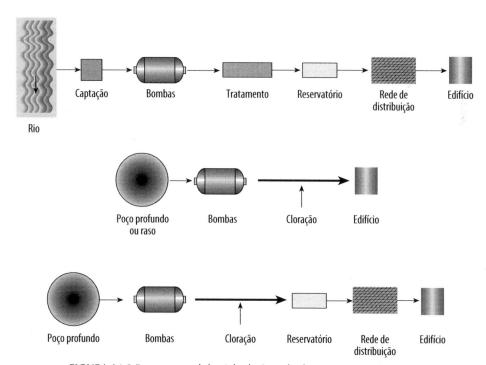

FIGURA A1.2 Esquema geral do ciclo da água desde a captação até o usuário.

NOTAS

1. Denomina-se mineral a água à qual se atribui poderes medicinais. Há fontes com águas minerais não potáveis, pois têm cheiro e gosto. A potabilidade da água de uma fonte deve ser verificada com a retirada de amostras para análise.

2. Água destilada não é potável por falta de gases dissolvidos e, em razão disso, tem gosto pesado. A água proveniente de evaporação deve ser agitada com violência antes do uso, permitindo a dissolução de gases.

3. Águas de poços profundos são, em geral, potáveis. Há poços que produzem águas extremamente quentes e precisam, para serem distribuídas na rede pública, passar antes por uma torre de resfriamento.

4. Segundo a revista *BIO*, da Associação Brasileira de Engenharia Sanitária e Ambiental, ano IX, n. 4, set/dez 1997, p. 39: *As diarreias são o maior problema* (médico e sanitário) *da humanidade, atingindo no mundo cerca de quatro bilhões de casos por ano.* A causa da diarreia é a ingestão de água não potável ou ingestão de alimentos sem higiene, além da falta de higiene das mãos.

5. As instalações hidráulicas prediais são um dos elos da corrente que leva água potável ao consumidor. Reservatórios sem limpeza, retrossifonagem de águas servidas para a rede de água potável, são obstáculos a vencer. As concessionárias de serviços de água só cuidam da água até o cavalete, a partir do qual passa a ser de responsabilidade do consumidor a manutenção desta qualidade.

anexo 2

A2 ESCLARECENDO QUESTÕES DE HIDRÁULICA

A2.1 Pressão atmosférica

Ao redor da Terra existe a atmosfera gerando um peso que atua sobre todas as coisas. É a chamada pressão atmosférica. Como qualquer pressão, pode ser calculada dividindo-se uma dada força pelo valor da área sobre a qual atua.

A fórmula de qualquer pressão é pois:

$$\sigma = \frac{F}{S}$$

Pode-se sentir e medir a pressão atmosférica fazendo uma experiência usando um tubo em formato de U cheio de água e com uma extremidade fechada e uma bomba de vácuo (aspirador de ar). Com a bomba retira-se todo o ar de uma extremidade do tubo em U.

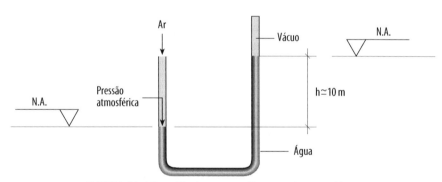

FIGURA A2.1 Experiência para medir a pressão atmosférica.

Surge um desnível h que é igual à pressão atmosférica. A figura mostra, na prática, um manômetro (medidor de pressão). Como é pouco prático medir alturas tão grandes com uma dezena de metros, usa-se mercúrio em vez da água. Ao nível do mar a pressão é de:

$$10 \text{ m } H_2O = 100 \text{ kPa} = 1 \text{ kgf/cm}^2 = 1 \text{ atm} = 1 \text{ bar} = 10 \text{ m.c.a.}$$

Nos líquidos vale a lei dos vasos comunicantes, segundo a qual a pressão hidráulica (adicional à pressão atmosférica) depende do desnível do ponto em relação ao nível de água. Assim, na Figura A.2.2:

$$\text{pressão atmosférica} = \text{p.a.}$$
$$p_A = \text{p.a.} + 8 \text{ m}$$
$$p_B = \text{p.a.} + 12 \text{ m}$$
$$p_C = \text{p.a.} + 9{,}3 \text{ m}$$

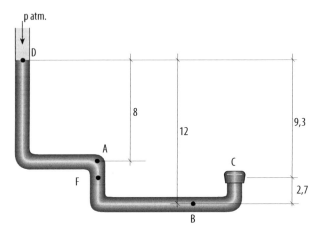

FIGURA A2.2 Vasos comunicantes.

Como a pressão atmosférica atua em todos os sistemas hidráulico-prediais em contato com o ar, pode-se desprezá-la nos cálculos hidráulicos, ou seja, ela atuando sempre não interfere com os escoamentos que serão estudados.

Há casos, entretanto, que a consideração da pressão atmosférica é fundamental. Bombas só podem succionar água de um poço até cerca de 10 m, valor que na prática nunca deve exceder 5 ou 6 m. Essa altura de 10 m corresponde à pressão atmosférica.

A2.2 Pressão estática

A partir do conceito dos vasos comunicantes procura-se entender o funcionamento de um sistema predial ou uma cidade quando não há consumo de água, situação que costuma acontecer à noite.

No sistema da Figura A.2.3 existe um reservatório no local M e com cota de água em A1 e duas casas B e C sendo alimentadas por uma tubulação de diâmetro D. Se a água está parada, então, Q = 0 e V = 0. Se forem instalados tubos em cada ponto, o nível de água será o mesmo nos pontos B e C e igual a A1. Se nos dois pontos B e C o nível da água é o mesmo quando a água está parada, a pressão nos pontos é diferente, pois depende do desnível e valerá:

- cota de água em M = 632 m;
- pressão de água em B = 23 m;
- pressão de água no tubo em C = 14 m + 23 = 37 m.
  Q = vazão
  V = velocidade da água

Estas são as chamadas pressões estáticas. Pela hidrostática, tem-se a impressão que sempre se pode alimentar qualquer residência, mesmo as que estão em posição mais alta. Mas isso não é verdadeiro quando o sistema está em movimento, ou seja, há vazão.

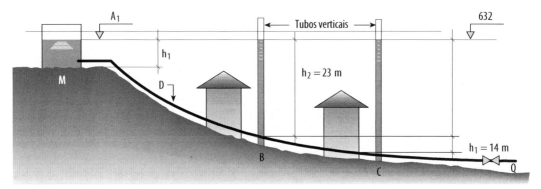

FIGURA A2.3 Pressão estática.

A2.3 Pressão dinâmica

A água agora começa a correr. Passa-se da hidrostática para a hidrodinâmica.

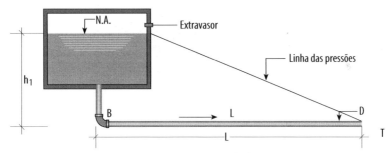

FIGURA A2.4 Pressão dinâmica.

Aberta a válvula em T escoará uma vazão Q, que dependerá:

- da altura h_1;
- do diâmetro D da tubulação;
- do tipo do tubo (rugosidade interna);
- do comprimento do tubo e de eventuais peças que ele tenha (joelhos por exemplo).

Nos escoamentos vale a fórmula:

$$V = \frac{Q}{S} \qquad Q = SV$$

(aplicável a um sistema em que, em dois pontos, a vazão é a mesma) no qual Q é a vazão, S a área de escoamento e V é velocidade.

Como conceito básico, vale para a Hidrodinâmica a Lei de Bernoulli, que corresponde à Lei de Lavoisier. A Lei de Bernoulli é:

$$\frac{V_1^2}{2g} + \frac{p_1}{\gamma} = \frac{V_2^2}{2g} + \frac{p_2}{\gamma} + Z_2 + \Delta h$$

onde:

V é a velocidade;

g a aceleração da gravidade;

p a pressão da água;

γ é o peso específico;

z a cota altimétrica e

Δh a perda de carga.

Pode-se entender a Lei de Bernoulli como: em dois pontos de um escoamento, o somatório da carga de altura, da carga cinética e da carga de pressão são iguais. Esta é uma condição teórica. Na prática, a carga do ponto a jusante é sempre menor que a carga do ponto a montante. A diferença está na perda de carga Δh que sempre existe e que é devida ao atrito da água com a superfície interna rugosa do tubo.

Retornando ao esquema hidráulico: quando a válvula em T está fechada, Q = 0 e ocorrem no sistema as chamadas pressões estáticas, e estas pressões dependem apenas das cotas e não dependem dos diâmetros dos tubos.

Agora, ao abrir a válvula em T, uma vazão Q começa a correr e as pressões ao longo do trecho BT (trecho horizontal) vão diminuindo de valor. Na saída da água, portanto, em contato com a atmosfera a pressão da água é a atmosférica, ou seja, em termos comparativos a pressão é nula. De T para B as pressões são crescentes. A chamada linha de pressões indica graficamente as pressões que se teriam no sistema, caso em cada ponto fossem instalados manômetros ou, o que seria a mesma coisa, se em cada ponto fossem instalados tubos transparentes, verificando-se visualmente o nível de água, ponto a ponto. A linha da água em cada ponto é a linha das pressões. Estas pressões com a vazão escoando, são chamadas pressões dinâmicas.

Em uma cidade, prédio ou uma casa, o consumidor situado em ponto mais alto que a linha de pressões não recebe água.

Mas, retornando-se à perda de carga: O que causa a perda de carga? Ela é causada pelo atrito da água com a rugosidade interna do tubo. Os tubos de PVC têm ótima condutividade hidráulica, pois suas paredes internas apresentam mínima rugosidade e, assim, permanecem com o correr do tempo; mesmo as tubulações novas têm paredes internas mais lisas que as de ferro galvanizado.

Há dois tipos de perda de carga:

perda de carga ao longo da tubulação: é a causada por atrito da água com a superfície interna do tubo;

perda de carga localizada: é a perda de carga de peças, ou seja, a perda de energia causada pela perturbação ao movimento pela existência da peça; é sempre possível associar a cada peça um comprimento de tubo equivalente, ou seja, um comprimento de tubulação que dá a mesma perda de carga que a peça.

O estudo da perda de carga é fator decisivo para o dimensionamento dos sistemas hidrodinâmicos. Existem muitas fórmulas para o dimensionamento de sistemas hidráulicos, sendo famosas e muito aceitas as de Flamant e Fair Whipple-Hsiao. Nas instalações prediais predominam as perdas localizadas, e, portanto, sua consideração é decisiva.

A2.4 Exercícios numéricos para ajudar a entender os conceitos

Exercício 1

Dado o sistema a seguir, determinar a altura de água que tem de existir no reservatório para que escoe na tubulação de PVC a vazão de 7 L/s. Usar a fórmula de Flamant. Notar que tanto faz elevar a posição do reservatório como encher mais um reservatório. O que interessa é a cota da água. Aumentando a cota de água no reservatório e mantendo o diâmetro é claro que a velocidade da água aumentará.

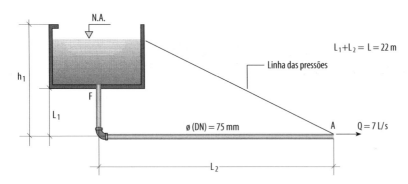

$$Q = 7^L/s; \; D = 75 \text{ mm}; \text{ Ábaco de Flamant (ver página 62)} \Rightarrow J = \frac{65 \text{ m}}{1.000 \text{ m}}$$

$$J = \frac{\Delta h}{L} \Rightarrow \Delta h = J \times L = \frac{65}{1.000 \text{ m}} \times 22 = 1{,}43 \text{ m} \Rightarrow h_1 = 1{,}4 \text{ m}$$

ou seja, se a altura de água do reservatório for de 1,4 m, sairá a vazão desejada de 7 L/s. Se a altura for maior, sairá uma vazão maior e se a altura for menor, sairá uma vazão menor.

Exercício 2

No mesmo esquema hidráulico, agora é necessária uma vazão de 8 L/s. Qual a nova posição do nível de água do reservatório água para que escoe esta vazão?

$$J = \frac{\Delta h}{L} \Rightarrow \Delta h = J \times L = \frac{85}{1.000 \text{ m}} \times 22 = 1{,}9 \text{ m} \Rightarrow h_1 = 1{,}9 \text{ m}$$

Conclusão – Dado um sistema hidráulico, para que dele saia maior vazão, é necessário elevar a cota de água de alimentação.

Exercício 3

No mesmo esquema hidráulico necessita-se que a vazão de saída seja de 12 L/s.

Como fazer?

$$Q = 12 \text{ L/s}; D = 75 \text{ mm}$$

$$J = \frac{\Delta h}{L} \Rightarrow \Delta h = J \times L = \frac{170}{1.000 \text{ m}} \times 22 = 3,8 \text{ m}$$

Caso esteja sendo utilizada uma tubulação velha e de grande rugosidade, uma solução seria trocá-la por uma mais nova, e, com as mesmas cotas e diâmetros, sairia uma vazão maior.

Como já estamos trabalhando com PVC, não existe material de menor rugosidade interna para instalações hidráulicas prediais e, portanto, a ideia de troca de material não é possível. Logo, é preciso aumentar a cota de água do reservatório.

Exercício 4

No mesmo esquema hidráulico, o comprimento da tubulação foi aumentado para 39 m. Com o reservatório cheio (h = 2,1 m), que vazão sairá?

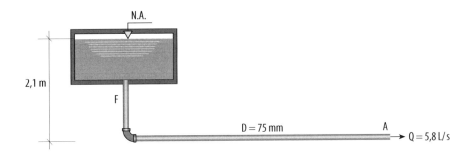

$$FA = 39 \text{ m}; \Delta h = 2,1 \text{ m}$$

$$J = \frac{\Delta h}{L} = \frac{2,1}{39 \text{ m}} = 0,053 \text{ m/m} = 53 \text{ m/km}$$

No ábaco de Flamant: D = 75; J = 53 m/km ⇒ Q = 5,8 L/s.

A resposta é que, em razão do aumento do comprimento, aumentou a resistência ao escoamento e caiu a vazão. Como o diâmetro é o mesmo e caiu a vazão, é claro que reduziu a velocidade.

NOTA:

A analogia com o trânsito é perfeita. Uma avenida com determinada largura (diâmetro do tubo) tem um fluxo (vazão) se o tipo da pavimentação (rugosidade interna) for um e terá, portanto, uma velocidade média nos carros. Se a pavimentação piorar, então a velocidade diminuirá e, portanto, o fluxo também.

A2.5 Curiosidades hidráulicas

1. Quando usam as chamadas mangueiras de jardim, é costume controlar, com a mão ou um dispositivo, a abertura de saída da água. Ao diminuir a abertura, como ficam a vazão e a velocidade?

Quando diminui a seção de saída, introduz-se uma perda de carga localizada e, com isso, a vazão de saída diminui (admita-se cerca de 20%). Todavia, apesar de a vazão diminuir, a seção reduz em maior valor (admita-se cerca de 50%) e como

$$V= Q/S \ V_1 = (1,0 - 0,2) \ Q/0,5S \ V1 = 1,6 \ Q/S, \text{ logo } V_1 >> V,$$

ou seja, apertar a mangueira aumenta a velocidade de saída de água e diminui a vazão. Se você está lavando um carro, é interessante ter um forte jato (grande velocidade de água), vale a pena apertar a mangueira. Se você quer encher uma lata, não aperte a mangueira.

2. Um fabricante declara em sua propaganda que seu chuveiro aumenta a saída de água. Isto é possível?

Resposta: Seja Q a saída de água do chuveiro. Qualquer que seja a peça instalada, a nova vazão será menor que a anterior, pois a nova peça introduz uma perda de carga.

As respostas à propaganda são pois:

- A propaganda só é verdadeira se no chuveiro for instalada uma minibomba;

- Ou, então, no chuveiro é feita uma excelente distribuição de água que proporciona uma "sensação de prazer de uso"; há chuveiros e torneiras que succionam ar e o incorporam à massa líquida, proporcionando a sensação de grande vazão. É isso, apenas isso.

3. Quando se está estudando alternativas de escolha de diâmetros de tubulação pode-se usar a fórmula da continuidade?

$$S \cdot V = S_1 \cdot V_1$$

Não. Este é um dos erros conceituais mais comuns e graves em quem começa na hidráulica. Dado um sistema com o diâmetro definido, caso este seja trocado não é possível aplicar a equação da continuidade, pois com o novo diâmetro a vazão vai ser diferente. A equação da continuidade, como o próprio nome indica, refere-se à continuidade de vazão. Só pode ser aplicado em um sistema hidráulico quando a vazão em dois pontos é igual, como no caso a seguir:

Se a vazão Q é a mesma em A, K, Z e M, logo

$$Q_{KZ} = Q_{ZM} \text{ e como } S_1 \times V_1 = S_2 \times V_2$$

$$\frac{V_2}{V_1} = \frac{S_1}{S_2} = \frac{\dfrac{\Pi \times D_1^2}{4}}{\dfrac{\Pi \times D_2^2}{4}} = \frac{100^2}{50^2} = 4$$

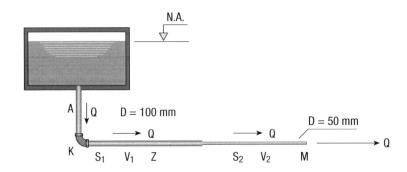

- A famosa pressão disponível. Quando em um prédio não há consumo de água, a pressão em cada ponto de rede é o valor de diferença de cota entre o nível de água no reservatório é a cota do ponto. Quando as instalações hidráulicas estão em uso, a pressão em cada ponto é a pressão disponível. Se nesse ponto há uma torneira e a torneira é aberta, a pressão disponível cai a zero e em troca ganha em velocidade.

Aqui você pode fazer as suas anotações

anexo 3

A3 NORMAS E LEGISLAÇÕES COMPLEMENTARES

A3.1 Normas Técnicas da ABNT

No Brasil, a Associação Brasileira de Normas Técnicas – ABNT é a mais respeitada entidade que produz normas técnicas. As normas da ABNT tornaram-se obrigatórias pela Lei Federal n. 8.078 (Artigo 39, Item VIII do Código de Defesa do Consumidor).

A NBR 5626:1998 – Instalações Prediais de Água Fria é a principal Norma a ser observada, destacando-se o seu item 1.1.1: "As exigências e recomendações estabelecidas nesta Norma devem ser observadas pelos projetistas, assim como pelos construtores, instaladores, fabricantes decomponentes, concessionárias e pelos próprios usuários."

A3.2 Legislações federais, estaduais e municipais

A obrigatoriedade das Normas Brasileiras (NBR) não exclui a observância, também, de regulamentos federais (Normas Regulamentadoras da Segurança do Trabalho – NR 23 – Proteção Contra Incêndios, NR 24 – Condições Sanitárias dos Locais de Trabalho, NR 25 – Sinalização e Segurança, todas do Ministério do Trabalho, da Lei n. 6.514, de 28/12/1977, da Consolidação das Leis do Trabalho, de regulamentos estaduais (Código Sanitário Estadual, normas das concessionárias estaduais de água e esgoto) e municipais (Código de Edificações Municipal e eventuais posturas municipais sobre o assunto), bem como normas e especificações relativas ao cliente, notadamente de grandes empresas, particulares ou estatais.

As instalações hidráulicas prediais estão sujeitas a várias regulamentações federais, estaduais e municipais, que devem ser analisadas no seu todo, quando utilizadas. Alguns tópicos de relevância:

A3.2.1 Âmbito federal

Código Civil (Lei Federal n. 10.406, de 10/01/2002)

- Artigo 1.288: O dono ou possuidor do prédio inferior é obrigado a receber as águas que correm naturalmente do superior, não podendo realizar obras que embaracem o seu fluxo; porém, a condição natural e anterior do prédio não pode ser agravada por obras feitas pelo dono ou possuidor do prédio superior.

- Artigo 1.289: Quando as águas, artificialmente levadas ao prédio superior, ou aí colhidas, correrem dele para o inferior, poderá o dono deste reclamar que se desviem, ou se lhe indenize o prejuízo que sofrer.

Parágrafo único: Da indenização será deduzido o valor do benefício obtido.

- Artigo 1.290: O proprietário de nascente, ou do solo onde caem águas pluviais, satisfeitas as necessidades de seu consumo, não pode impedir, ou desviar o curso natural das águas remanescentes pelos prédios inferiores.

- Artigo 1.291: O possuidor do imóvel superior não poderá poluir as águas indispensáveis às primeiras necessidades da vida dos possuidores dos imóveis inferiores, as demais, que poluir, deverá recuperar, ressarcindo os danos que estes sofrerem, se não for possível a recuperação ou o desvio do curso artificial das águas.

- Artigo 1.300: O proprietário construirá de maneira que o seu prédio não despeje águas, diretamente, sobre o prédio vizinho.

- Artigo 1.302: O proprietário pode, no lapso de ano e dia após a conclusão da obra, exigir que se desfaça janela, sacada, terraço ou goteira sobre o seu prédio, escoado o prazo, não poderá, por sua vez, edificar sem atender ao disposto no artigo antecedente, nem impedir, ou dificultar, o escoamento das águas da goteira, com prejuízo para o prédio vizinho.

  Parágrafo único: Em se tratando de vãos, ou aberturas para luz, seja qual for a quantidade, altura e disposição, o vizinho poderá, a todo tempo, levantar a sua edificação, ou contramuro, ainda que lhes vede a claridade.

- Artigo 1.308: São proibidas construções capazes de poluir, ou inutilizar, para uso ordinário, a água do poço, ou nascente alheia, a elas preexistentes.

  Artigo 1.310: Não é permitido fazer escavações ou quaisquer obras que tiram ao poço ou à nascente de outrem a água indispensável às suas necessidades normais.

A3.2.2 Âmbito estadual

O Estado de São Paulo tem o Código Sanitário (Decreto n. 12.342, de 27 de setembro de 1978) que dá normas gerais para a construção de edificações. Ele deve ser seguido obrigatoriamente, em particular, nas cidades que não possuem seu código de obras próprio.

Merecem destaque:

- Artigo 3: O Código Sanitário estabelece a obrigatoriedade de se atender às normas da ABNT;

- Artigo 12: Não será permitida:
  - I – a instalação de dispositivos para sucção de água diretamente das redes de distribuição;
  - III – a introdução direta ou indireta de esgotos em conduto de águas pluviais;
  - VI – ligação de ralos de águas pluviais e de drenagem à rede de esgotos, a critério da autoridade competente.

A3.2.3 Âmbito municipal

No município de São Paulo há o Código de Obras e Edificações (Lei n. 11.228, de 25 de junho de 1992 e Decreto n. 32.329, de 23 de setembro de 1992). Outras regulamentações existem em municípios que possuem Códigos de Obras.

Destacam-se no código de São Paulo:

- Item 9.3: A execução de instalações prediais como as de água potável, águas pluviais, esgoto, luz, para-raios, telefone, gás e guarda de lixo observarão as Normas Técnicas Oficiais.

- Item 9.3.1: Não será permitido o despejo de águas pluviais ou servidas, inclusive daquelas provenientes do funcionamento de equipamentos, sobre as calçadas e os imóveis vizinhos, devendo as mesmas serem conduzidas por tubulação sob o passeio à rede coletora própria, de acordo com as normas emanadas pelo poder competente, despejando-se a água diretamente na sarjeta.

- Item 9.3.4: As edificações situadas em áreas desprovidas de rede coletora pública deverão ser providas de instalações destinadas ao armazenamento, tratamento e disposição de esgoto, de acordo com as Normas Técnicas Oficiais.

A3.2.4 Normas referentes a instalações hidráulicas prediais

Portaria n° 2914, de 12/12/2011 do Ministério da Saúde (critérios de potabilidade da água).

ÁGUA FRIA

NBR 5410:1997 – Instalações elétricas de baixa tensão

NBR 5580:1993 – Tubos de aço-carbono para rosca Whitworth gás para usos comuns na condução de fluidos – Especificação

NBR 5626:1998 – Instalações prediais de água fria – Procedimentos

NBR 5648:2010 – Tubos e conexões de PVC-U com junta soldável para sistemas prediais de água fria – Requisitos

NBR 5649:1994 – Reservatório de fibrocimento para água potável – Especificação

NBR 5650:1994 – Reservatório de fibrocimento para água potável – Verificação da Estanqueidade e determinação do volume útil e volume efetivo

NBR 5680:1977 – Dimensões de tubos de PVC rígido – Padronização (PB-277)

NBR 5683:1999 – Tubos de PVC – Verificação da resistência à pressão hidrostática interna – MB 519

NBR 5685:1999 – Tubos e conexões de PVC – Verificação do desempenho de junta elástica – MB 518

NBR 5686:1987 – Verificação da resistência à pressão interna prolongada de tubos de PVC rígido – MB 533

NBR 5687:1999 – Tubos de PVC – Verificação da estabilidade dimensional – MB 534

NBR 5883:1982 – Solda branda – Especificação

NBR 6118:2007 – Projeto de estruturas de concreto armado – Procedimento (em revisão)

NBR 6452:1997 – Aparelhos sanitários de material cerâmico – Especificação

NBR 6943:1993 – Conexão de ferro fundido maleável para tubulações – Classe 10 – Especificação

NBR 7362-1:2007 – Sistemas enterrados para condução de esgoto – Parte 1: Requisitos para tubos de PVC com junta elástica

NBR 7362-2:1999 – Sistemas enterrados para condução de esgoto – Parte 2: Requisitos para tubos de PVC com parede maciça

NBR 7362-3:2005 – Sistemas enterrados para condução de esgoto – Parte 3: Requisitos para tubos de PVC com dupla parede

NBR 7362-4:2005 – Sistemas enterrados para condução de esgoto – Parte 3: Requisitos para tubos de PVC com parede de núcleo celular

NBR 7367:1988 – Projeto e assentamento de tubulação de PVC

NBR 7371:1999 – Tubos de PVC – Verificação do desempenho de junta soldável – MB 948

NBR 7372:1982 – Execução de tubulações de pressão de PVC rígido com junta soldada, rosqueada, ou com anéis de borracha – Procedimento

NBR 7878:1981 – PB-856 – Bombas centrífugas horizontais, de entrada axial, pressão nominal 1 MPa – Dimensões, características nominais e identificação

NBR 7879:1982 – CB-106 – Bombas hidráulicas de fluxo – Classes segundo os materiais empregados

NBR 8009:1997 – Hidrômetro taquimétrico para água fria até 15,0 m³/h de vazão nominal – Terminologia – TB 224

NBR 8133:2010 – Rosca para tubos onde a vedação não é feita pela rosca – Designação, dimensões e tolerâncias

NBR 8193:1992 – Hidrômetro taquimétrico para água fria até 15,0 metros cúbicos por hora de vazão nominal – Especificação

NBR 8194:2005 – Hidrômetro taquimétrico para água fria até 15,0 metros cúbicos por hora de vazão nominal – Padronização

NBR 8217:1981 – MB-1627 – Conexões de PVC rígido com junta elástica – Verificação da estanqueidade sob pressão hidrostática interna

NBR 8218:1983 – MB-1841 – Conexões de PVC rígido com junta soldável – Verificação da resistência à pressão hidrostática interna

NBR 8219:1983 – MB-1842 – Conexões de PVC rígido – Efeito sobre a água

NBR 8220:1983 – Reservatório de poliéster, reforçado com fibra de vidro, para água potável para abastecimento de comunidades de pequeno porte – Especificação

12 – Anexos

NBR 8417/1997 – Sistemas de ramais prediais de água – Tubos de Polietileno PE – Requisitos (especificação para tubos na cor Preta).

NBR 9051:1985 – EB-1571 – Anel de borracha para tubulações de PVC rígido coletores de esgoto sanitário

NBR 9063:1985 – PB-1150 – Anel de borracha do tipo toroidal para tubos de PVC rígido coletores de esgoto sanitário – Dimensões e dureza

NBR 9064:1985 – PB-1154 – Anel de borracha do tipo toroidal para tubulações de PVC rígido para esgoto predial e ventilação – Dimensões e dureza

NBR 9256:1986 – Montagem de tubos e conexões galvanizados para instalações prediais de água fria – Procedimento

NBR 9527 – Rosca métrica ISO – Procedimento

NBR 9574:1986 – Execução de impermeabilização – Procedimento

NBR 9575:2003 – Impermeabilização – Seleção e projeto

MBR 9815:1986 – PB-587 – Conexões de junta elástica para tubos de PVC rígido para adutora e redes de água – Tipos

NBR 9821:1986 – PB-912 – Conexões de PVC rígido de junta soldável para redes de distribuição de água – Tipos

NBR 10281:1988 – EB-368 – Torneira de pressão – Especificação

NBR 10282:1988 – MB-2830 – Torneira de pressão – Verificação do desempenho – Método de ensaio

NBR 10352:1983 – MB-1843 – Conexões de PVC rígido com junta elástica – Verificação da resistência à pressão hidrostática interna de curta duração

NBR 10930:1989 – EB-2002 – Colar de tomada de PVC rígido para tubos de PVC rígido

NBR 10925:1989 – EB-2001 – Cavalete de PVC DN20 para ramais prediais – Especificação

NBR 10929:1989 – MB-3116 – Registro de PVC para bloqueio de vazão – Verificação da resistência ao uso

NBR 10931:1989 – 3117 – Colar de tomada de PVC rígido para tubos de PVC rígido – Verificação do desempenho

NBR 10932:1989 – MB-3118 – Colar de tomada de PVC rígido para tubos de PVC rígido – Verificação da estanqueidade

NBR 10071:1994 – Registro de pressão fabricado com corpo e castelo em ligas de cobre para instalações hidráulicas prediais – Especificação

NBR 10072:1998 – Instalações hidráulicas prediais – Registro de gaveta de liga de cobre – Requisitos (EB-387)

NBR 10074 – Registro (válvula) de pressão – Verificação da resistência ao torque de montagem nas instalações – Método de ensaio

NBR 10075 – Registro (válvula) de pressão – Verificação da resistência ao torque de operação – Método de ensaio

NBR 10076 – Registro (válvula) de pressão – Verificação do alinhamento das roscas de entrada e saída – Método de ensaio

NBR 10077:1987 – MB-1730 – Registro (válvula) de pressão para instalações prediais – Determinação do coeficiente (K) de perda de carga

NBR 10078 – Registro de pressão – Verificação da resistência ao uso – Método de ensaio

NBR 10090:1982 – PB-135 – Registro (válvula) de pressão fabricado com corpo e castelo em ligas de cobre para instalações hidráulicas prediais – Dimensões

NBR 10131:1987 – TB-68 – Bombas hidráulicas de fluxo

NBR 10135:1987 – MB-2550 – Torneira de boia para reservatórios prediais – Verificação das características mecânicas – Método de ensaio

NBR 10136:1986 – MB-2551 – Torneira de boia para reservatórios prediais – Verificação das características hidráulicas e acústicas – Método de ensaio

NBR 10137:1987 – Torneira de boia para reservatórios prediais – Especificação (EB-1718)

NBR 10281:1988 – Torneira de pressão – Especificação

NBR 10283:1988 – Revestimentos eletrolíticos de metais e plásticos sanitários – Especificação

NBR 10284:1988 – Válvulas de esfera de liga de cobre para uso industrial – Especificação

NBR 10354:1987 – TB-169 – Reservatório de poliéster reforçado com fibra de vidro

NBR 10355:1988 – Reservatórios de poliéster reforçado com fibra de vidro – Capacidades nominais – Diâmetros internos – Padronização

NBR 10925:1989 – Cavalete de PVC DN 20 para ramais prediais – Especificação

NBR 11304:1990 – Cavalete de polipropileno DN 20 para ramais prediais – Especificação

NBR 11305:1990 – Registro para bloqueio de vazão de cavaletes de polipropileno – Verificação da resistência ao uso – Método de ensaio

NBR 11306:1990 – Registro de PVC rígido para ramal predial – Especificação

NBR 11307:1990 – Registro de PVC rígido para ramal predial – Determinação da perda de carga – Método de ensaio

NBR 11308:1990 – Registro de PVC rígido para ramal predial – Verificação da estanqueidade à pressão hidrostática – Método de ensaio

NBR 11535:1991 – Misturadores para pia de cozinha tipo mesa – Especificação

NBR 15704:2011 – Registro – Requisitos e métodos de ensaio – Parte 1: Registros de pressão

NBR 11720:1994 – Conexões para unir tubos de cobre por soldagem ou brasagem capilar – Especificação

NBR 11815:1991 – Misturadores para pia de cozinha tipo parede – Especificação

NBR 11852:1992 – Caixa de descarga – Especificação

NBR 12170:1992 – Potabilidade da água aplicável em sistema de impermeabilização – Método de ensaio

NBR 12212:2006 – Projeto de poço para captação de água subterrânea

NBR 12218:1994 – Projeto de rede de distribuição de água para abastecimento público

NBR 12208:92 – Projeto de estações elevatórias de esgoto sanitário

NBR 12483:1991 – Chuveiros elétricos – Padronização

NBR 12904:1993 – Válvula de descarga – Especificação

NBR 12905:1993 – Válvula de descarga – Verificação de desempenho

NBR 13194:1994 – Reservatório de fibrocimento para água potável – Estocagem, montagem e manutenção – Procedimento

NBR 13206:1994 – Tubo de cobre leve, médio e pesado sem costura, para condução de água e outros fluidos – Especificação

NBR 14405:2004 – Medidor velocimétrico para água fria, de 15 m³/h até 1 500 m³/h de vazão nominal

NBR 14122:1998 – Ramal predial – Cavalete galvanizado DN 20 – Requisitos

NBR 14799:2002 – Reservatório Poliolefínico para água potável

NBR 14800:2002 – Reservatório Poliolefínico para água potável – Instalação em obra

NBR 15538:2011 – Medidores de água potável – Ensaios para avaliação de eficiência

NBR 15884-2:2011 – Sistemas de tubulações plásticas para instalações prediais de água quente e fria – Policloreto de vinila clorado (CPVC) – Parte 2: Conexões

NBR 15939:2011 – Sistemas de tubulações plásticas para instalações prediais de água quente e fria – Polietileno reticulado (PE-X) – Requisitos

Portaria n. 01, de 28 de maio de 1991, da Secretaria Nacional do Trabalho (altera o Anexo n. 12, da Norma Regulamentadora n. 15, que institui os "Limites de tolerância para poeiras minerais" – asbestos)

Portaria n. 36, de 19 de janeiro de 1990, do Ministério da Saúde (normas e o padrão de potabilidade da água)

SABESP NTS 048 – Tubos de Polietileno para ramais (especificação para tubos na cor Azul).

ESGOTO

NBR 5680:1977 – PB-277 – Tubo de PVC rígido – Dimensões – Padronização

NBR 5683 – Tubo de PVC rígido – Ruptura por pressão interna – Método de ensaio

NBR 5685:1977 – MB-518 – Verificação da estanqueidade à pressão interna de tubos de PVC rígido e respectivas juntas Método de ensaio

NBR 5687 – Tubo de PVC rígido – Estabilidade dimensional – Método de ensaio

NBR 5688:1999 –Sistemas prediais de água pluvial, esgoto sanitário e ventilação – Tubos e conexões de PVC

NBR 6414:1983 – Rosca para tubos onde a vedação é feita pela rosca – Designação e tolerâncias – Padronização

NBR 6452:1994 – EB-44 – Aparelhos sanitários de material cerâmico – Especificação

NBR 6489:1983 – PB-6 – Bacia sanitária de material cerâmico de entrada horizontal e saída embutida vertical – Dimensões

NBR 6499:1985 – PB-7 – Lavatório de material cerâmico de fixar na parede – Dimensões

NBR 6500:1990 – PB-10 – Mictório de material cerâmico – Dimensões

NBR 6941 – Peças de ligas de cobre fundidas em coquilha – Especificação

NBR 6943:1982 – Conexão de ferro maleável para tubulações – Classe 1 – Padronização

NBR 7229:1997 – Projeto, construção e operação de sistemas de tanques sépticos

NBR 7362:2001 – Sistemas enterrados para condução de esgoto

NBR 7367:1987 – NB-281 – Projeto e assentamento de tubulações de PVC rígido para sistemas de esgoto sanitário

NBR 7369:1988 – MB-839 – Tubo de PVC rígido coletor de esgotos e respectiva junta – Verificação da estanqueidade à pressão interna

NBR 7370:1975 – MB-863 – Tubo de PVC rígido envolvido em areia – Determinação da deformação diametral, pela ação de cargas externas

NBR 7371:1974 – MB-948 – Tubo de PVC rígido – Verificação da estanqueidade à pressão interna de juntas soldadas ou elásticas

NBR 7372:1982 – NB-115 – Execução de tubulações de pressão de PVC rígido com junta soldada, rosqueada ou com anéis de borracha – Procedimento

NBR 7669 – Conexão para tubo de ferro fundido centrifugado – Padronização

NBR 8056:1983 – Tubo coletor de fibrocimento para esgoto sanitário

NBR 8133 – Rosca para tubos onde a vedação não é feita pela rosca – Designação, dimensões e tolerâncias – Padronização

NBR 8160:1999 – Sistemas prediais de esgoto sanitário

NBR 8161 – Tubos e conexões de ferro fundido para esgoto e ventilação – Padronização

NBR 9053:1985 – MB-2180 – Tubo de PVC rígido coletor de esgoto – Determinação da classe de rigidez

NBR 9054:1985 – MB-2181 – Tubo de PVC rígido coletor de esgoto sanitário – Verificação da estanqueidade de juntas elásticas submetidas à pressão hidrostática externa

NBR 9055:1985 – MB-2182 – Tubo de PVC rígido coletor de esgoto sanitário – Verificação da estanqueidade de juntas elásticas submetidas ao vácuo parcial interno

12 – Anexos

NBR 9060:1985 – MB-2194 – Bacia sanitária de material cerâmico – Verificação do funcionamento

NBR 9064:1985 – PB-1154 – Anel de borracha do tipo toroidal para tubulações de PVC rígido para esgoto predial e ventilação – Dimensões e dureza

NBR 9065:1985 – PB-1165 – Bidê de material cerâmico – Dimensões

NBR 9338:1985 – PB-1213 Bacia sanitária de material cerâmico com caixa acoplada e saída embutida vertical - Dimensões

NBR 9527 – Rosca métrica ISO – Procedimento

NBR 9648:1986 – Estudo de concepção de sistemas de esgoto sanitário

NBR 9649:1986 – Projeto de redes coletoras de esgoto sanitário – Procedimento

NBR 9814:1987 – Execução de rede coletora de esgoto sanitário

NBR 9800:1987 – Critérios para lançamento de efluentes líquidos industriais no sistema coletor público de esgoto sanitário – Procedimento

NBR 10283:1988 – Revestimento eletrolíticos de metais e plásticos sanitários – Especificação

NBR 10353:1987 – PB-1326 – Mini-lavatório de material cerâmico de fixar na parede – Dimensões

NBR 10569:1988 – PB-1277 – Conexões de PVC rígido com junta elástica para coletor sanitário – Tipos e dimensões

NBR 10570:1988 – PB-1278 – Tubos e conexões de PVC rígido com junta elástica para coletor predial e sistema condominial de esgoto sanitário – Tipos e dimensões

NBR 10845:1988 – Tubo de poliéster reforçado com fibras de vidro, com junta elástica, para esgoto sanitário – Especificação – EB 318

NBR 11144:2001 – Equipamento odontológico – Conexões para suprimento e rede de esgoto

NBR 11720:1994 – Conexões para unir tubos de cobre por soldagem ou brasagem capilar – Especificação

NBR 11778:1990 – EB-2064 – Aparelho sanitário de material plástico

NBR 11781:1990 – EB-2070 – Mangueiras de plástico para desobstrução e limpeza de tubulações de PVC rígido, por hidrojateamento

NBR 11852:1991 – EB-2152 – Caixa de descarga – Especificação

NBR 11990:1990 – MB-3262 – Aparelhos sanitários de material plástico – Verificação das características físicas, químicas e de acabamento

NBR 11991:1990 – MB-3263 – Aparelhos sanitários de material plástico – Verificação das características mecânicas

NBR 11992:1990 – MB-3277 – Mangueiras de plástico para desobstrução e limpeza de tubulações de PVC rígido, por hidrojateamento – Determinação do coeficiente de atrito

NBR 11993:1990 – MB-3278 – Mangueiras de plástico para desobstrução e limpeza de tubulações de PVC rígido, por hidrojateamento – Determinação da força resistiva na passagem por TIL de PVC

NBR 11994:1990 – MB-3279 –Mangueiras de plástico para desobstrução e limpeza de tubulações de PVC rígido, por hidrojateamento – Verificação da resistência à abrasão

NBR 11995:1990 – MB-3280 –Mangueiras de plástico para desobstrução e limpeza de tubulações de PVC rígido, por hidrojateamento –Verificação da resistência à pressão hidrostática interna

NBR 11996:1990 – NB-3281 – Mangueiras de plástico para desobstrução e limpeza de tubulações de PVC rígido, por hidrojateamento – Determinação da pressão de ruptura após 1.000 ciclos de flexão

NBR 11997:1990 – MB-3282 – Sistemas de desobstrução e limpeza de tubulações de PVC com hidrojato – Determinação da máxima força de avanço hidráulico

NBR 11998:1990 – MB-3283 – Sistemas de desobstrução e limpeza de tubulações de PVC com hidrojato – Determinação do tempo de desobstrução

NBR 12096:1991 – MB-3437 – Caixa de descarga – Verificação do desempenho

NBR 12207:1992 – Projeto de interceptores de esgoto sanitário – Procedimentos

NBR 12208:1992 – Projeto de estações elevatórias de esgoto sanitário – Procedimentos

NBR 12209:1992 – Projeto de estações de tratamento de esgotos sanitários

NBR 12496:1991 – Bacia sanitária de material cerâmico com caixa integrada – Dimensões – PB 1552

NBR 12587:1992 – Cadastro de sistema de esgotamento sanitário

NBR 13969:1997 – Tanques Sépticos. Unidades de tratamento complementar e disposição final dos efluentes líquidos.

NBR 14486:2000 – Sistemas enterrados para condução de esgoto sanitário final dos efluentes líquidos.

ÁGUA QUENTE

NBR 7198:1993 – Projeto e execução de instalações prediais de água quente

NBR 15569:2008 – Sistema de aquecimento solar de água em circuito direto – Projeto e Instalação

NBR 15939:2011 – Sistemas de tubulações plásticas para instalações prediais de água quente e fria – Polietileno reticulado (PE-X) – Requisitos

ÁGUAS PLUVIAIS

NBR 6476:1964 – MB-355 – Tubo de PVC rígido – Resistência ao calor

NBR 6647 – Folhas-de-Flandres simplesmente reduzidas – Especificação

NBR 6663 –Chapas finas de aço-carbono e de aço de baixa liga e alta resistência – Requisitos gerais – Padronização

NBR 5426 – Planos de amostragem e procedimentos na inspeção por atributos – Procedimento

NBR 5645 – Tubos cerâmicos para canalizações – Especificação

NBR 5680:1977 – PB-277 – Tubo de PVC rígido – Dimensões – Padronização

NBR 5683 – Tubo de PVC rígido – Ruptura por pressão interna – Método de ensaio

NBR 5685:1977 – MB-518 – Verificação da estanqueidade à pressão interna de tubos de PVC rígido e respectivas juntas – Método de ensaio

NBR 5687 – Tubo de PVC rígido – Estabilidade dimensional – Método de ensaio

NBR 5688:1999 – Sistemas prediais de água pluvial, esgoto sanitário e ventilação – Tubos e conexões de PVC – EB-608

NBR 6941 – Peças de ligas de cobre fundidas em coquilha – Especificação

NBR 6943:1982 – Conexão de ferro maleável para tubulações – Classe 1 – Padronização

NBR 7005 – Chapas de aço-carbono zincadas pelo processo semicontínuo de imersão a quente – Especificação

NBR 7362:1985 – EB-644 – Tubos de PVC rígido de seção circular, coletores de esgotos – Especificação

NBR 7369:1988 – MB-839 – Tubo e PVC rígido coletor de esgoto e respectiva junta – Verificação da estanqueidade à pressão interna

NBR 7370:1975 – MB-863 – Tubo de PVC rígido envolvido em areia – Determinação da deformação diametral, pela ação de cargas externas

NBR 7371:1974 – MB-948 – Tubo de PVC rígido – Verificação da estanqueidade à pressão interna de juntas soldadas ou elásticas

NBR 7372 – Sistemas prediais de águas pluviais de esgoto sanitário e ventilação – Tubos de PVC com junta soldável e junta elástica

NBR 7669 – Conexão para tubo de ferro fundido centrifugado – Padronização

NBR 8056 – Tubo coletor de fibrocimento para esgoto sanitário – Especificação

NBR 8161 – Tubos e conexões de ferro fundido para esgoto e ventilação – Padronização

NBR 9053:1985 – MB-2180 – Tubo de PVC rígido coletor de esgoto – Determinação da classe de rigidez

NBR 9054:1985 – MB-2181 – Tubo de PVC rígido coletor de esgoto sanitário – Verificação da estanqueidade de juntas elásticas submetidas à pressão hidrostática externa

NBR 9256:1986 – Montagem de tubos e conexões galvanizadas para instalações prediais de água fria – Procedimento

NBR 9574:1985 – Execução de impermeabilização – Procedimento

NBR 9575:1985 – Elaboração de projeto de impermeabilização – Procedimento

NBR 9793 – Tubo de concreto simples de seção circular par águad pluviais – Especificação

NBR 9793 – Tubo de concreto armado de seção circular para água pluviais – Especificação

NBR 9814 – Execução de rede coletora de esgoto sanitário – Procedimento

NBR 10843:1988 – Tubos de PVC rígido para instalações prediais de águas pluviais – Especificação – EB-753

NBR 10844:1989 – Instalações prediais de águas pluviais

NBR 15527:2007 – Água de chuva – Aproveitamento de coberturas em áreas urbanas para fins não potáveis.

Decreto n. 44.128, de 19 de novembro de 2003 – Regulamenta a utilização, pela Prefeitura do Município de São Paulo, de água de reúso, não potável, a que se refere a Lei n. 13.309, de 31 de janeiro de 2002 tipo DN – Requisitos

SEGURANÇA CONTRA INCÊNDIO

NBR 9077:2001 – Saídas de emergência em edifícios

NBR 9441:1998 – Execução de sistema de detecção e alarme de incêndios

NBR 10898:1999 – Sistema de iluminação de emergência

NBR 11742:2003 – Porta corta-fogo para saída de emergência

NBR 11785:1997 – Barra antipânico

NBR 12693:2010 – Sistemas de proteção por extintores de incêndio

NBR 13714:2000 – Sistemas de hidrantes e de mangotinhos para combate a incêndio

NBR 14432:2001 – Exigências de resistência ao fogo de elementos construtivos de edificações

NBR 17240:2010 – Execução de sistemas de detecção e alarme de incêndio

GÁS

NBR 13103;2000 – Adequação de ambientes residenciais para instalação de aparelhos que utilizam gás combustível

GERAIS

NBR 5426/1995 – Plano de amostragem e procedimentos na inspeção por atributos

NBR 6493/1994 – Emprego de Cores para Identificação de Tubulações

RESERVATÓRIOS DE RETENÇÃO DE ÁGUAS PLUVIAIS

Os projetos de hidráulica de edificações escolares localizadas no estado de São Paulo, em alguns municípios onde a legislação assim determina, contemplam a construção de reservatórios de retenção de águas pluviais para compensar as áreas que serão imper-meabilizadas, conforme Lei Estadual n. 12.526/07, tanto no caso de novas construções, como, em alguns municípios, quanto no caso de ampliações. Estes reservatórios terão a função de retardar o lançamento das águas pluviais nas vias públicas durante um deter-minado tempo, minimizando as causas de inundações. As águas retidas devem, segundo a lei, preferencialmente infiltrar-se no solo; não sendo possível a infiltração, elas devem ser lançadas no sistema viário, após retenção durante o tempo determinado pela lei. Alguns municípios possuem legislação própria, devendo ser adotada a mais restritiva delas. Entre estes municípios estão:

- São Paulo – Lei n. 13.276 regulamentada pelo Decreto N. 41.814 de 15/03/02;

- Ribeirão Preto – Lei n. 9.520 de 18/04/02;

- Mogi das Cruzes – Lei Complementar n. 06 de 20/09/02;

- Mauá – Lei n. 3.528 de 29/10/02 regulamentada pelo Decreto N. 6.615 de 30/08/04.

PROTEÇÃO CONTRA INCÊNDIO

Lei Municipal n° 11288 de 25/6/92 – Código de Obras e Edificações – Município de São Paulo.

Decreto Estadual n° 56.819, de 10 de março de 2011 – O Decreto Estadual n. 56.819, de 10 de março de 2011, institui o Regulamento de Segurança contra In-cêndio das edificações classificando-as quando à ocupação, altura, carga de incêndio e definindo as exigências mínimas de proteção contra incêndio, além de conferir ao Corpo de Bombeiros da Polícia Militar do Estado de São Paulo (CBPMESP) funções, entre as quais, regulamentar, analisar e vistoriar as medidas de segurança contra incêndio nas edificações e áreas de risco, por meio das Instruções Técnicas do Corpo de Bombeiros do Estado de São Paulo.

MANUTENÇÃO E REFORMAS

Informações sobre normas ABNT

www.abntcatalogo.com.br

Aqui você pode fazer as suas anotações

anexo 4

A4 UNIDADES E CONVERSÕES

A NBR 5626/98 estabelece, para a Água Fria, os seguintes parâmetros hidráulicos (medidas) de escoamento:

Parâmetro	Unidade	Símbolo
Vazão	Litros por segundo Metro cúbicos por hora	L/s m^3/h
Velocidade	Metros por segundo	m/s
Perda de carga unitária	Metro de coluna de água por metro	m.c.a./m
Perda de carga total	Metro de coluna de água Quilopascal	m.c.a. kPa
Pressão	Quilopascal	kPa

Observação: 1 kgf/cm^2 = 10 m.c.a. = 100 kPa.

Para esgotos sanitários prediais, a NBR 8160/99 estabelece os seguintes parâmetros:

Parâmetro	Unidade	Símbolo
Unidades Hunter de contribuição	–	UHC

Observação: A UHC é o único parâmetro adotado, sendo um fator probabilístico e adimensional.

Para águas pluviais, a NBR 10844/89 estabelece os seguintes parâmetros:

Parâmetro	Unidade	Símbolo
Vazão	Litros por segundo Litros por minuto	L/s L/min
Velocidade	Metros por segundo	m/s
Intensidade pluviométrica	Milímetros por hora	mm/h
Área de contribuição	Metro quadrado	m^2
Comprimento do condutor	Metro	m
Altura da lâmina de água na calha	Milímetros	mm

As conversões são baseadas nas correlações entre as diversas unidades:

Medidas Lineares

1 pé (') = 0,305 m
1 polegada (") = 2,54 cm

Área

1 ha = 100 m × 100 m = 10.000 m^2

Volume

1 l = 1 dm^3 = 1.000 cm^3
1 galão americano = 3,785 L
1 pé cúbico = 28,3 L

Forças – massas

1 kgf = 9,806 N $\cong$ 10 N (N: newton)
1 libra = 454 g

Pressões

1 kgf/cm^2 = 1 atm = 10 m.c.a. = 0,1 MPa (P: pascal)
1 MPa = 10 kgf/cm^2 = 100 m.c.a. (M: mega = 10^6)
1 psi = 0,07 kgf/cm^2
1 kPa = 0,001 MPa = 0,1 m.c.a.
psi = *pound square inch* = libra por polegada quadrada
m.c.a. = metro de coluna de água

Vazões

1 L/s = 3,6 m^3/h
1 m^3/h = 0,2777 L/s = 24 m^3/d
1 GPM = 0,0631 L/s
1 L/s = 60 L/min

Potência

1 hp = 0, 746 kW (hp: *horse power*)
1 cv = 0,736 kW (W: watt)
1 kW = 1,34 hp = 1,36 cv (cv: cavalo vapor)

Precipitação

100 mm/h = 277 L/s/ha = 0,0277 $L/s/m^2$

A4.1 Informações adicionais

- As unidades devem ser escritas com letras minúsculas, com exceção no caso da unidade se referir a nomes próprios de cientistas famosos (Watt, Volt) e quando for para evitar confusão (M = mega, para diferenciar com a abreviação de metro – m).

- *Horse power* (hp) é uma unidade muito comum, mas não pertence ao sistema métrico e sim ao sistema norte-americano. A unidade cv (cavalo vapor) é uma unidade criada para tentar substituir a unidade *horse power*.

- Em hidráulica, os projetistas de sistemas usam preferencialmente a unidade de vazão L/s ou m^3/s. Os fornecedores de bombas utilizam mais a unidade m^3/h e os operadores de estação de tratamento preferem a unidade m^3/dia.

- A unidade pressão, ao longo deste trabalho, está grafada como m.c.a. (metro de coluna de água), visto ser a mais usual em nosso meio e de mais fácil compreensão, porém, a unidade adotada pela NBR 5626/98 é mH_2O.

- Por clareza, a unidade de volume "litro", tem como símbolo de unidade "L".

- As abreviaturas das unidade de tempo são:
  Minuto **min** e segundo **s**

- Para as unidades de tempo nunca usar "e", as quais devem ficar restritas ao uso das unidades americanas e inglesas simbolizando pés e polegadas, respectivamente.

Aqui você pode fazer as suas anotações

anexo 5

A5 ODORES NOS BANHEIROS

Principalmente em banheiros públicos, mas também em banheiros particulares, pode ocorrer o aborrecido problema sanitário, que é o cheiro. Proveniente de várias possíveis causas, na maioria dos casos, o mau cheiro está ligado ao deficiente funcionamento dos ralos e caixas sifonadas, deixando o mau cheiro sair da rede de esgotos. Nesses casos, o sifão não está funcionando, deixando inútil o selo (ou fecho) hídrico, que tem por função exatamente impedir a passagem do cheiro. Outras causas de menor importância existem. Vamos listar as mais prováveis, oferecendo as possíveis soluções.

- ralo sifonado (repetição por ênfase) – sem funcionar por falta de água que deveria formar o selo hídrico. Solução: recompor o selo hídrico, mantendo sempre o sifão com água, principalmente em locais em que o uso é esporádico, pois esta água evapora; ficando o ralo constantemente seco, o cheiro pode passar livremente;

- melhorar as condições de ventilação natural. O ar deverá entrar e sair da instalação sanitária, sem obstáculos. O ar deve entrar por baixo e sair por cima transversalmente. Por exemplo, para facilitar a ventilação, devem-se usar portas com grelhas na parte inferior para a entrada do ar;

- não estocar roupas molhadas nos banheiros e sanitários, mesmo limpas, pois as mesmas emanam cheiros;

- em banheiros coletivos, usar preferencialmente ralos sifonados selados (ralos com tampa ajustável);

- em banheiros coletivos equipados com mictórios, colocar gelo moído nos mictórios; ao se dissolver durante o uso, garante o selo hídrico do ralo;

- ainda em banheiros coletivos, podem ser usados sistemas de descarga automática temporizada;

- quando a ventilação de banheiros públicos seja feita por fosso, eliminar todos os obstáculos, incluindo os vitrôs;

- manter sempre a limpeza dos banheiros, públicos ou particulares, é talvez a melhor maneira de evitar o mau cheiro.

Aqui você pode fazer as suas anotações

anexo 6

A6 DECLARAÇÃO UNIVERSAL DOS DIREITOS DA ÁGUA

Em 22 de março de 1992, a ONU lançou a Declaração Universal dos Direitos da Água com o objetivo de atingir todas as pessoas e nações do planeta para sua responsabilidade junto com o recurso natural da água.

Art. 1º

A água faz parte do patrimônio do planeta. Cada continente, cada povo, cada nação, cada região, cada cidade, cada cidadão é plenamente responsável aos olhos de todos.

Art. 2º

A água é a seiva do nosso planeta. Ela é a condição essencial de vida de todo ser vegetal, animal ou humano. Sem ela não poderíamos conceber como são a atmosfera, o clima, a vegetação, a cultura ou a agricultura. O direito à água é um dos direitos fundamentais do ser humano: o direito à vida, tal qual é estipulado do Art. 3º da Declaração dos Direitos do Homem.

Art. 3º

Os recursos naturais de transformação da água em água potável são lentos, frágeis e muito limitados. Assim sendo, a água deve ser manipulada com racionalidade, precaução e parcimônia.

Art. 4º

O equilíbrio e o futuro do nosso planeta dependem da preservação da água e de seus ciclos. Estes devem permanecer intactos e funcionando normalmente para garantir a continuidade da vida sobre a Terra. Este equilíbrio depende, em particular, da preservação dos mares e oceanos, por onde os ciclos começam.

Art. 5º

A água não é somente uma herança dos nossos predecessores; ela é, sobretudo, um empréstimo aos nossos sucessores. Sua proteção constitui uma necessidade vital, assim como uma obrigação moral do homem para com as gerações presentes e futuras.

Art. 6º

A água não é uma doação gratuita da natureza; ela tem um valor econômico: precisa-se saber que ela é, algumas vezes, rara e dispendiosa e que pode muito bem escassear em qualquer região do mundo.

Art. 7º

A água não deve ser desperdiçada, nem poluída, nem envenenada. De maneira geral, sua utilização deve ser feita com consciência e discernimento para que não se chegue a uma situação de esgotamento ou de deterioração da qualidade das reservas atualmente disponíveis.

Art. 8º

A utilização da água implica no respeito à lei. Sua proteção constitui uma obrigação jurídica para todo homem ou grupo social que a utiliza. Esta questão não deve ser ignorada nem pelo homem nem pelo Estado.

Art. 9º

A gestão da água impõe um equilíbrio entre os imperativos de sua proteção e as necessidades de ordem econômica, sanitária e social.

Art. 10º

O planejamento da gestão da água deve levar em conta a solidariedade e o consenso em razão de sua distribuição desigual sobre a Terra.

anexo 7

A7 DIA DO INSTALADOR HIDRÁULICO

Em 27 de setembro se comemora o dia do instalador hidráulico, bombeiro ou encanador, a denominação é o que menos importa, o importante é se sentir um profissional de uma das carreiras que proporciona mais oportunidades de crescimento.

É parceiro do arquiteto e do engenheiro e um dos responsáveis pela qualidade das instalações.

Com a diversidade e a qualidade atual de produtos disponibilizados, é imprescindível que este profissional se capacite e faça um aperfeiçoamento de suas qualidades.

A Amanco tem uma parceria com o Senai, disponibilizando cursos em todos os estados, bem como parceria com a ONG Instituto NeoTrópica, levando estes cursos para comunidades carentes.

Aqui você pode fazer as suas anotações

bibliografia

ABIVINILA. O PVC e o meio ambiente.

Anais VII Simpósio Nacional de Instalações Prediais, Escola Politécnica da USP e Associação Brasileira de Instalações Prediais, 1989.

ARMCO. Manual da Técnica de Bueiros e Drenos, 1949.

AVERBACH, V. *Direito e Justiça.* Pini.

AZEVEDO NETTO, J. M. de; ALVARES, G. A. *Manual de Hidráulica.* 6. ed., Blucher, 1977.

BLOCH, L. L.; BOTELHO, M. H. C. *Código de Obras e Edificações do Município de São Paulo, Comentado e Criticado.* Pini, 1993.

CARVALHO, A. B. A. *Higiene das Construções.* 1. ed. Ao Livro Técnico, 1956.

Catálogo de Normas ABNT.

Catálogos e manuais técnicos Amanco.

CORONA; LEMOS, *Dicionário da Arquitetura*, Edart.

CREDER, H. *Instalações Hidráulicas e Sanitárias.* 5. ed., Livros Técnicos e Científicos S/A, 1991.

CRUZ E. C. Técnica para execução de testes hidrostáticos em tubulações. 3. Concurso Nacional de Novos Materiais, Novas Ferramentas e Novas Técnicas para a Construção Civil.

DAKER, A. *A Água na Agricultura.* 3. v. Livraria Freitas Bastos, 1976.

Departamento de Engenharia de Construção Civil, Escola Politécnica da Universidade de São Paulo. Apostila "Instalações Prediais – Água Quente".

DORIGO, F. Acidentes em marquises, em *Acidentes Estruturais na Construção Civil*, v. 1, Pini.

IMHOFF, K. *Manual de Tratamento de Águas Residuárias.* Blucher, 1966.

LUCARELLI, D. L. *Bombas e Sistemas de Recalque.* Cia. Estadual de Tecnologia de Saneamento Básico e de Controle de Poluição das Águas, São Paulo, 1974.

MACINTYRE, A. J. *Instalações Hidráulicas.* Guanabara Dois, 1982.

Manual Técnico de Manutenção e Recuperação, Fundação para o Desenvolvimento da Educação. Tero Engenharia e Tecnologia, 2. ed., 1984.

PESSOA, C. A.; JORDÃO, E. P. *Tratamento de Esgotos Domésticos.* Associação Brasileira de Engenharia Sanitária e Ambiental, ABES, 1982.

RIPPER, E. *Como evitar erros na Construção* – Pini , 1984.

TOMAZ, P. *Cálculo hidrológico e hidráulico para obras municipais.* Navegar Editora, 2002.

TOMAZ , P. *Previsão de consumo de Água.* Navegar Editora, 2000.

VERÇOZA, E. J. *Patologia das Edificações.* Sagra, 1991.

COMUNICAÇÃO COM OS AUTORES

Os autores têm interesse de entrar em contato com os leitores. Para isso, solicitam o envio da ficha a seguir, devidamente preenchida.

INSTALAÇÕES HIDRÁULICAS PREDIAIS UTILIZANDO TUBOS PLÁSTICOS

Data_____/_____/_____   4. edição

O que você achou desta publicação?

_____

_____

_____

_____

Que outros assuntos deveriam ser acrescentados nesta publicação, em nova edição ou segundo volume?

_____

_____

_____

_____

Dados pessoais do leitor

Nome

Telefone

Profissão   Ano de formatura

Rua   n.

CEP   Cidade   UF

e-mail

Favor endereçar para Eng. M. H. C. Botelho
manoelbotelho@terra.com.br
ou para
Eng. Geraldo de Andrade Ribeiro Jr.
gerarib52@gmail.com